U0277695

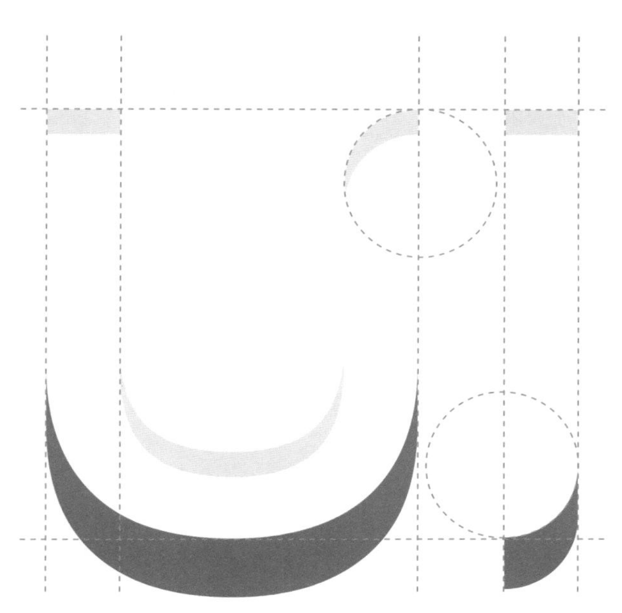

新印象 解构UI设计（第2版）

王铎 编著

人民邮电出版社
北京

图书在版编目（CIP）数据

新印象：解构UI设计 / 王铎编著. -- 2版. -- 北京：人民邮电出版社，2022.11（2024.7重印）
ISBN 978-7-115-59778-6

Ⅰ. ①新… Ⅱ. ①王… Ⅲ. ①人机界面—程序设计 Ⅳ. ①TP311.1

中国版本图书馆CIP数据核字(2022)第136756号

内 容 提 要

这是一本全面介绍UI设计的书，可带领初、中级读者快速学习UI设计知识、技巧和操作。

本书从UI设计基础入手，结合大量的案例分析，全面、深入地讲解了UI设计的界面类型、界面构图、版面布局、元素、界面用色、设计原则与规范、切图与标注、图标设计及艺术二维码设计等方面的内容。通过实战练习，帮助读者轻松、高效地掌握UI设计的相关技术。

随书附带所有实战案例的源文件和素材文件，方便读者练习。另外附赠PPT教学课件和教学大纲等，方便教师教学使用。

本书适合UI设计师、交互设计师、准备转至UI设计方向的平面设计师，以及相关专业的高校学生阅读。

◆ 编　　著　王　铎
　责任编辑　张丹阳
　责任印制　马振武

◆ 人民邮电出版社出版发行　　北京市丰台区成寿寺路11号
　邮编　100164　　电子邮件　315@ptpress.com.cn
　网址　http://www.ptpress.com.cn
　北京宝隆世纪印刷有限公司印刷

◆ 开本：690×970　1/16
　印张：16　　　　　　2022年11月第2版
　字数：395千字　　　　2024年7月北京第9次印刷

定价：99.00元

读者服务热线：(010)81055410　印装质量热线：(010)81055316
反盗版热线：(010)81055315
广告经营许可证：京东市监广登字20170147号

推荐

本书系统地阐述了UI设计所需的各方面知识，真实再现了一款App界面的设计全过程。同时，本书让我感受到了王铎强大的总结与整合能力，以及乐于分享的精神，这是读者的福音。最后，本人发自内心地说一句："这是一本值得入手学习的UI设计书。"

——360设计总监 原雪梅

刚和王铎成为同事的时候，只知道他是一位很年轻的设计师。相处一段时间后，发现他是一位聪明、有想法、执行力很强的设计师，给我造成了不小的"压力"。后来王铎做公众号、开培训班，我经常看到一些质量很高的"爆款"文章，他的培训课件、学员作品也是一流的。本书涵盖的App的UI设计流程和方法，不仅能帮助刚入行的设计师少走弯路（获得有效的设计方法），也能帮助成熟的设计师更新自己的知识库。除了这些以外，本书还有很多独特的设计研究，如字体设计和二维码设计等。希望这本书能为设计圈带来新的活力，让我们的设计变得更加美好！

——BOSS直聘设计总监 蔡佳宏

很荣幸成为王铎的第一批读者。王铎的这本UI设计书，我从头到尾阅读了一遍，其中最让我感兴趣的是关于二维码的内容。虽然现在二维码随处可见，但是愿意将技术分享出来的设计师很少，在这一点上，我很赞赏王铎的奉献精神。本书不仅讲解了设计理论，还加入了很多设计案例分析，同时每章都安排了相应的实战案例供大家练习。本人发自内心地将这本书推荐给大家，因为这本书值得大家一看。

——UI中国联合创始人 / 小米生态链创意中心总监 朱君

很多UI设计师比较看重UI设计的形式感与美观度，这是没有错的，但是大家往往会忽略一个前提，就是要充分了解UI设计的工作流程并掌握基础设计方法。这个前提是做好UI设计的基石，只有满足了这个前提，作品才不会徒有其表。本书对UI设计的工作流程进行了详尽的讲解，不仅包含设计方法和思考方式，还加入了实战案例与平面设计、视觉传达的基础理论。我相信，无论是UI设计初学者，还是具有一定UI设计经验的设计师，在读完本书之后都会有丰富的收获和全新的感悟。我欣赏王铎的总结能力与分享精神，真心将这本书推荐给大家！

——抖音设计总监 王运恢

前言 PREFACE

在这些年的工作中，我积累了一些比较成体系的行业知识。我热衷于分享，所以写了这本UI设计书。在日常工作中，我常做的是视觉设计与用户体验设计，因此这本书的内容也是围绕这两方面展开的。

UI设计到底是什么？我的学生经常问我这个问题。UI设计师不仅要做视觉设计，还要了解软件的人机交互、操作逻辑和界面视觉的整体设计。UI设计师不是单纯的美工，UI设计也不只是画图标那么简单，我们要更多地去考虑产品特点和用户的需求，用自己的思维去判断用户想要什么。

我于2010年进入腾讯工作，算是较早进入UI设计行业的一批人。当时智能手机刚刚兴起，智能手机的UI操作让我兴奋不已，从此我便在UI设计这条道路上策马扬鞭，奋斗至今。在腾讯任职的那些年，我发现，原来一个设计师可以让上千万甚至上亿的用户看到自己的设计作品，这大大体现了设计师的价值。还有一点让我感触颇深，那就是与用户的交流可以让设计变得更具实用性和易用性，让用户的体验感更好。也就是说，设计要一对一到用户，直接与用户产生亲密接触，这样设计就会更符合人机的交互形式。换句话来说，UI设计离不开人机交互，也离不开用户体验。

2014年，我进入今日头条工作，这是一家非常有创新意识的公司。当时我做的是媒体资讯方面的工作，我发现设计师应该将知识和技术分享出来，因此做了“MICU设计”这个公众号。在做公众号的这几年，我总结出一套比较成体系的设计思路和方法，正好借出书这个机会，以书面的形式分享给大家。

我做了6年多的UI设计培训，带过5000多位学员，通过与这些学员的交流，我感受到了他们学习UI设计的迫切心理。我希望可以通过简洁的文字和具有针对性的实战案例，让更多的人更好地学习UI设计。如果大家想要了解更多的设计思路，或者想获取设计素材及更多的设计教程，可以关注我的公众号“MICU设计”。

祝大家在学习的道路上百尺竿头，更进一步！

王铎

2022年3月

资源获取请扫码

目录

CONTENTS

第6章 设计原则与规范 / 135

第7章 切图与标注 / 189

第1章 界面类型

1.1 闪屏页

大部分 App 打开时，让用户第一眼看到的就是闪屏页（又称启动页），闪屏页决定了用户对 App 的第一印象，因此闪屏页的设计是很考究的。闪屏页显示的时间很短，通常只有 1 秒，因此，如何在这么短的时间内表达出 App 的定位就是设计师需要重点考虑的问题。闪屏页只有定位明确且吸引人，才能加深用户对 App 的印象。闪屏页分为品牌宣传型、节日关怀型和活动推广型 3 种类型，不同类型的闪屏页承载的内容信息和表达方式不同。

1.1.1 品牌宣传型

App 的闪屏页是为体现产品的品牌而设定的，主要组成部分是“产品名称 + 产品形象 + 产品广告语”，如图 1-1 所示。品牌宣传型闪屏页是最直白的闪屏页，其设计较为精简，重在突出品牌特点。

图 1-1 品牌宣传型闪屏页

1.1.2 节日关怀型

当节假日来临时，很多 App 会通过营造节日的气氛来体现人文关怀。当眼前出现一幅朴实的节日插图时，用户可能会从内心感受到软件送来的祝福，从而拥有美好的心情。QQ 音乐在节日的闪屏页设计中，对品牌的 Logo 进行了延展设计，与节日元素相融合。这种设计不仅能够加强品牌与用户的情感交流，还能加深用户对品牌的印象，如图 1-2 所示。

图 1-2 将 Logo 作为节日元素的闪屏页

另外，也可以用整个场景的插画来营造节日氛围，这也是非常讨喜的节日关怀型闪屏页的表现方式，如图 1-3 所示。

图 1-3 用插画营造节日氛围的闪屏页

1.1.3 活动推广型

产品在运营过程中往往会做一些活动或者广告，推广内容通常会显示在闪屏页上。活动推广型闪屏页多以插画形式出现，着重体现活动主题及时间，营造热闹的活动氛围。在设计这类闪屏页时一定要分清主次，避免烦琐的场景影响到主题的体现，如图 1-4 所示。

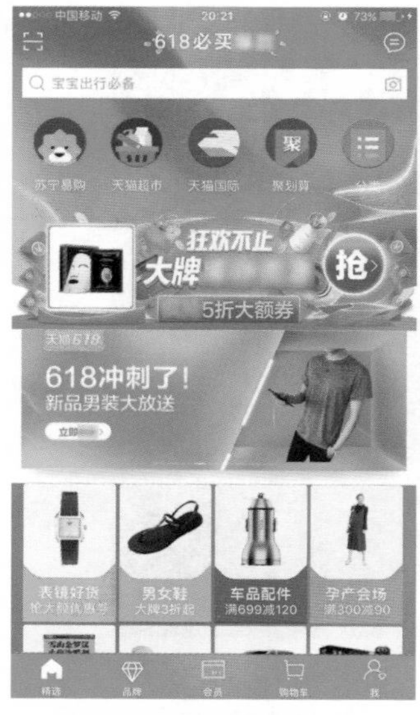

图 1-4 活动推广型闪屏页

1.2 引导页

一个好的App引导页能够迅速抓住用户的眼球，让他们快速了解App的价值和功能，起到很好的引导作用。有一句话是这么说的："优秀的UI可以造就App的点击率。"在设计引导页之前，先要进行定位，即了解App的目标用户群。引导页分为功能介绍型、情感带入型和搞笑型3种类型。

1.2.1 功能介绍型（初级）

功能介绍型引导页是最基础的一种引导页。这种引导页要保证信息展示能让人一目了然，切忌啰唆、表达不清。在这个信息传播网络化、时间碎片化的时代，用户视线停留在引导页上的时间越来越短，通常不会超过3秒。在这宝贵的3秒内，设计师需要把简洁明了、通俗易懂的文案和界面呈现给用户，如图1-5所示。请记住这句话："用户的需求就是你的文案。"

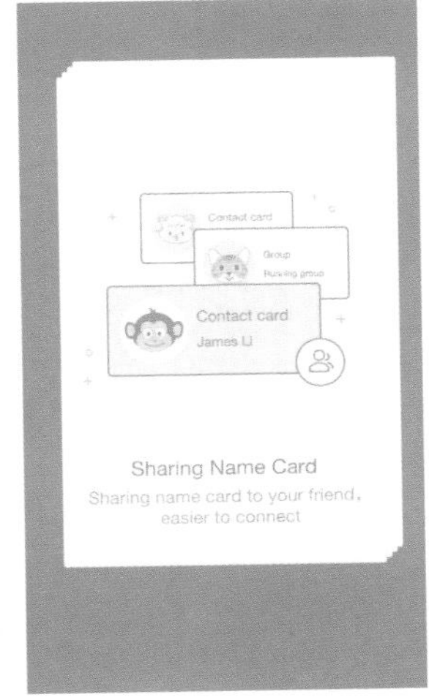

图1-5 功能介绍型引导页

功能介绍型引导页分为带按钮的引导页和不带按钮的引导页两种。一般社交类 App 会引导用户进行登录，所以会在引导页中加入登录入口，如图 1-6 所示。

图 1-6 引导页中的登录入口

1.2.2 情感带入型（中级）

情感带入型引导页能通过文案和配图，把用户需求以某种形式表现出来，引导用户思考这个 App 的价值，如图 1-7 所示。这种类型的引导页要求设计形象化、生动化、立体化，能够增强产品的预热效果，同时给用户带来惊喜。

图 1-7 情感带入型引导页

1.2.3 搞笑型（高级）

搞笑型引导页的阅读量一般比较高，这类引导页拼的是设计效果或动画效果，如图 1-8 所示。搞笑型引导页对设计师的要求比较高，需要设计师学会扮演角色和讲故事，综合运用拟人化和交互化的表达方式，根据目标用户的特点进行设计，以达到让用户身临其境，在页面上停留更长的时间的目的。

图 1-8 搞笑型引导页

1.3 浮层引导页

浮层引导页一般出现在功能操作提示中，是为了便于用户快速了解操作方法而提前设计的引导页。这种引导页的浮层通常以手绘为主要表现方式，用箭头和圆圈来进行操作引导，并用高亮的颜色来突出信息，同时采用蒙版来突出功能，如图 1-9 所示。

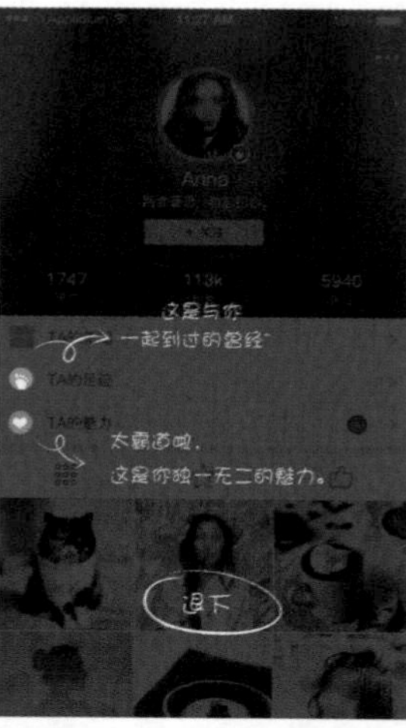

图 1-9 浮层引导页

1.4 空白页

空白页分为首次进入型和错误提示型两种。简单来说，空白页就是由网络问题造成的错误页面或者是没有内容的页面，如显示“没有信息”“列表为空”“错误”“无网络”等内容的页面。在一般情况下，这种页面会通过文字信息给用户以提示。空白页需要设计师进行专门设计，因为这种页面不仅用于提示，还要引导用户进行实质性的操作，进而加强用户黏性。要注意，空白页的设计一定要简洁明了。

1.4.1 首次进入型

在用户第一次打开 App 时，App 会利用空白页中的提示引导用户进行操作，帮助用户找到需要的内容，如图 1-10 所示。

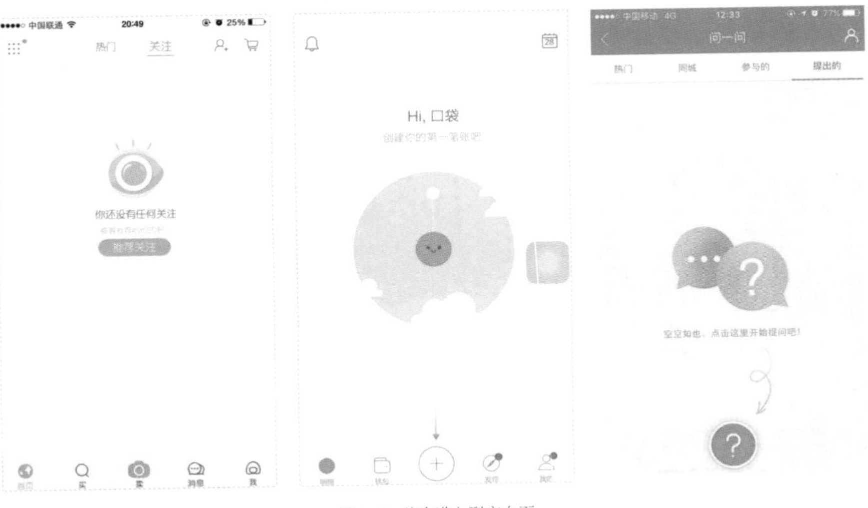

图 1-10 首次进入型空白页

1.4.2 错误提示型

错误提示型空白页不仅在网页中很常见，在 App 中也经常出现，如显示“出错了”或“网络中断”等内容的页面，如图 1-11 所示。错误提示型空白页一般会指引用户解决问题，如点击“刷新页面”按钮可以刷新页面等。

图 1-11 错误提示型空白页

1.5 首页

不同功能的 App 有不同的首页模块，选择一种适合 App 本身的首页展示方式非常重要。现在，App 首页同质化现象越来越严重，首页设计基本都朝着一个方向发展。作为设计师，一定要做到多看、多用，这样才能够找到适合 App 本身的展示方式。下面介绍常见的 4 种首页表现形式，分别是列表型、图标型、卡片型和综合型，不同类型的表现形式有不同的内涵。

1.5.1 列表型

列表型首页通常在一个页面上展示同一级别的多个分类模块。各模块由标题、文案和图像组成，图像可以是照片，也可以是图标，如图 1-12 所示。列表型首页方便用户进行点击操作，上下滑动列表可以查看更多的内容。

图 1-12 列表型首页

1.5.2 图标型

当首页包含几个主要的功能时，可以采用图标的形式进行展示，如图 1-13 所示。图标型首页最好在第一屏显示完整，并将点击操作做到最简单。

图 1-13 图标型首页

1.5.3 卡片型

在遇到操作按钮、头像和文字等信息需要一起展示的复杂情况时，可以选用卡片型首页。卡片型首页能让各分类中的按钮和信息紧密联系在一起，让用户一目了然，同时还能有效地加强内容的可点击性，如图 1-14 所示。

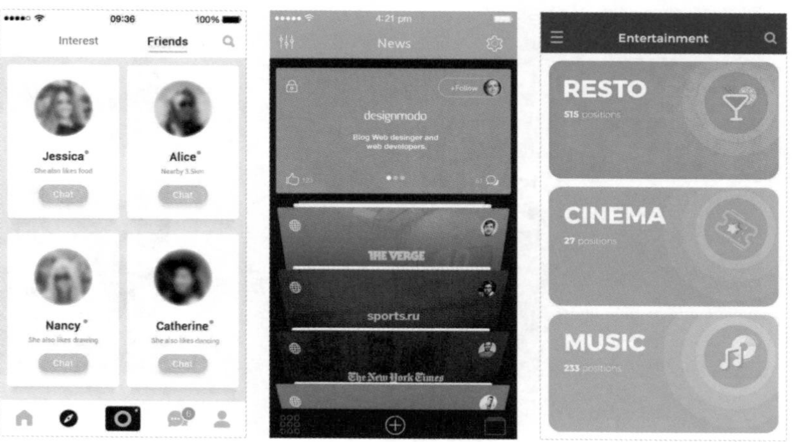

图 1-14 卡片型首页

1.5.4 综合型

电商类产品的模块表现方式比较多，有图标形式、卡片形式等。如何让多个模块内容在页面中清晰易读，这是对设计师能力的考验。综合型首页的设计要特别注意分割线和背景颜色的区分不能太明显，选择比较淡的分割线和背景色来区分模块即可，因为要保证页面中所有模块的整体性，如图 1-15 所示。

图 1-15 综合型首页

1.6 个人中心页

在 App 中，个人中心页又称为“我的”页面，通常设计在底部菜单栏的最右侧。在社交 App 中，个人中心页有两种类型，一种是自己的个人中心页，还有一种是他人的个人中心页。自己的个人中心页可以自己进行编辑，而他人的个人中心页是供用户关注他人或进行私信交流的。所以，个人中心页与其他页面在功能上需要有所区分。

个人中心页主要由头像、个人信息和内容模块组成，通常采用头像居中对齐的方式进行设计，目的是体现当前页面的信息都与个人有关。头像一般会采用圆形，因为这样看起来更协调，同时画面也会显得更饱满，如图 1-16 所示。

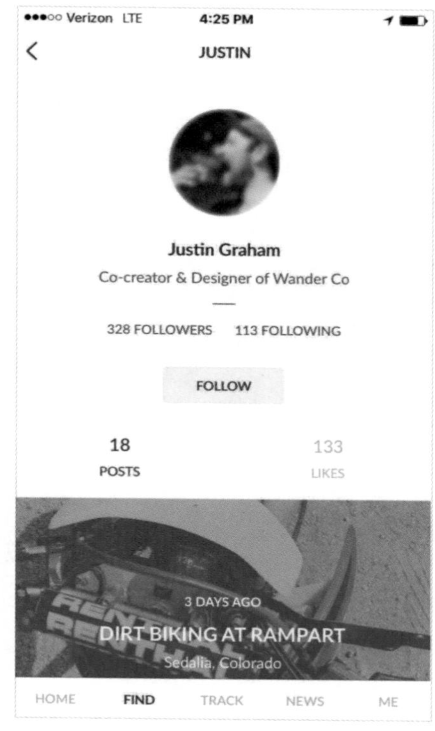

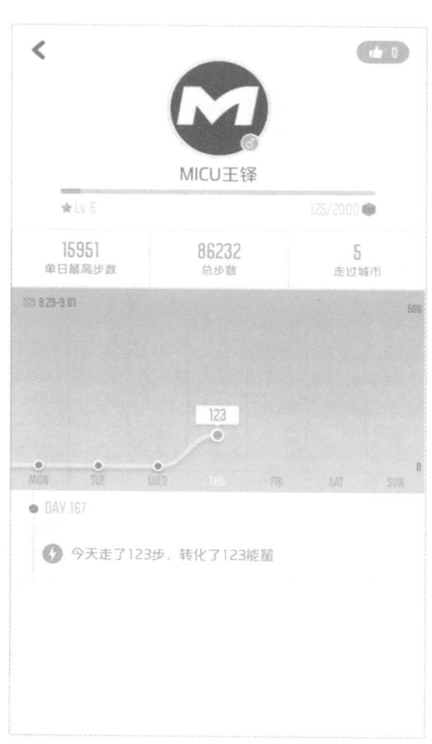

图 1-16 头像居中对齐的个人中心页

还有一种个人中心页设计方式为将头像居左对齐，通常在信息比较多的情况下会采用这种设计，不仅能节省空间，还能让内容在同一屏上显示完整，如图 1-17 所示。

图 1-17 头像居左对齐的个人中心页

社交 App 需要突显人与人之间的关系，所以其个人中心页中的“关注”和“粉丝”数量是两个非常重要的信息。设计个人中心页时应该着重突显数字，以体现个人在群体中的价值，如图 1-18 所示。

图 1-18 社交 App 需要突显数字

1.7 列表页

在进行搜索或分类查找操作后会出现结果页面。结果页面通常以列表的形式出现，包括单行列表和双行列表两种，展示的内容为“图片 + 名称 + 介绍文字”。另外，还可以用时间轴和图库的形式来设计列表页。列表页的设计虽然简单，却困扰着不少设计师。总体而言，在设计列表页时，需要遵循这些原则：留白空间要大小适中，且要有亲疏之分；元素对齐的方式要规整；粗细元素的组合要有节奏感；需要重点突出的元素的颜色要明亮；列表要有层次感；在用虚实方式进行设计时，要保证实的对象在前，虚的对象在后。

1.7.1 单行列表页

大多数消费类 App 的结果页面会以单行列表的形式进行设计，左边为商品图片，右边为文字信息、评分和价格等，这种展示方式易于用户阅读，如图 1-19 所示。图片能够引导用户进行点击，文字则用来解释商品。

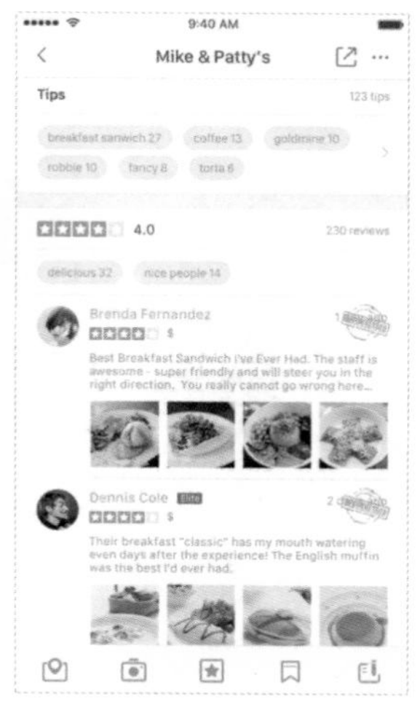

图 1-19 单行列表页

1.7.2 双行列表页

双行列表页更加节省空间，每个卡片的排布方式为上面是图片下面是文字，这种排布方式可以让页面显得更饱满，如图 1-20 所示。

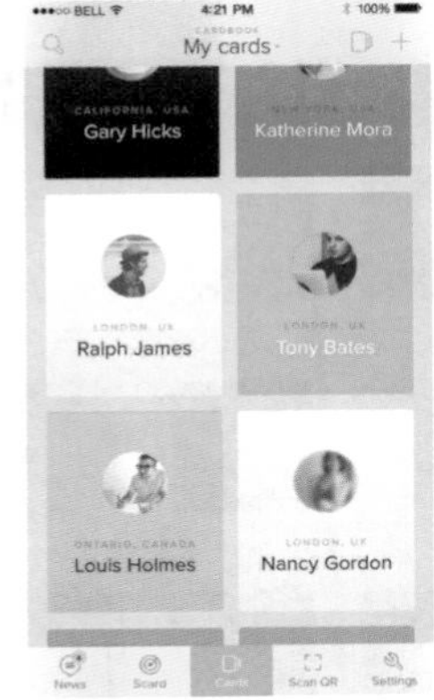

图 1-20 双行列表页

1.7.3 时间轴列表页

为了突出内容间的时间关系，通常使用时间轴的方式来设计列表页。这种表现形式能够更好地突显每条信息之间的关系，使页面看起来更有条理，如图 1-21 所示。时间轴列表页的展示方式为：左边是时间轴上的各节点，右边是与各时间节点对应的内容。

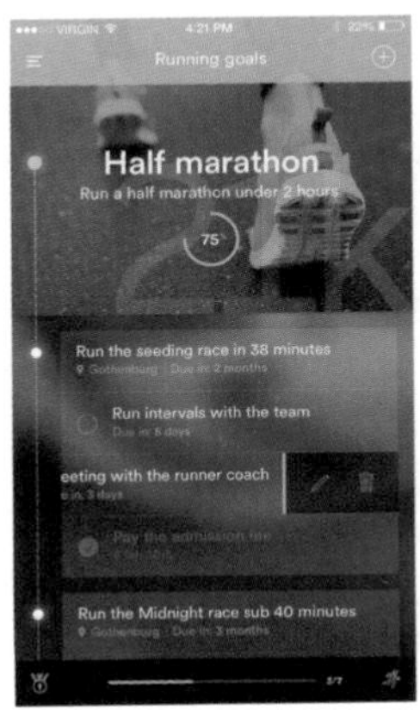

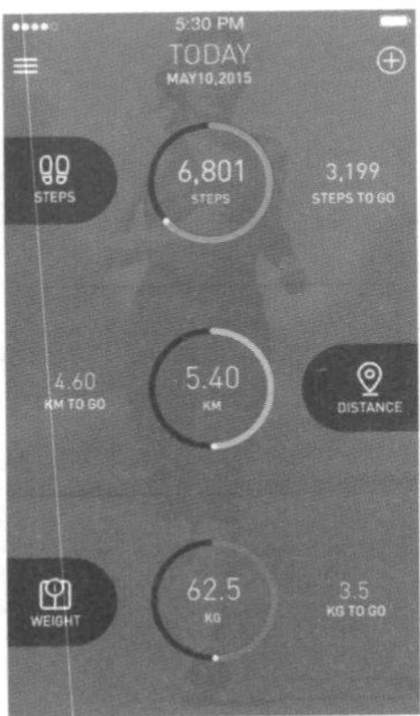

图 1-21 时间轴列表页

1.7.4 图库列表页

图库列表页主要出现在相册或图片编辑类 App 中，其中，相册的图库列表页有分类文档和图片平铺两种显示方式。为了让分布更加均匀、规整，图片通常会采用方形的形式进行排列，如图 1-22 所示。

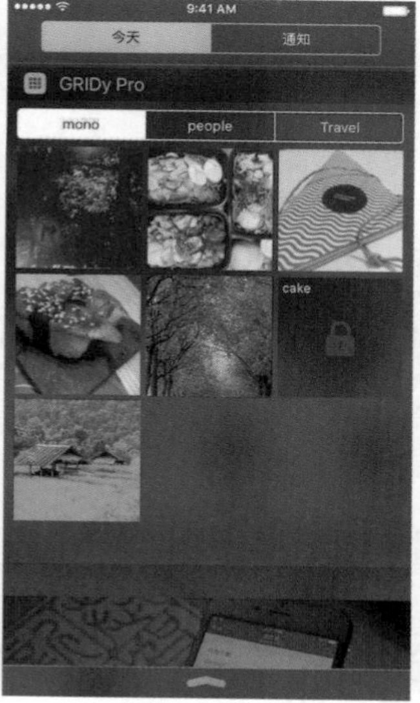

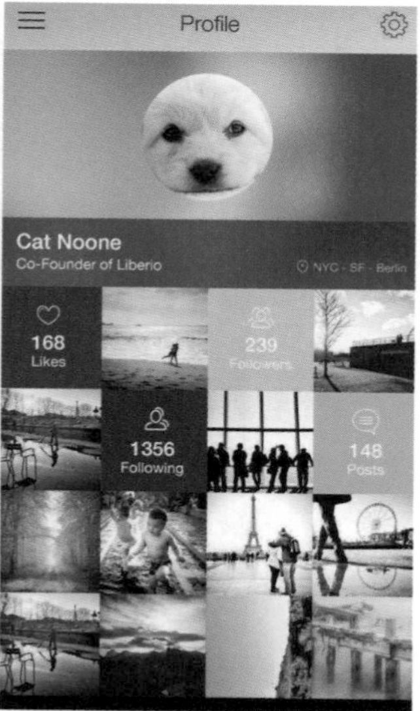

图 1-22 图库列表页

1.8 播放页面

播放页面包括音乐播放页、视频播放页等。音乐类App的音乐播放页通常会将歌手或专辑的大图居中对齐显示在中上方，下方为各种操作按钮，如图1-23所示。

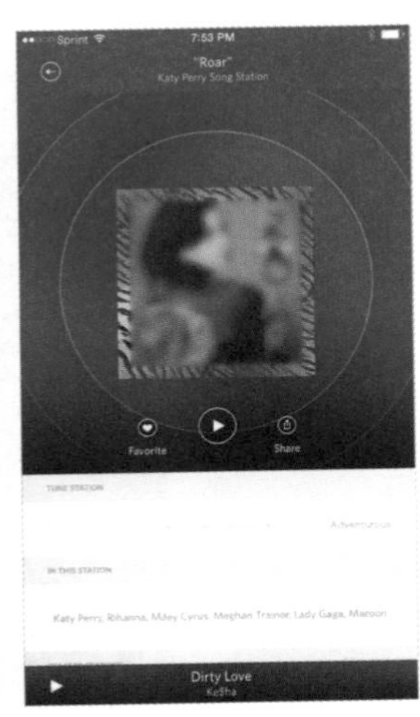

图 1-23 音乐播放页

为了增强视频播放页的易用性，通常会采用两种视频预览方式：一种是在信息流或详情页中直接预览视频；另一种是全屏预览视频，如图1-24所示。前者是为了加强页面的可操作性，如选集、点评和分享等功能的使用，而后者的目的是让用户体验得更舒服、更沉浸。

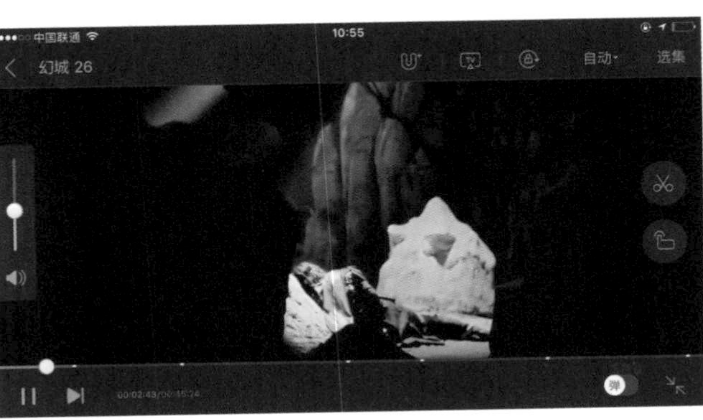

图 1-24 视频播放页

1.9 详情页

详情页中的内容比较丰富。在阅读类 App 中，详情页以图文信息为主，相对来说更加注重文字的可读性，所以会用比较大的字号来突出标题和具体内容，如图 1-25 所示。

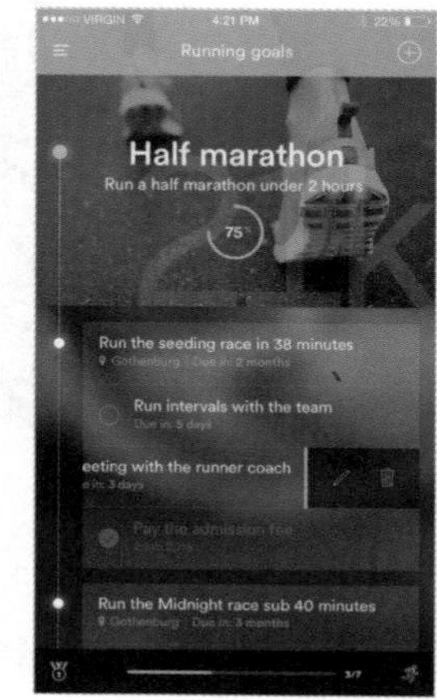

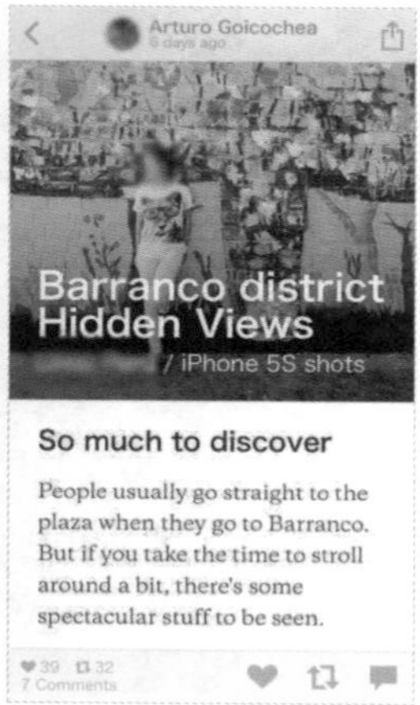

图 1-25 阅读类 App 的详情页

在电商类 App 中，详情页的主要目的是引导用户购买产品，所以购买按钮会一直显示在该页面中，以方便用户购买产品，如图 1-26 所示。

图 1-26 电商类 App 的详情页

1.10 可输入页面

在社交类 App 中，注册登录页是必不可少的，这类页面的设计务必要做到易用、简便。设计注册登录页时要考虑：唤起键盘后文字信息会不会被遮挡，输入框的宽度是否易于操作，提示文字是否精炼等。例如，有些输入框中的提示文字是“请您输入邮箱”，其实这里只需要“邮箱”两个字就足够了。所以设计注册登录页时不仅要注重可操作性，还要注意文字的表达是否言简意赅，如图 1-27 所示。

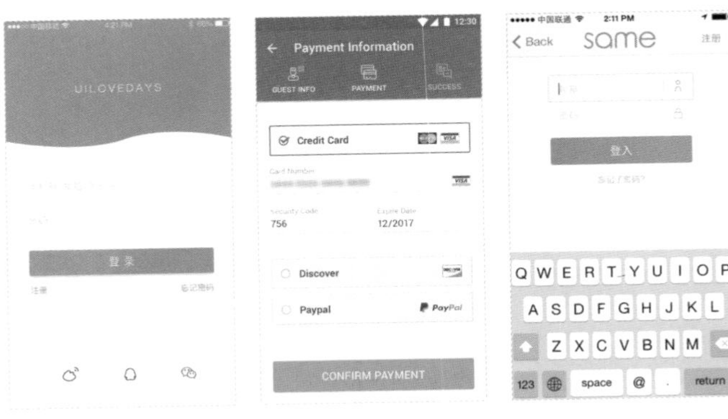

图 1-27 注册登录页

在发布信息等内容时会出现相关的信息填写页面，这类页面很注重内容的分组，如将图片分为一组，货号和批发价分为一组。将内容有条理地进行分组，可以减轻用户的填写压力，如图 1-28 所示。在分类比较多的情况下，选用的背景颜色和分割线颜色不宜太深、太跳跃，否则会让页面显得烦琐、杂乱。

图 1-28 信息填写页

1.11 实战：两步打造炫酷界面

我们经常可以在 App 中看到一些配色很炫酷，且图形很复杂的界面。这类界面中的图形大部分都有规律可循，只要掌握了这些规律，制作起来就比较简单了。

1.11.1 绘制基础图形

01 启动 Photoshop CC 2017，按【Ctrl+N】组合键新建一个文件，将【文档类型】设置为【画板】，将【画板大小】设置为【iPhone 6（750，1334）】，如图 1-29 所示。

02 在【工具箱】中选择【椭圆工具】◯，然后在画板中绘制一个椭圆形，将填充色设置为黑色，同时关闭描边，接着设置图层的【不透明度】为 6%，效果如图 1-30 所示。

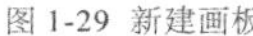
图 1-29 新建画板

图 1-30 绘制椭圆形

03 按【Ctrl+J】组合键复制一个椭圆形，然后按【Ctrl+T】组合键进入自由变换模式，按住【Shift】键将椭圆形顺时针旋转45°，如图1-31所示；再次复制一个椭圆形，然后将其顺时针旋转90°，得到图1-32所示的效果；继续复制一个椭圆形，然后将其顺时针旋转135°，得到图1-33所示的效果。

图1-31 复制并旋转椭圆形1　　图1-32 复制并旋转椭圆形2　　图1-33 复制并旋转椭圆形3

04 同时选择所有的椭圆形图层，按【Ctrl+G】组合键将它们编组，这样可以方便后面的制作，如图1-34所示。

05 选择【组1】图层组，按【Ctrl+J】组合键复制一个图层组，按【Ctrl+T】组合键进入自由变换模式，再按住【Shift+Alt】组合键，将图形等比例缩小到图1-35所示的效果。同时选择两个图层组，按【Ctrl+G】组合键将它们编组，如图1-36所示。

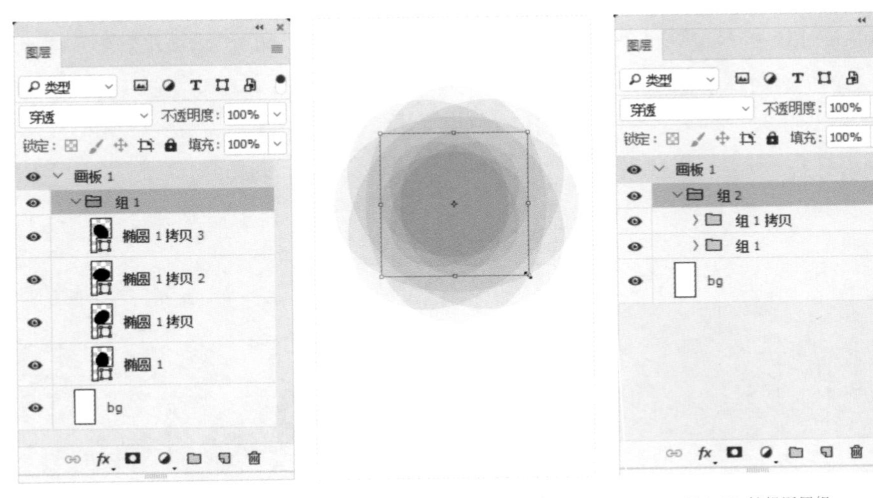

图1-34 编组图层　　图1-35 复制并缩小图形　　图1-36 编组图层组

1.11.2 添加颜色与细节

<u>01</u> **为图形添加颜色**。按【Shift+Ctrl+N】组合键在【组 2】图层组的上一层新建一个【图层 1】，将前景色设置为桃红色【R:255，G:8，B:182】，背景色设置为蓝色【R:0，G:138，B:255】。选择【画笔工具】，在画板中绘制一块桃红色，接着按【X】键切换前景色和背景色，继续在画板中绘制一块蓝色，如图 1-37 所示。这里提供一张隐藏了【组 2】图层组的效果图供大家参考，如图 1-38 所示。

<u>02</u> 选择【图层 1】，然后按【Ctrl+Alt+G】组合键将其设置为【组 2】图层组的剪贴蒙版，使其只作用于【组 2】图层组，如图 1-39 所示，效果如图 1-40 所示。

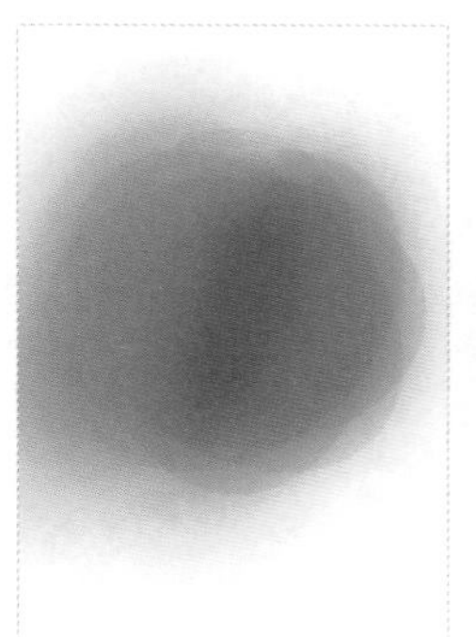

图 1-37 绘制颜色

图 1-38 参考图

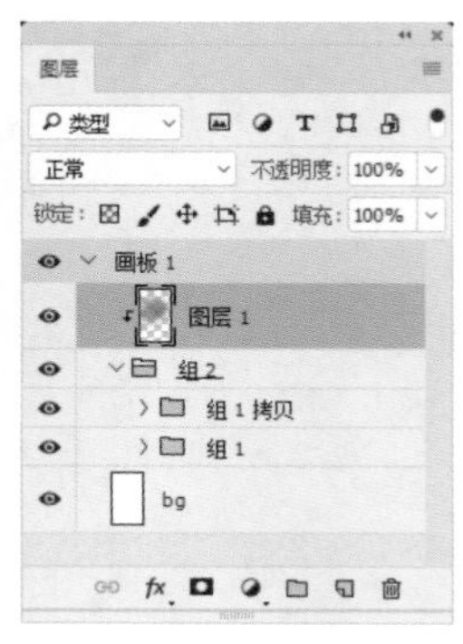

图 1-39 创建剪贴蒙版

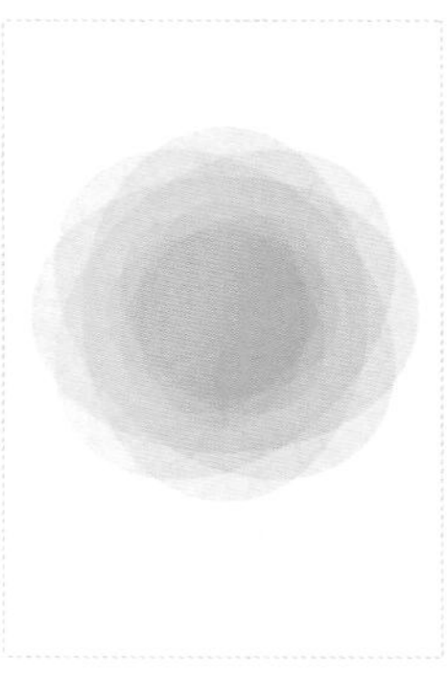

图 1-40 剪贴蒙版的效果

<u>03</u> **添加界面细节**。选择【横排文字工具】，在图形的中间位置输入数字“28”，然后将其字体设置为【Politica】、字号设置为【280 点】、颜色设置为白色，如图 1-41 所示，效果如图 1-42 所示。

<u>04</u> 选择【移动工具】，然后按住【Shift+Alt】组合键，向下移动复制出一个文字图层，将数字修改为“micudesign”，接着将字号设置为【42 点】、字距设置为【60】，如图 1-43 所示，效果如图 1-44 所示。

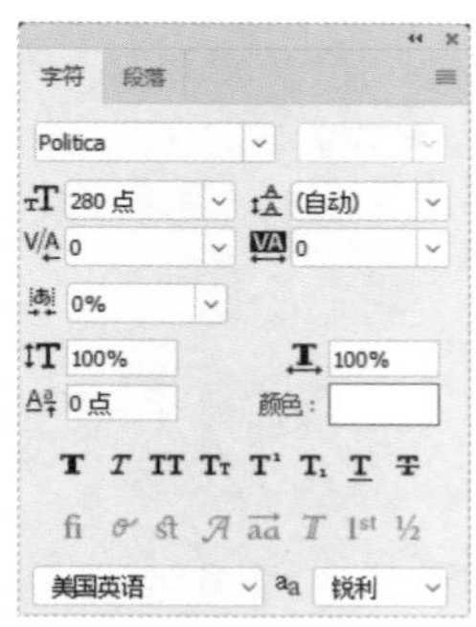

图 1-41 设置数字的字体

图 1-42 数字的效果

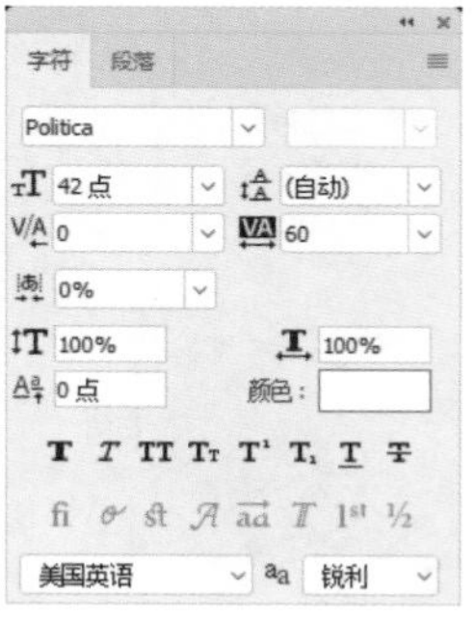

图 1-43 设置英文的字体

图 1-44 英文的效果

05 丰富背景。选择【椭圆工具】○，按住【Shift】键，在图形中间绘制一个圆形，将其调整到【图层 2】的上一层，然后将图形的【不透明度】调整为【20%】，效果如图 1-45 所示。

图 1-45 绘制圆形

06 为圆形添加【渐变叠加】样式，然后设置一个由蓝色到紫色的渐变色，并将【角度】调整为【-29 度】，如图 1-46 所示，效果如图 1-47 所示。

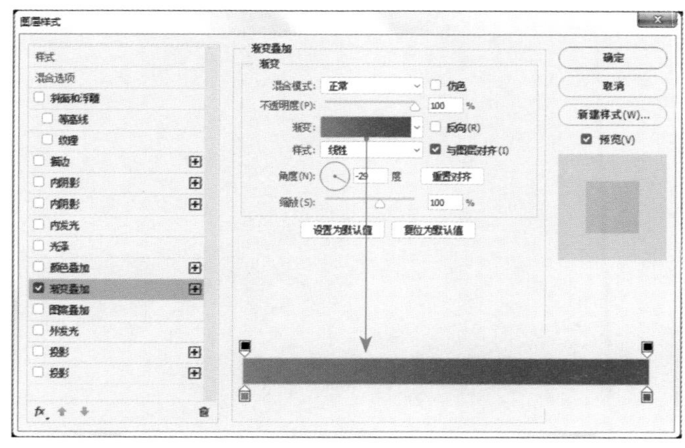

图 1-46 设置渐变色

图 1-47 渐变效果

07 复制一个圆形，然后将其等比例缩放到合适的大小，接着在【图层样式】对话框中勾选【渐变叠加】样式中的【反向】复选框，这样可以增强两个圆形之间的层次效果，如图 1-48 所示。

图 1-48 增强圆形之间的层次效果

08 对整个界面进行功能布局。将按钮和图标排列在界面的下方，添加对应的文字信息，调整界面效果，使其更加丰富和细腻，最终效果如图 1-49 所示。

图 1-49 最终效果

第2章 界面构图

2.1 九宫格构图

九宫格构图主要运用在以分类为主的一级页面中，起到将功能分类的作用。在UI设计中，这种类型的构图既规范又常用，设计师通常会利用网格在界面中对各种设计元素进行布局，通过在水平方向和垂直方向上画辅助线构成网格，可使设计进行得更顺利，如图2-1所示。

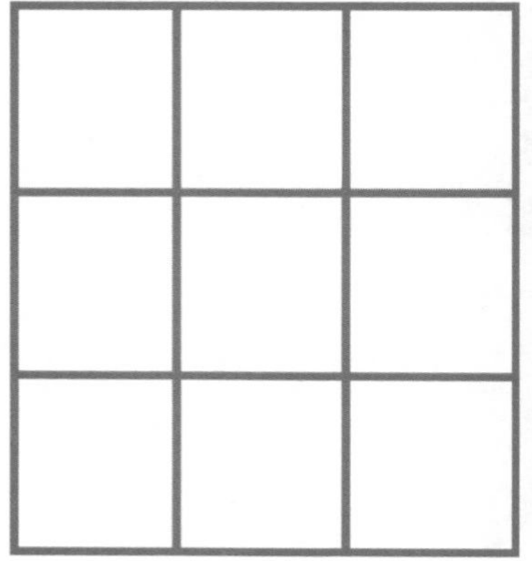
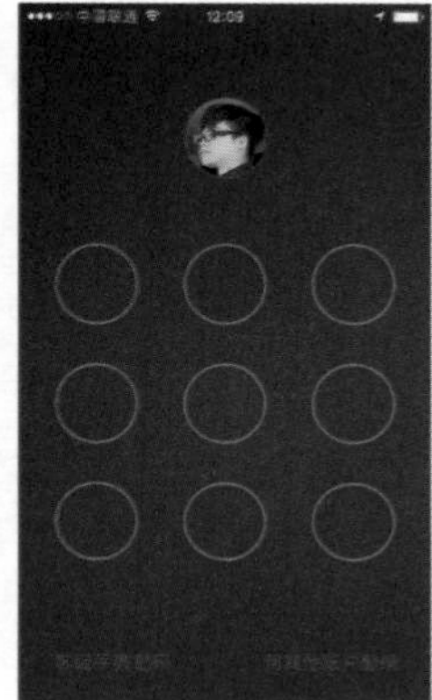

图2-1 九宫格构图

九宫格构图最主要的优势是操作便捷，可突显功能，能让人一目了然，便于用户使用App，如图2-2所示。

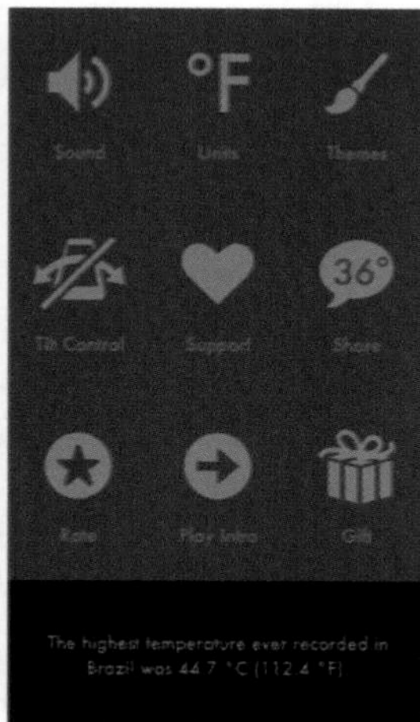

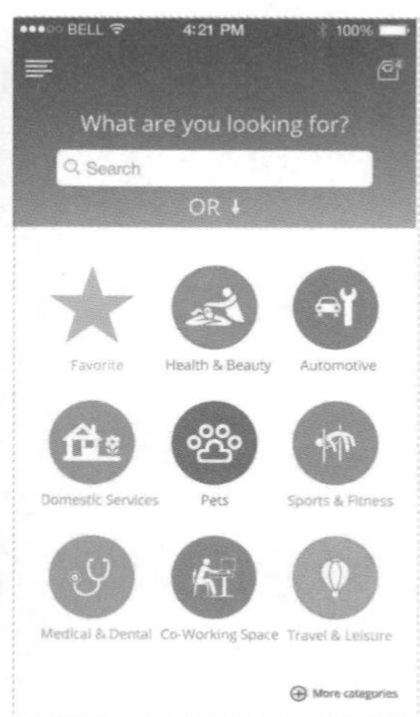

图2-2 让人一目了然的九宫格构图

案例分析

九宫格看似简单，但用好了能呈现出奇妙的效果。灵活运用通过辅助线划分出来的方块，在有规律的设计方法中寻找突破，做设计时一定要注重这一点。

在分配 9 个方块时，不一定非要一个格子对应一项内容，完全可以二对一或多对一，打破平均分割的桎梏。增加留白，调整页面节奏，或突出功能，或突出广告，以不同的方式对方块进行组合，页面的效果也会不同，图 2-3、图 2-4、图 2-5 所示是不同方块组合及对应的效果。

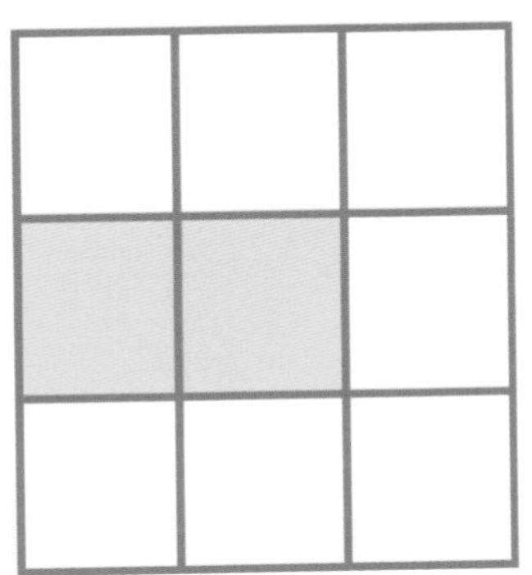

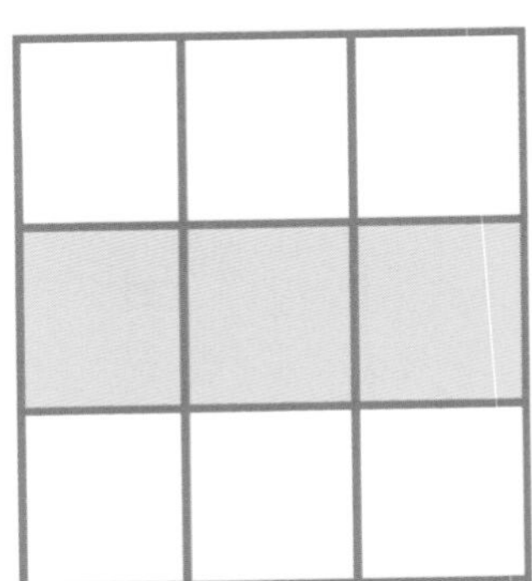

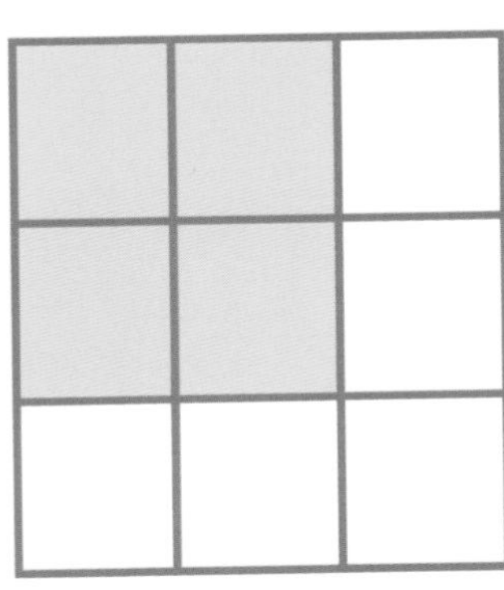

图 2-3 两个方格的合并效果

图 2-4 3 个方格的合并效果

图 2-5 4 个方格的合并效果

从上面 3 种不同的组合可以看出，九宫格构图可以使界面变得非常灵活、简单、清晰。

2.2 圆心放射构图

圆形是生活中十分常见的图形。在UI设计中，圆的运用可谓点睛之笔，设计师往往通过构造一个大圆来聚集人的视线和突显对象，如图2-6所示。

图2-6 用大圆聚焦人的视线和突显对象

放射构图具有突显中央内容或功能的作用。在强调核心功能时，可以试着以当前主要功能为圆心，然后将其他的按钮或内容呈放射状编排在四周。

将主要的功能设置在界面的中心位置，就能将用户的视线聚集在想要突出显示的功能上，如图2-7所示。

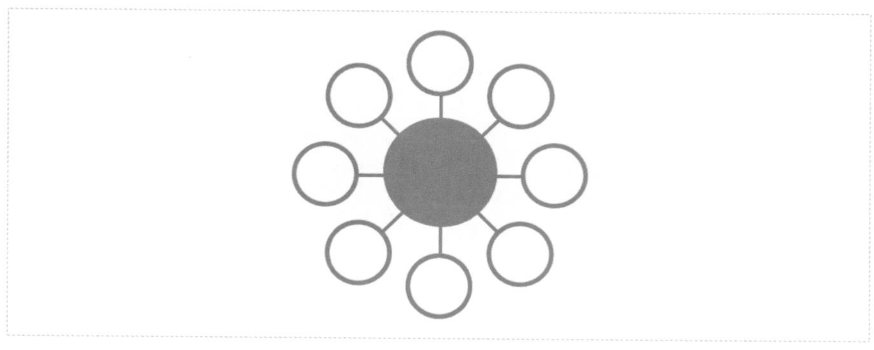

图2-7 将主要功能放在界面的中心

案例分析

圆形具有灵动、有趣、可爱和多变的特征，运用它能让界面显得格外生动，在许多可操作的按钮或交互动画中都能见到圆形。在 UI 设计中，合理地将圆形与动画相结合，能让整个界面变得鲜活，如图 2-8 所示。如果再加上旋转动画，则会让整个界面更加灵动，如图 2-9 所示。界面中的圆形能集中用户的视线，引导用户进行点击操作，突出主要的功能和数据，展现 App 的核心内容。用圆形进行放射构图的设计，会使 App 看起来更智能。

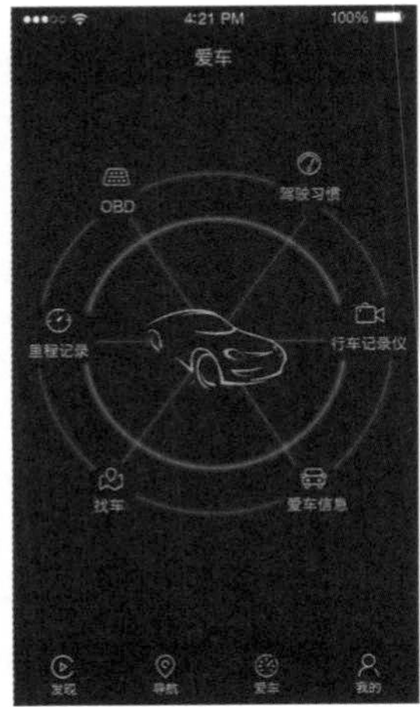

图 2-8 将圆形与动画相结合

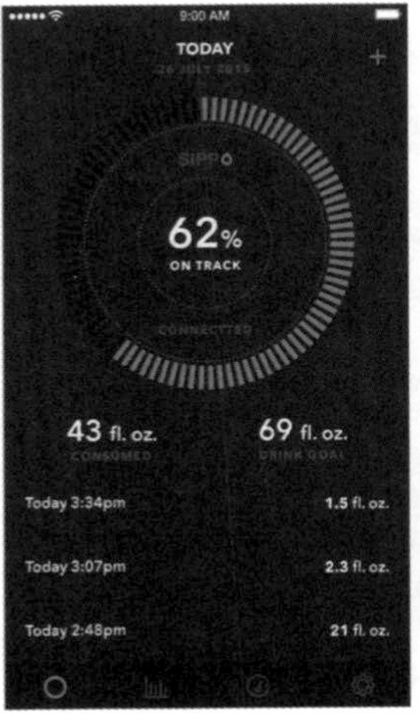

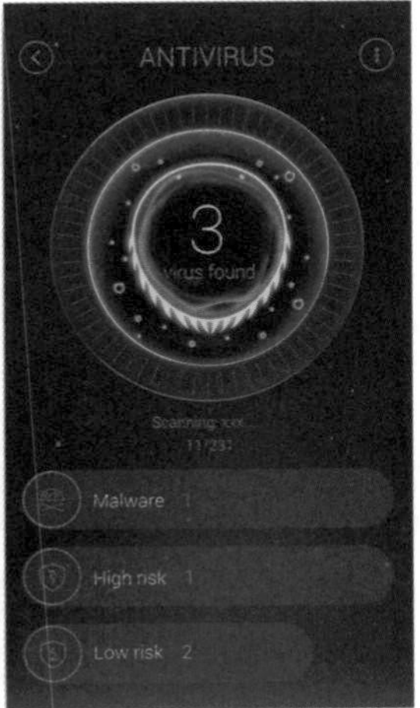

图 2-9 圆形结合旋转动画的效果

如果要体现的功能非常简单，如只有几个功能按钮，可以尝试使用大、小圆形组合的方式进行展示设计，突出最重要的功能，然后罗列出其他的功能，如图 2-10 所示。这种方式非常实用，就和画重点一样，能够突出最重要的数据。这种构图方式能撑起整个画面，让界面圆润而饱满。

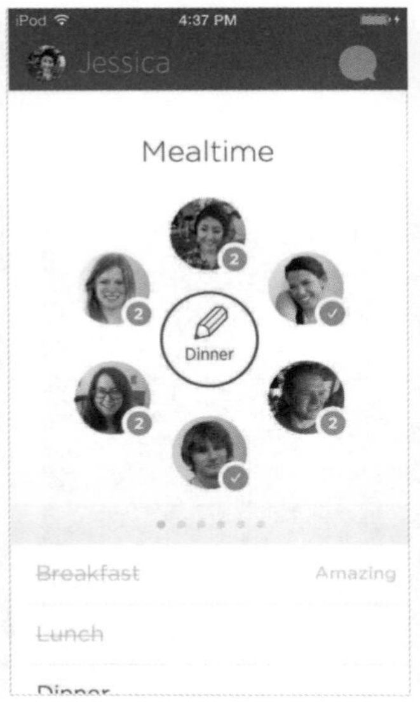

图 2-10 用大圆形进行展示设计

将圆心放射构图运用到 Banner 的设计中，可以得到很好的聚焦效果，如图 2-11 所示。使用放射状的图案作为背景，有利于让用户将视线集中到位于中心的主题上，用这种方式设计出来的 Banner 具有非常强烈的冲击力，主题也更明了，如图 2-12 所示。

图 2-11 圆心放射构图运用在 Banner 设计中

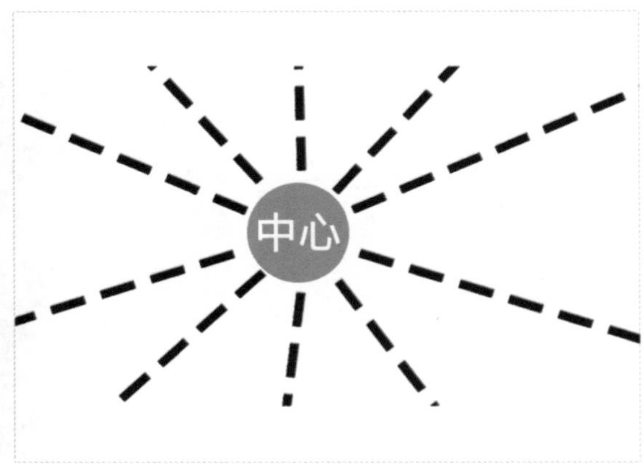

图 2-12 放射状的图案

2.3 三角形构图

三角形构图主要运用在文字与图标的版式设计中，能让界面保持平衡与稳定。从上至下式的三角形构图能把信息层级罗列得更为规整和明确。在UI设计中，三角形构图大部分都是图在上、字在下，有重点、有描述，阅读起来更舒服，如图2-13所示。

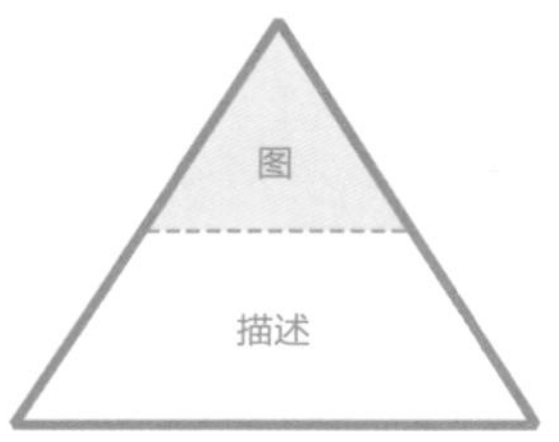

图 2-13 三角形构图

案例分析

在Gogobot的登录页设计中，Logo图标及字标作为一个整体放在了页面上方，而输入框作为核心控件被放到了三角形的下方，这里也是整个页面的中心，可以大大增强用户对App的印象，同时也可以让用户以最快的速度找到“搜索”这个主功能，如图2-14所示。

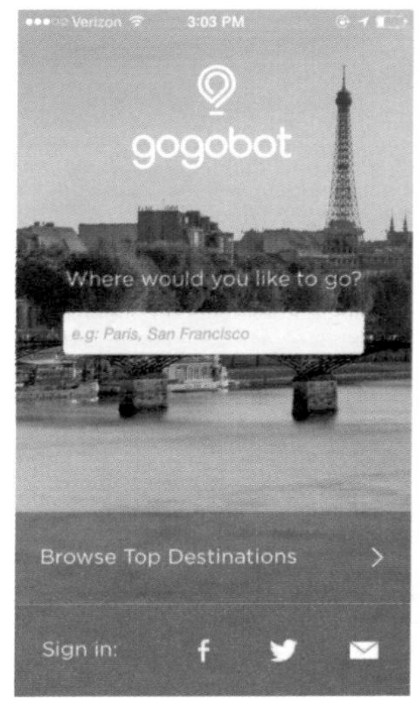

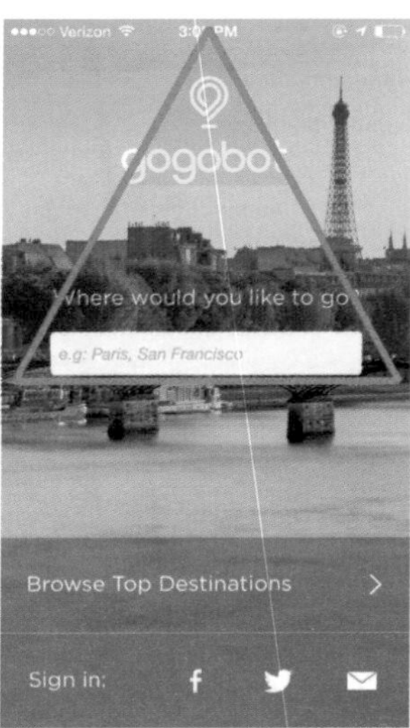

图 2-14 Gogobot 的登录页

在个人信息页的设计中，比较常用的也是三角形构图。上面的头像明确了这个页面对应的用户，而下面的 Likes 和 Followers 等数据就是对该用户的描述和介绍，如图 2-15 所示。

图 2-15 三角形构图运用于个人信息页的效果

在设计下面这个儿童信息设置页时，同时结合了三角形构图与圆形构图，将体重刻度做成可滑动操作的效果，用卡通形象来突出设置的对象及这个页面的功能，如图 2-16 所示。

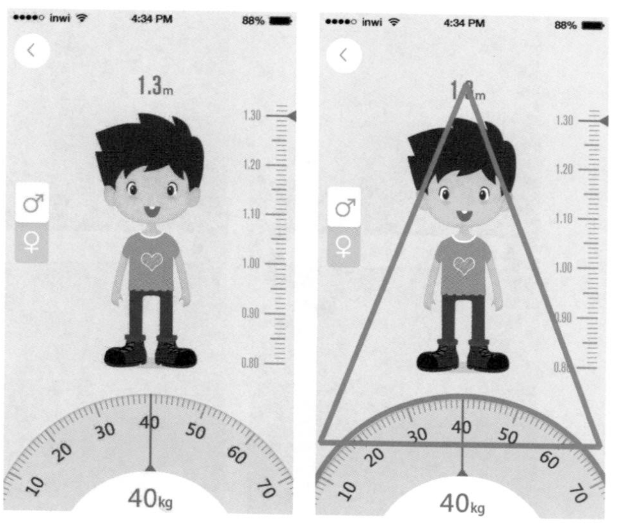

图 2-16 三角形构图与圆形构图结合

2.4 S形构图

在设计界面时，能较好地引导用户视线的界面，可以增强用户体验。好的构图遵循一定的视线法则，能够让用户获得非常舒服的阅读体验，而杂乱无章的构图，往往会让用户感到厌烦。

在设计界面时，预设用户的视线移动方向是非常重要的。在界面中加入顺畅的构图设计来引导用户视线进行移动，能让用户更好地观察到产品的核心和产品的卖点。视线移动的轨迹多数是从上到下或从左到右，如果不按照这样的视线轨迹进行排版，用户在阅读时容易找不到重点，从而产生反感情绪。所以，在UI设计中需要格外注意视线轨迹的方向。现在的界面一般可以上下滑动，做好视线引导可以大大减轻用户的阅读疲劳感。

在界面中，引导用户视线最基础的构图方式是S形构图，如图2-17所示。S形构图的关键是如何运用S形来吸引用户注意力。

S形构图中用户视线的移动轨迹如图2-18所示。在转角处，视线的移动轨迹最密集，能很好地集中用户的注意力；在视线转折的地方，用户视线停留的时间最长。因此把想要重点突出的产品或功能放在视线转折处，能更容易让用户记住产品的卖点。

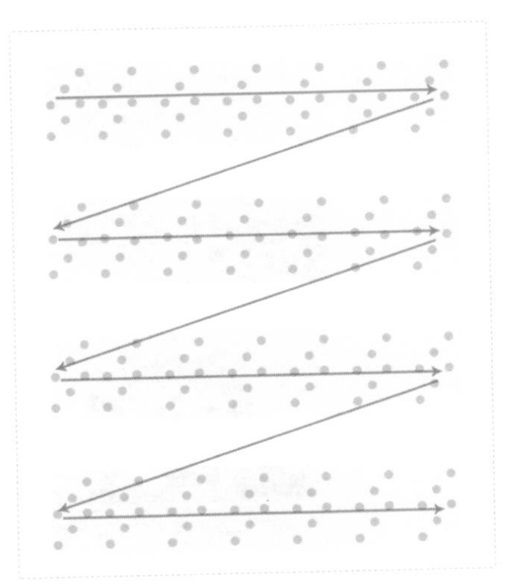

图2-17 S形构图

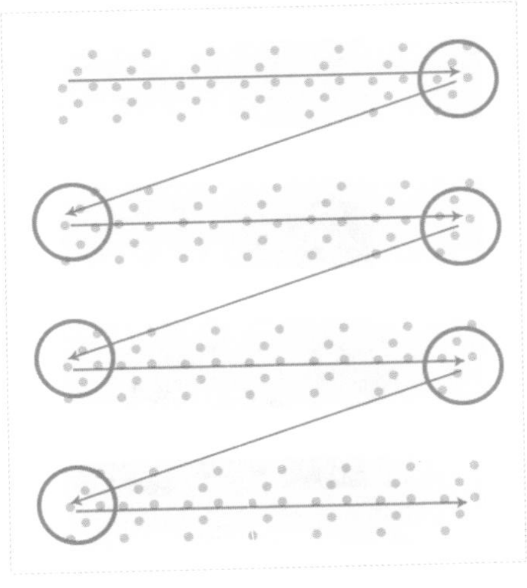

图2-18 S形构图中用户视线的移动轨迹

案例分析

苹果官网就采用了 S 形构图来引导用户阅读重要内容，如图 2-19 所示。每个模块中的图形相互穿插，可以帮助用户折回视线；而产品图的作用是让用户记住产品，从而引导用户进行购买。此外，为了加强对用户视线的引导，图片的摆放处理也非常讲究。

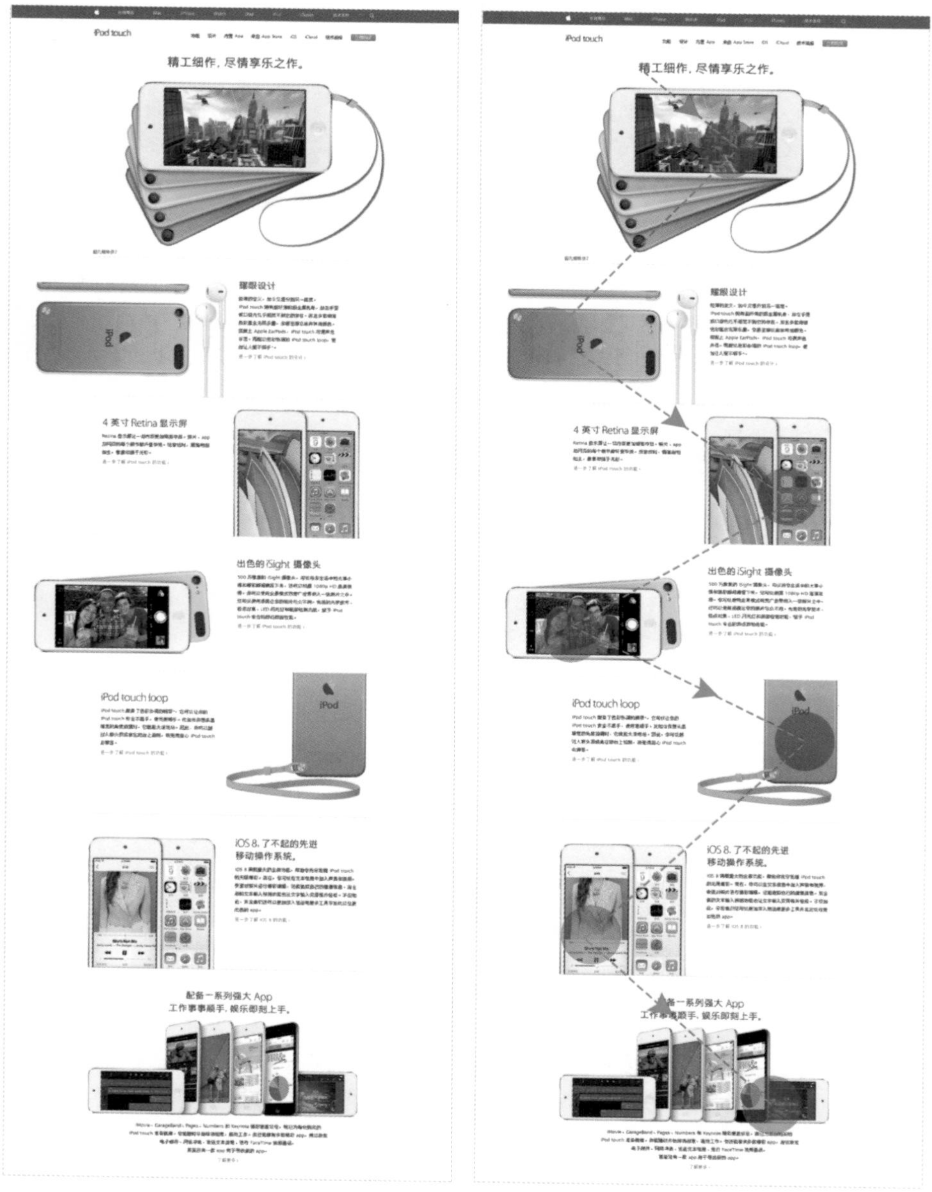

图 2-19 苹果官网的设计采用了 S 形构图

在 iPod touch 的介绍中，第一张图片使用了三角形构图，强化了对用户视线的引导。同时，多张图片借助手机的排列方向引导用户移动视线，很好地实现了“图片→文字→图片”之间的切换，将用户带入整个产品画面中，如图 2-20 所示。

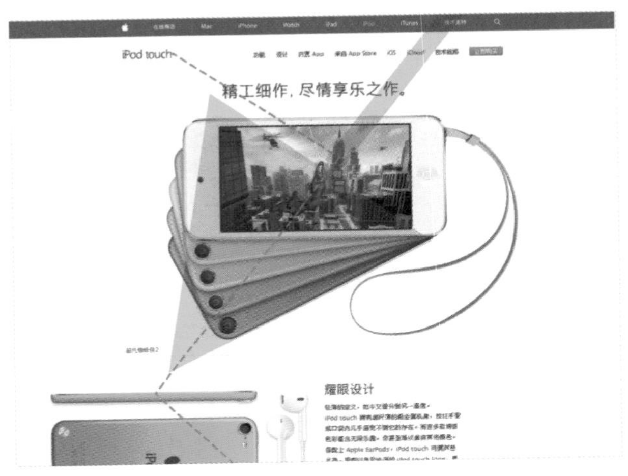

图 2-20 第一张手机图片的展开方向与视线移动方向保持一致

为了推进用户的阅读，在图片层次和空间上，需要注重对用户视线的引导效果。将焦点调整到合理的视线位置，使产品正面对准视线的来源，这些调整不仅能使用户阅读顺畅，还能增强界面的平衡性。

与左右构图相比，S 形构图在上下滚动页面上的优势非常明显。左右构图容易让人产生疲劳感，而 S 形构图可以将图片和文字完美地结合在一起，搭配大量留白，如同山间的溪流，给人轻快流畅的感觉，如图 2-21 所示。

图 2-21 S 形构图可以完美结合图片与文字

在图 2-22 所示的界面中，设计师很好地运用了 S 形构图，增强了内容的穿插感和界面的灵动性。人物的信息采用上下穿插布局的方式，头像位于视线的转折点，这种双列的排版模式非常有节奏感。而具体到每一部分，头像与内容的设计采用了三角形构图，内容文本居中排列，使界面稳定又协调。

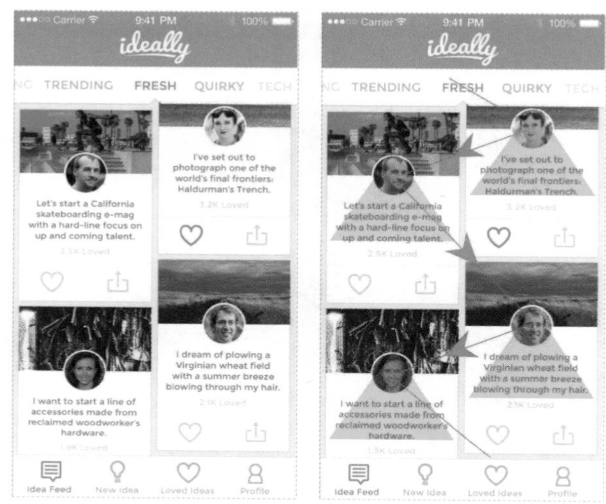

图 2-22 S 形构图可以增强穿插感和灵动性

在引导页的设计中也常常使用 S 形构图。例如，在图 2-23 所示的引导页中，将图文穿插布局，这样层次分明，动感十足。

图 2-23 S 形构图运用于引导页的效果

2.5 F 形构图

根据图文版式布局，还可以演变出 F 形构图，F 形构图常运用在图文左右搭配的页面和 Banner 的设计中。使用 F 形构图能让图文搭配更有张力、更大气，同时也可以让产品信息的显示更简单和明确，如图 2-24 所示。F 形构图的基本规则为：主图为 F 的主干，右侧的两行（或两部分）文字为辅，设计时要注意合理分配图片和文字的占比。

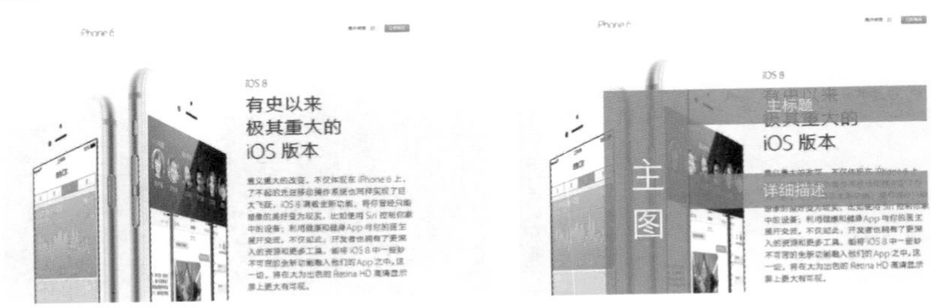

图 2-24 F 形构图

案例分析

将 F 形构图运用在 Banner 的设计中，可以让 Banner 的标题更突出，主题更加引人注目，如图 2-25 所示。设计时要注意充分利用主图的指向性，如图 2-26 所示。如果主图是人物图，则可以将文字置于人物的视线方向，这样可以加强其引导性；如果主图是产品图，则可以通过产品的朝向来引导用户阅读文字，这样不仅可以让用户以最快的速度关注到文本信息，还能增强用户对产品的认知度，从而增大购买意愿。

图 2-25 将 F 形构图运用于 Banner 的设计中

图 2-26 充分利用主图的指向性

2.6 实战：用多种构图方式制作运动 App 界面

本例将设计一款运动类 App 的界面，共包含 3 个页面，分别是运动页面、地图页面和个人页面。在设计方面，用放射构图来设计运动页面，用倒三角形构图来设计地图页面，用三角形构图来设计个人页面；在配色方面，主要用紫色和黄色进行互补搭配。

界面配色

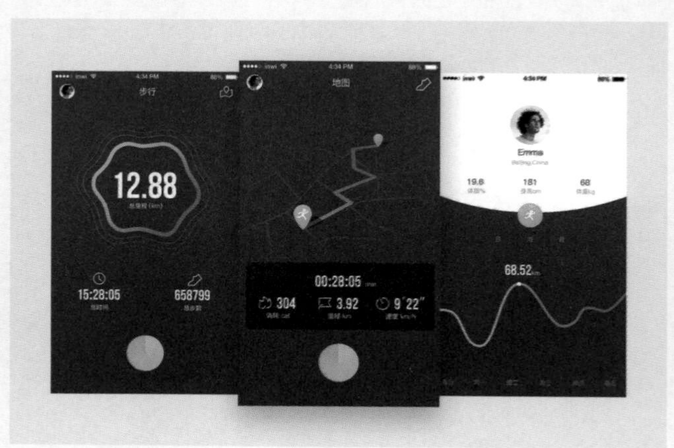

2.6.1 用放射构图设计运动页面

01 **制作背景**。启动 Photoshop CC 2017，按【Ctrl+N】组合键新建一个文件，将【文档类型】设置为【画板】，将【画板大小】设置为【iPhone 6（750，1334）】，如图 2-27 所示。

图 2-27 新建画板

02 将新建的图层更名为【紫色渐变背景】，按【Alt+Delete】组合键用任意一种颜色填充该图层，然后双击图层缩览图，打开【图层样式】对话框，为图层添加【渐变叠加】样式，设置一个由深紫色到紫色的渐变色，并将【角度】调整为【120 度】，如图 2-28 所示，效果如图 2-29 所示。

03 选择【横排文字工具】T.，在画板的中上方输入里程数 12.88，字体可以选择比较饱满的英文字体，如【Bebas Neue】，字号可以设置为 160 点左右，如图 2-30 所示。

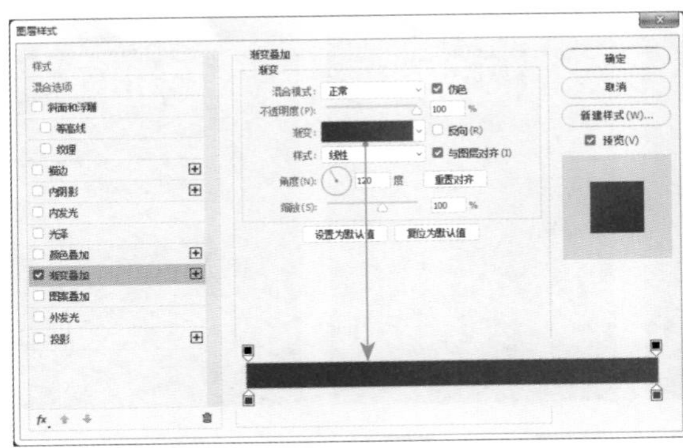
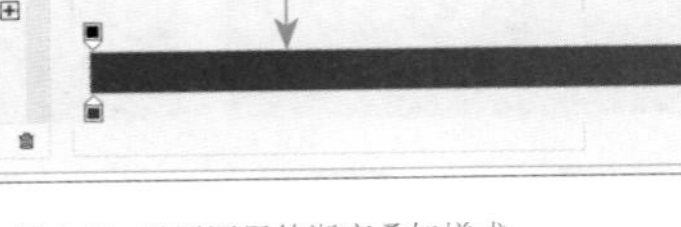

图 2-28 设置图层的渐变叠加样式

图 2-29 图层的渐变叠加效果

图 2-30 添加里程数

04 **制作反射图形**。选择【椭圆工具】○.，按住【Shift】键在里程数的外面绘制一个圆形，在选项栏中关闭【填充】功能，同时将【描边】宽度设置为【14 像素】，如图 2-31 所示。

05 执行【图层 > 图层样式 > 渐变叠加】菜单命令，为圆形添加【渐变叠加】样式，然后设置一个由黄色到桃红色再到紫色的渐变色，设置【角度】为【-57 度】，如图 2-32 所示，效果如图 2-33 所示。

图 2-31 绘制圆形

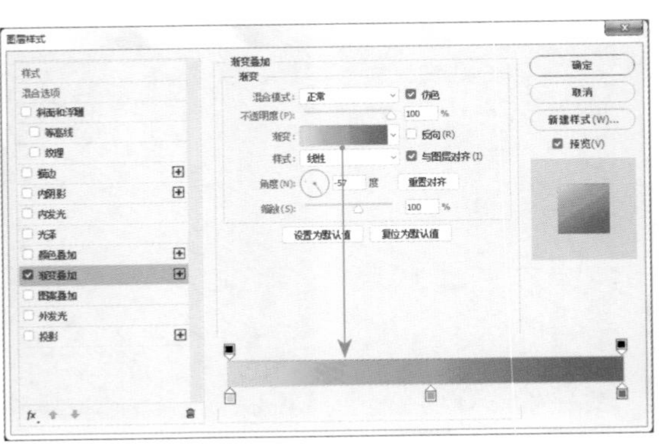

图 2-32 设置图形的渐变叠加样式

图 2-33 图形的渐变叠加效果

06 选择【钢笔工具】，在圆形上单击添加一个锚点，如图 2-34 所示。选择【直接选择工具】，调整锚点的位置以改变圆形的形状，如图 2-35 所示。

07 采用相同的方法继续添加锚点，并调整锚点的位置，完成对放射形状的调整，如图 2-36 所示。

08 按【Ctrl+J】组合键复制一个放射形状，然后按【Ctrl+T】组合键进入自由变换模式，按住【Shift+Alt】组合键，将图形等比例缩放到图 2-37 所示的大小。

图 2-34 添加锚点

图 2-35 调整锚点的位置

图 2-36 调整完成后的形状

图 2-37 复制并变换形状 1

09 复制两个放射形状，然后将它们等比例缩放到图 2-38 所示的大小。

10 将复制的 3 个放射形状的【描边】宽度全部修改为【1 像素】，然后将第 2~4 个放射形状的【不透明度】分别修改为 60%、40%、20%，效果如图 2-39 所示。

11 选择【横排文字工具】，在里程数的下面输入文字“总里程（km）”，为其选择【苹方】字体，将字号设置为【28 点】，如图 2-40 所示。

图 2-38 复制并变换形状 2

图 2-39 修改描边宽度与不透明度

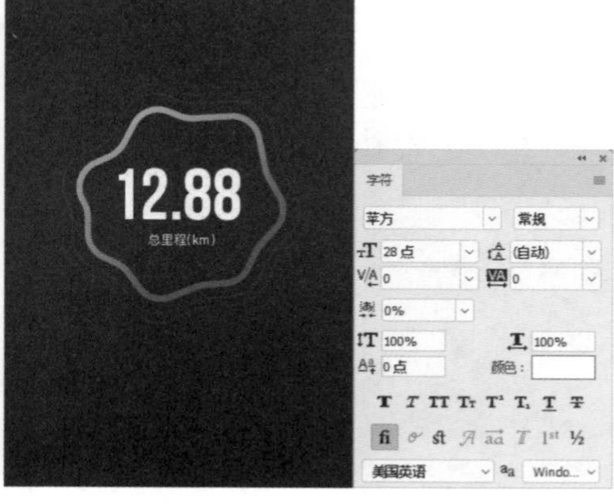

图 2-40 输入文字并设置文字样式

12 **制作辅助数据**。辅助数据包含总时间和总步数，数字字体为【Bebas Neue】，中文字体为【苹方】，再添加时钟和脚步图标，完成后的效果如图 2-41 所示。时钟和脚步图标的制作方法很简单，这里就不详细讲解了，大家可以参考本例的源文件。

13 **制作头像**。选择【椭圆工具】○.，按住【Shift】键在画板的左上角绘制一个大小合适的圆形（关闭【描边】功能），如图 2-42 所示。将头像拖入画板中，并调整好头像的大小，如图 2-43 所示。按【Ctrl+G】组合键将头像设置为圆形的剪贴蒙版，效果如图 2-44 所示。

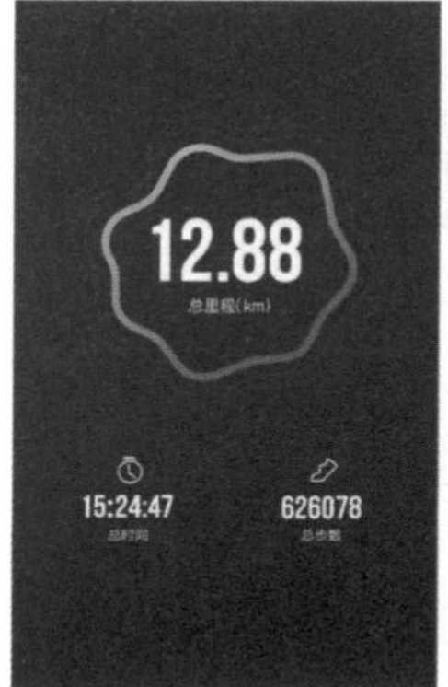

图 2-41 制作辅助数据

图 2-42 绘制圆形

图 2-43 拖入头像

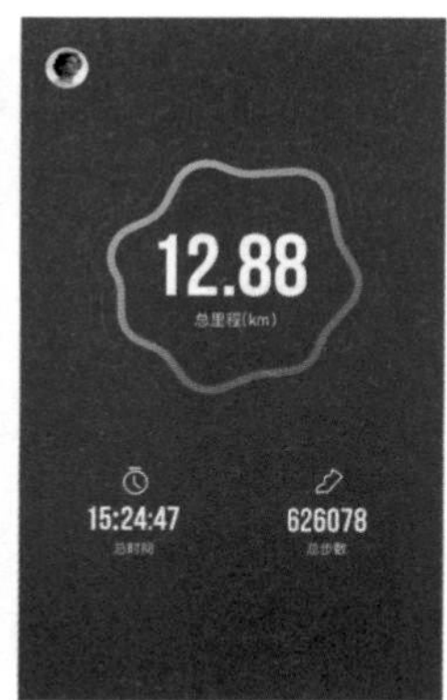

图 2-44 设置剪贴蒙版

14 **制作地图图标**。选择【椭圆工具】○.，按住【Shift】键在画板的右上角绘制一个大小合适的圆形（关闭【填充】功能），将【描边】的颜色设置为白色，同时将【描边】宽度设置为【3 像素】，效果如图 2-45 所示。

15 选择【转换点工具】N.，单击圆形底部的锚点，将其转换为角点，效果如图 2-46 所示。选择【直接选择工具】▷.，将角点向下拖动，制作出一个大头针形状，效果如图 2-47 所示。

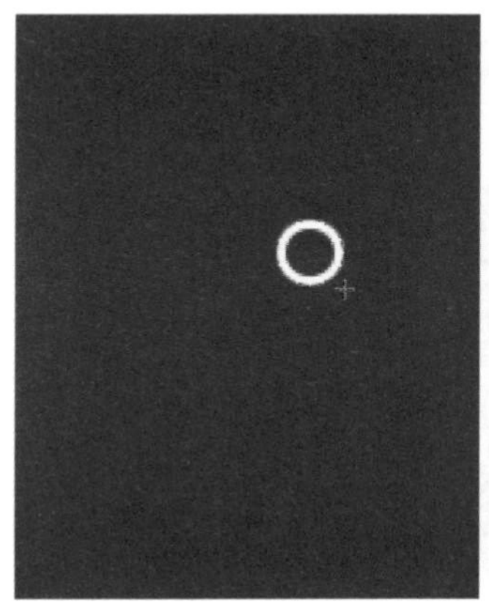

图 2-45 绘制圆形

图 2-46 转换锚点的类型

图 2-47 调整角点的位置

16 选择【钢笔工具】，然后设置绘制方式为【新建图层】，如图 2-48 所示。这样在绘制形状时会在新图层中进行绘制。接着绘制出图 2-49 所示的形状（同样将【描边】宽度设置为【3 像素】）。

17 **制作开始按钮**。选择【椭圆工具】，按住【Shift】键在画板的底部中间绘制一个大小合适的圆形（关闭【描边】功能），如图 2-50 所示。

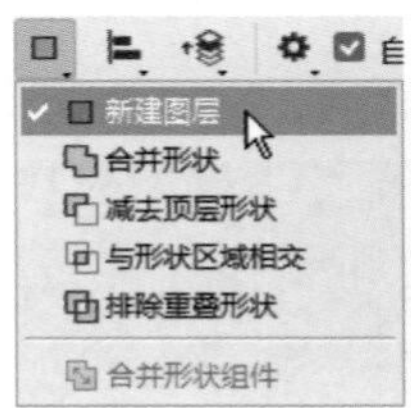

图 2-48 选择绘制方式

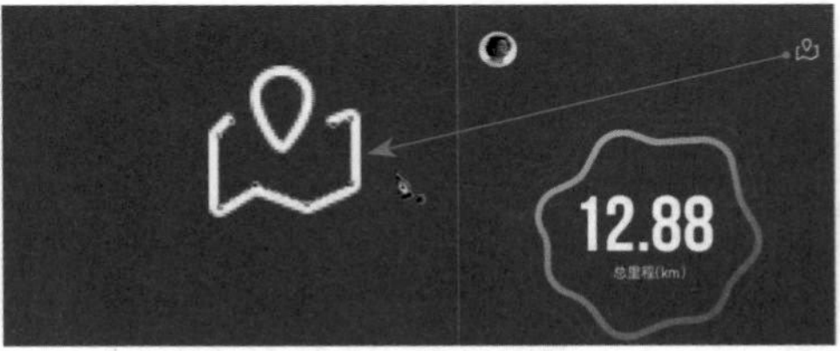

图 2-49 绘制形状

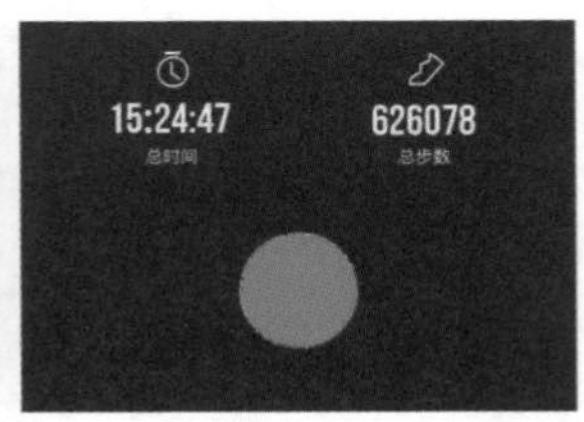

图 2-50 绘制圆形

18 执行【图层 > 图层样式 > 渐变叠加】菜单命令，为圆形添加【渐变叠加】样式，然后设置一个由黄色到橘黄色的渐变色（与放射形状的渐变色形成对比），设置【样式】为【角度】、【角度】为【90 度】，如图 2-51 所示。在【图层样式】对话框的左侧勾选【投影】复选框，然后设置【不透明度】为【30%】、【角度】为【90 度】、【距离】为【6 像素】、【大小】为【19 像素】，如图 2-52 所示，效果如图 2-53 所示。

19 加入手机状态栏中的一些图标，如手机信号、Wi-Fi 信号、时间、电池电量等，然后输入“步行”文字，完成运动页面的设计，如图 2-54 所示。

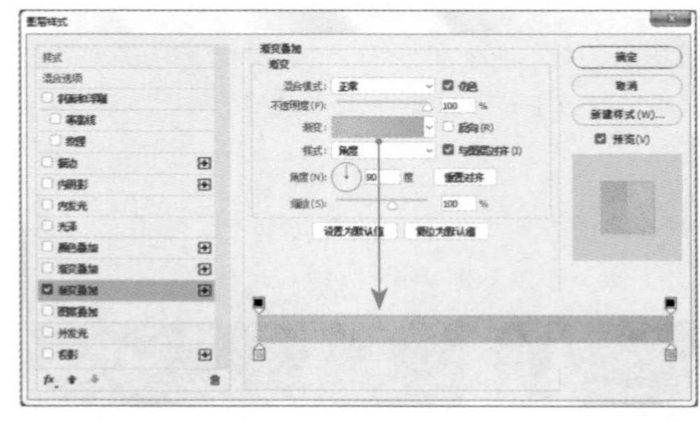

图 2-51 设置渐变叠加样式

图 2-52 设置投影样式

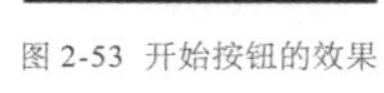

图 2-53 开始按钮的效果　图 2-54 运动页面的最终效果

2.6.2 用倒三角形构图设计地图页面

01 **复制画板**。选择【画板工具】，然后按住【Alt】键并单击画板右侧的图标，如图 2-55 所示，在画板右侧复制出一个画板。同时将画板名称修改为“地图模式”，如图 2-56 所示。

02 删除【地图模式】画板中不需要的内容，只留下背景、开始按钮、头像和手机状态栏即可，同时将“步行”文字修改为“地图”，将脚步图标放在地图图标的位置，如图 2-57 所示。

图 2-55 复制画板

图 2-56 复制完成后的画板

图 2-57 删除多余内容并修改文字

03 **制作地图形状**。地图形状看似复杂，其实制作起来很简单，只是比较耗费时间。选择【钢笔工具】，勾画出多个封闭形状作为道路（这些形状只需要填充颜色，不需要描边），如图 2-58 所示。多勾画一些形状，让画面中既有主道又有辅道，形成一个道路网，如图 2-59 所示。

04 选中所有的形状图层，然后按【Ctrl+E】组合键将它们合并为一个形状图层，双击形状图层的缩览图，将道路网的颜色修改为【R:72，G:63，B:101】，这样看起来更像真实的道路，如图 2-60 所示。

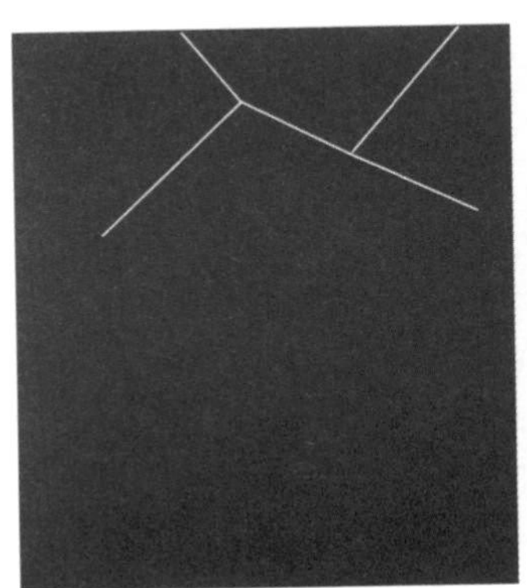

图 2-58 勾画道路

图 2-59 完成后的道路网

图 2-60 修改道路的颜色

05 **制作运动轨迹**。选择【钢笔工具】，沿着道路勾画一条轨迹，并关闭【填充】功能，效果如图 2-61 所示。将【描边】的宽度修改为【20 像素】，效果如图 2-62 所示。

06 在选项栏中将【描边选项】中的【对齐】修改为【居中】、【端点】和【角点】都修改为【圆形】，如图 2-63 所示，这样可以让轨迹看起来更自然、平滑，效果如图 2-64 所示。

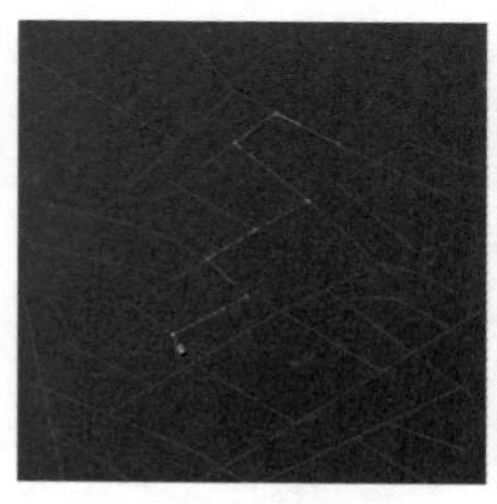
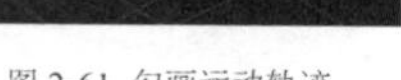

图 2-61 勾画运动轨迹

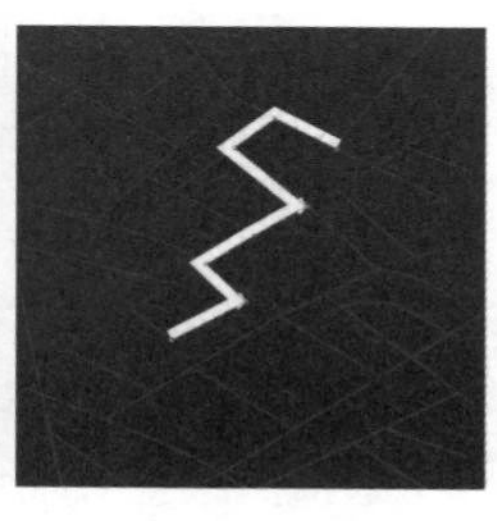

图 2-62 增大描边宽度

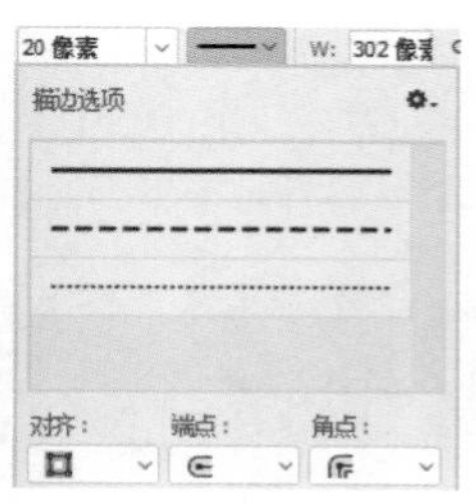

图 2-63 修改描边选项

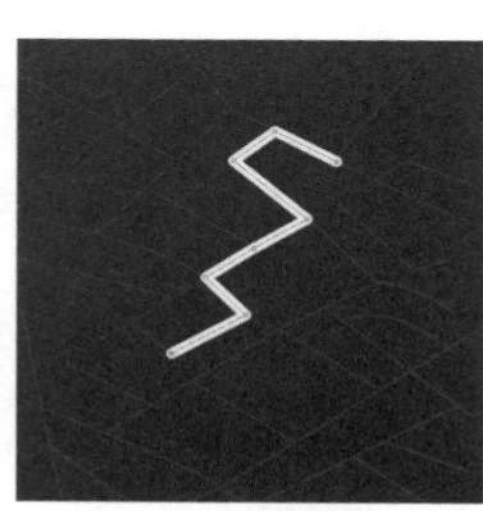

图 2-64 描边效果

07 执行【图层 > 图层样式 > 渐变叠加】菜单命令，为轨迹添加【渐变叠加】样式，然后设置一个由紫色到桃红色的渐变色，勾选【反向】复选框，同时设置【角度】为【90 度】，如图 2-65 所示，效果如图 2-66 所示。

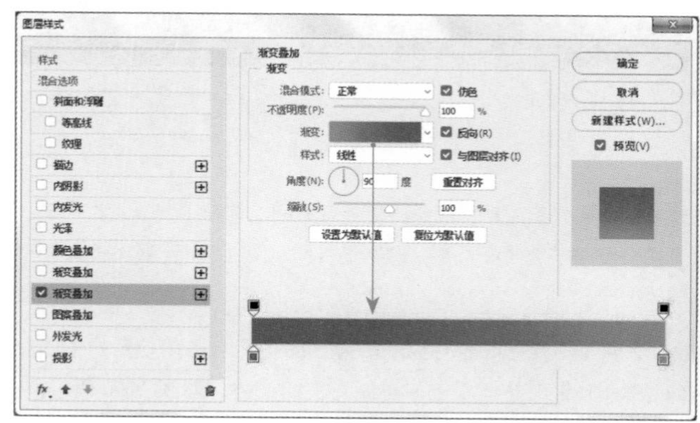

图 2-65 设置渐变叠加样式

图 2-66 渐变叠加效果

08 整体效果如图 2-67 所示。目前的道路网比较杂乱，可以为道路形状图层添加一个图层蒙版，然后使用【画笔工具】（黑色柔边）在蒙版中涂去多余的部分，让道路网的视觉中心更加明确，完成后的效果如图 2-68 所示。

09 **制作起点和定位点图标**。这两个图标都用大头针形状来表示，制作方法可参考运动页面中地图图标的制作方法，其中蓝色渐变大头针形状表示起点图标，黄色渐变大头针形状表示定位点图标，如图 2-69 所示。

10 在定位点图标的内部还有一个人物跑步的图标，这里仔细讲解一下该图标的制作方法。选择【椭圆工具】，按住【Shift】键绘制一个大小合适的圆形作为人物的头部，将【填充】的颜色设置为白色，并关闭【描边】功能，效果如图 2-70 所示。

图 2-67 整体效果

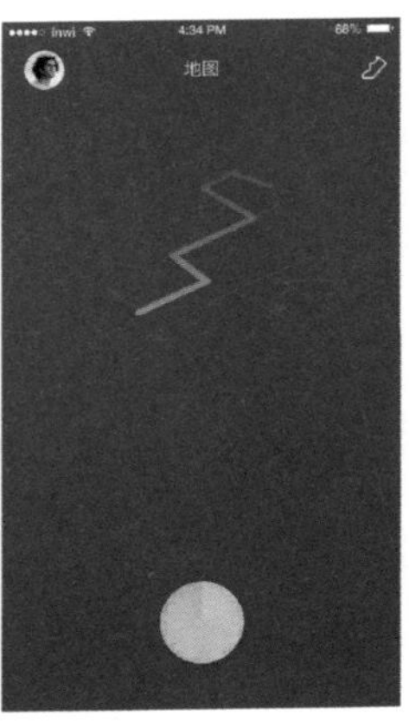

图 2-68 用蒙版调整视觉重心

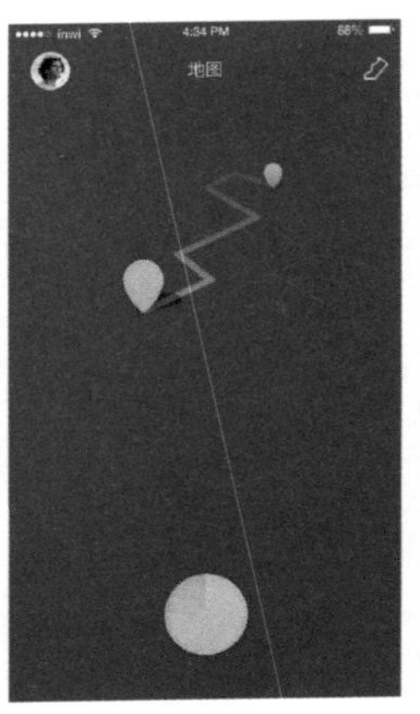

图 2-69 制作起点和定位点图标

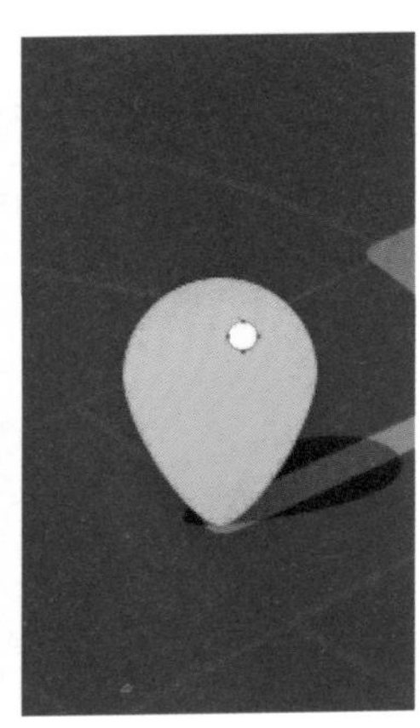

图 2-70 绘制人物头部

11 选择【钢笔工具】，绘制一条波浪线作为人物的手臂，关闭【填充】功能，用白色进行描边，并设置【描边】的宽度为【6 像素】，设置完成后按小键盘上的【Enter】键确认操作，效果如图 2-71 所示。用相同的方法绘制人物的左腿、右腿和躯干，效果分别如图 2-72、图 2-73、图 2-74 所示。

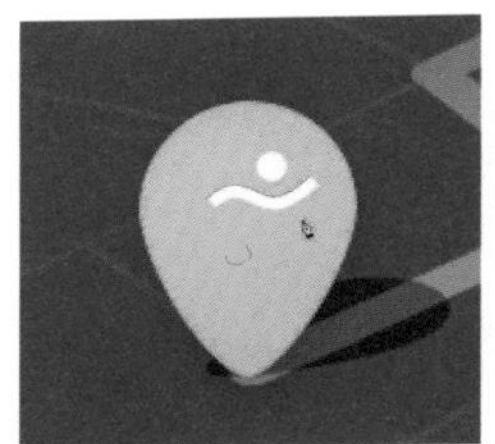

图 2-71 绘制人物手臂

图 2-72 绘制人物左腿

图 2-73 绘制人物右腿

图 2-74 绘制人物躯干

12 选择【直接选择工具】，然后选择除了头部以外的所有肢体形状图层，如图 2-75 所示。在选项栏中设置描边的【对齐】方式为【居中】、【端点】和【角点】均为【圆形】，如图 2-76 所示，效果如图 2-77 所示。使用【直接选择工具】调整好每个形状的锚点，完成后的效果如图 2-78 所示。

图 2-75 选择肢体形状

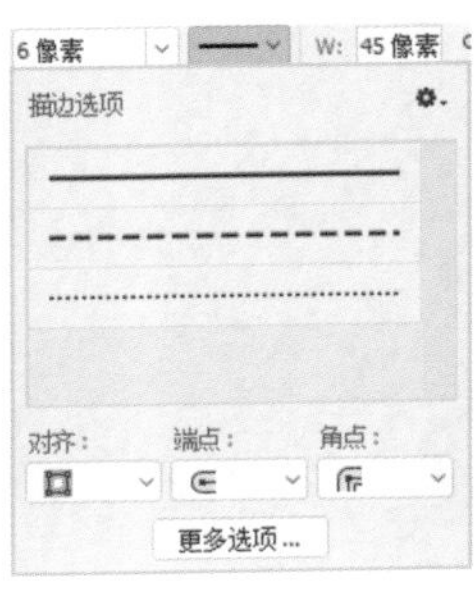

图 2-76 设置描边选项

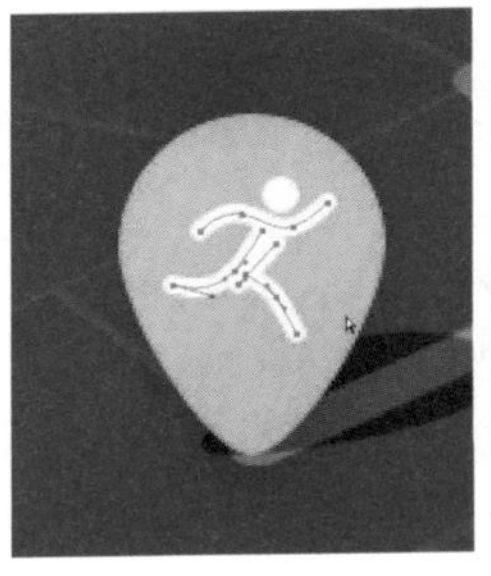

图 2-77 描边效果

图 2-78 调整锚点

13 在画板中添加地图页面的辅助数据，效果如图 2-79 所示。这些辅助数据与下面的开始按钮会形成一个倒三角形，如图 2-80 所示。在辅助数据中，稍微难一些的就是 3 个图标的制作，可以参考本例的源文件。

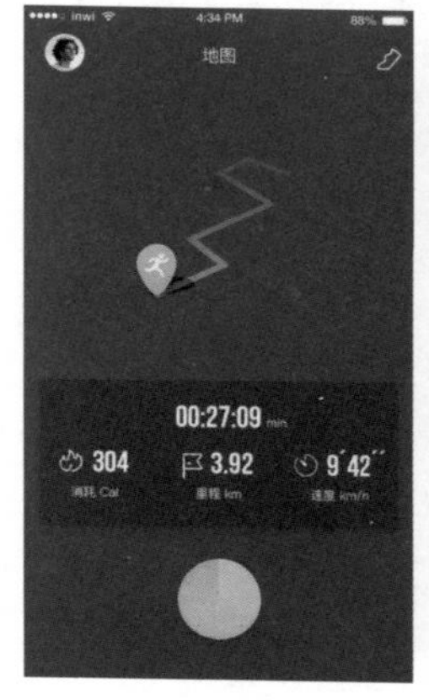

图 2-79 添加辅助数据

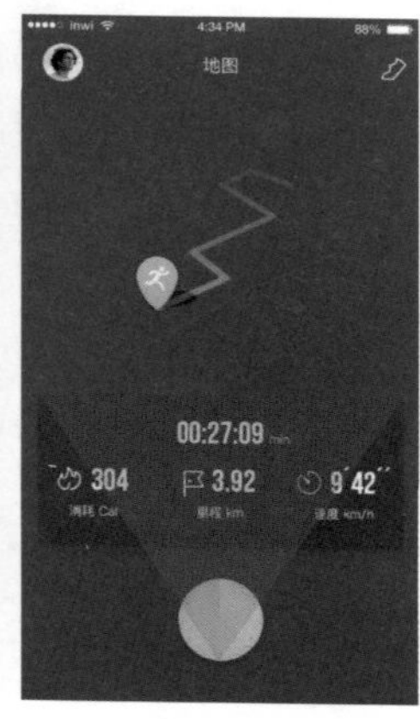

图 2-80 倒三角形构图

2.6.3 用三角形构图设计个人页面

01 **复制画板**。与制作地图页面一样，制作个人页面时也可以直接复制画板，然后删除画板中多余的内容，保留背景、手机状态栏（在后面将页面顶部的颜色换成白色以后，手机状态栏的颜色需要换成黑色）和头像即可，如图 2-81 所示。

02 **制作页面**。先隐藏头像，选择【椭圆工具】绘制一个比较大的白色椭圆形（关闭【描边】功能），将其放在画板的上方，如图 2-82 所示。

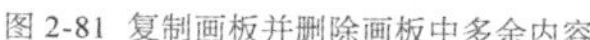

图 2-81 复制画板并删除画板中多余内容

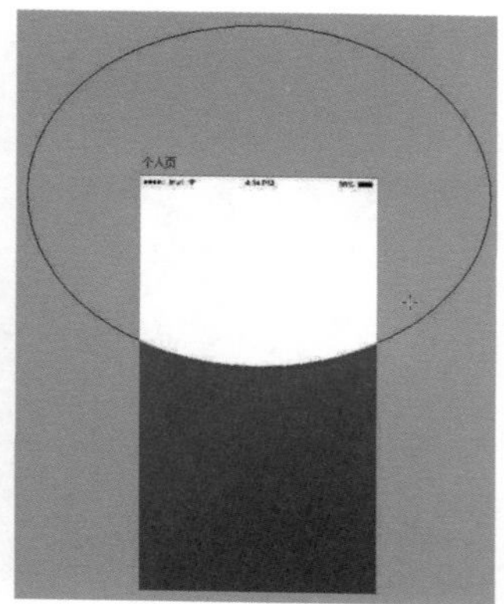

图 2-82 绘制椭圆形

03 将头像显示出来，并放在白色椭圆形的上方，如图 2-83 所示。隐藏头像，只显示圆形，按【Ctrl+T】组合键进入自由变换模式，分别在选项栏中的【W】和【H】（设置水平和垂直缩放比例）输入框中单击鼠标右键，在弹出的菜单中选择【像素】命令，如图 2-84 所示，将缩放单位切换为像素。将【W】和【H】输入框中的数值修改为【180 像素】，这样就得到了一个 180 像素 ×180 像素的圆形，效果如图 2-85 所示。

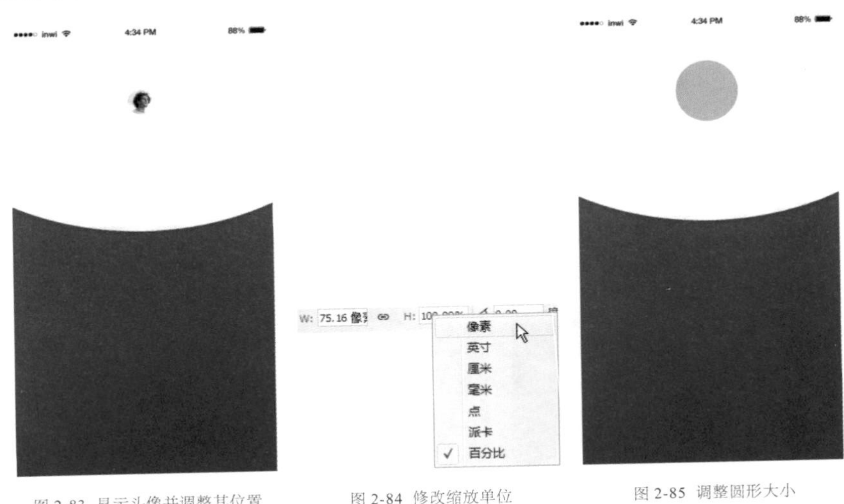

图 2-83 显示头像并调整其位置　　图 2-84 修改缩放单位　　图 2-85 调整圆形大小

04 显示出头像，按【Ctrl+T】组合键进入自由变换模式，然后按住【Shift+Alt】组合键，将头像等比例缩放到合适的大小，如图 2-86 所示，选择【横排文字工具】T.，输入人物的个人信息，效果如图 2-87 所示。从头像往下到白色椭圆形与背景衔接的区域就形成了一个三角形，如图 2-88 所示。

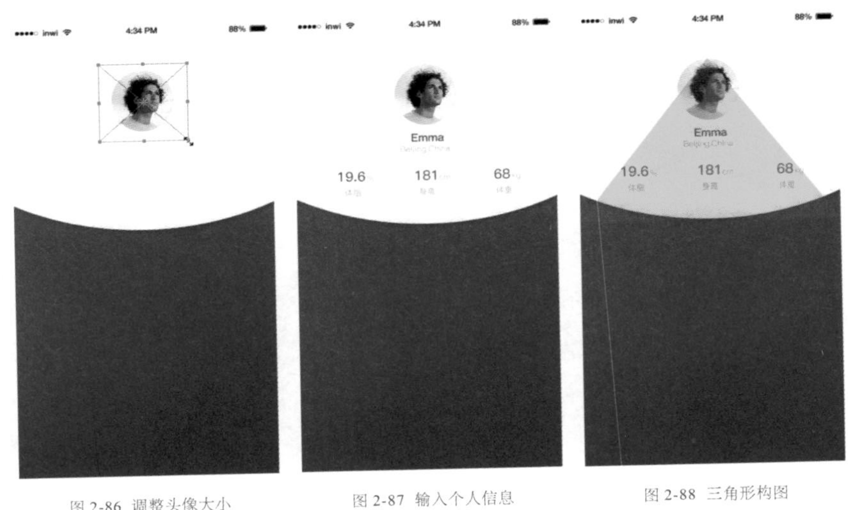

图 2-86 调整头像大小　　图 2-87 输入个人信息　　图 2-88 三角形构图

05 将开始按钮和人物图标复制到个人页面中，然后调整这两个对象的大小和位置，将开始按钮的【渐变叠加】的【样式】修改为【线性】、【角度】修改为【-74 度】，效果如图 2-89 所示。

06 **制作数据线**。选择【钢笔工具】，在画板底部绘制一条数据线，关闭【填充】功能，开启【描边】功能，将【描边】的宽度修改为【8 像素】，效果如图 2-90 所示。

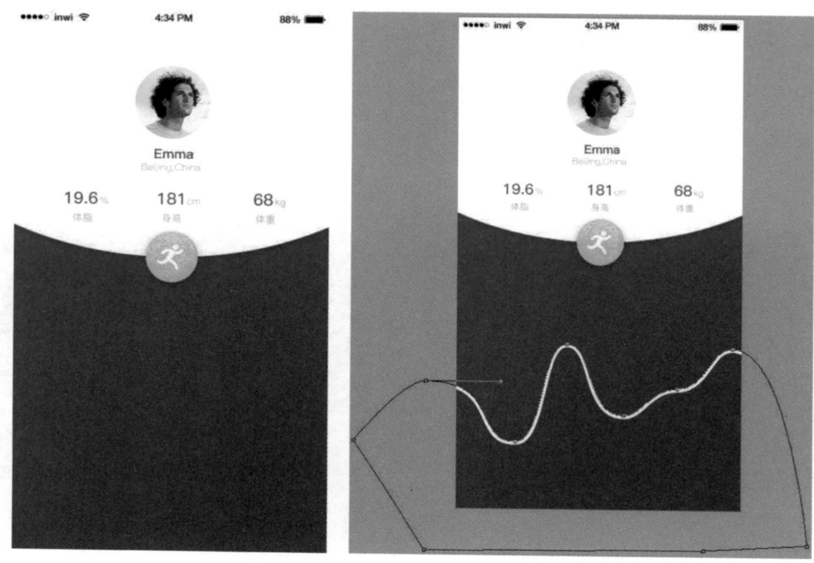

图 2-89 复制图标并调整　　图 2-90 绘制数据线

07 在运动页面中选择放射形状图层，在图层名称上单击鼠标右键，然后在弹出的菜单中选择【拷贝图层样式】命令，如图 2-91 所示。在曲线图层的名称上单击鼠标右键，在弹出的菜单中选择【粘贴图层样式】命令，如图 2-92 所示。将渐变的【角度】修改为【0 度】，效果如图 2-93 所示。

08 完善数据线上的信息，输入相关的文字内容，完成个人页面的设计，最终效果如图 2-94 所示。

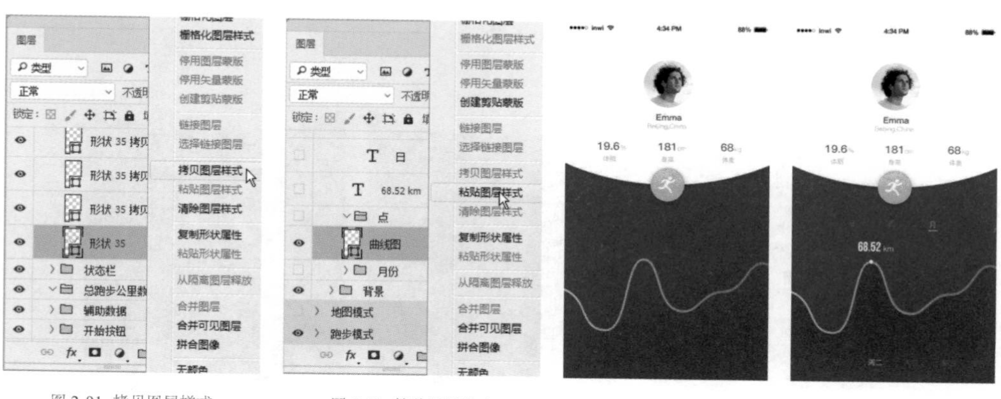

图 2-91 拷贝图层样式　　图 2-92 粘贴图层样式　　图 2-93 渐变效果　　图 2-94 个人页面的最终效果

第3章 版面布局

3.1 界面版率

设计界面时，因为内容和页面都比较多，所以为了保证所有页面的统一性，需要先设定页面内容四周的留白。设定完后，相应内容（图标和图片等）的安排就可以确定下来了。这样的设计顺序可以使调整出来的页面更加有条理。例如，在图 3-1 中，红色部分就是内容区域，因为页面上方有导航区域，所以内容区域的版面是从导航区域下面开始计算的。

在页面四周增加留白，可以很容易地将用户视线集中到少数的内容上，这样便于突出重点，如图 3-2 所示。

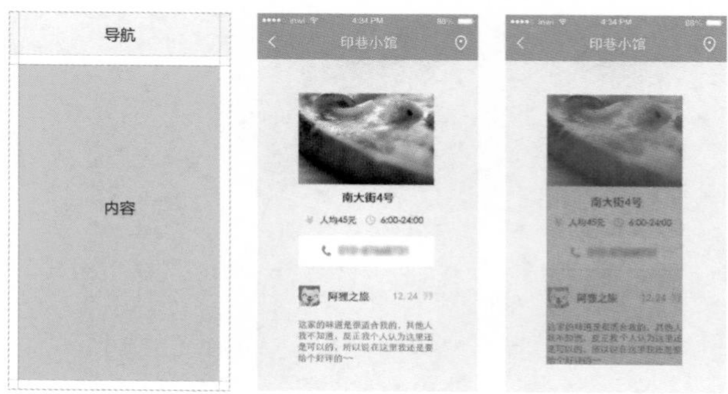

图 3-1 设定页面内容四周的留白　　图 3-2 增加留白

减少留白或者不留白，页面会显得更丰富，同时图片的展示空间会增大，冲击感会增强，页面整体更有张力，如图 3-3 所示。页面内容和功能的不同，应适当调整页面四周的留白，如果图片本身比较有意境，可以直接采用“出血”的方式展示图片，即不留白或者少留白。

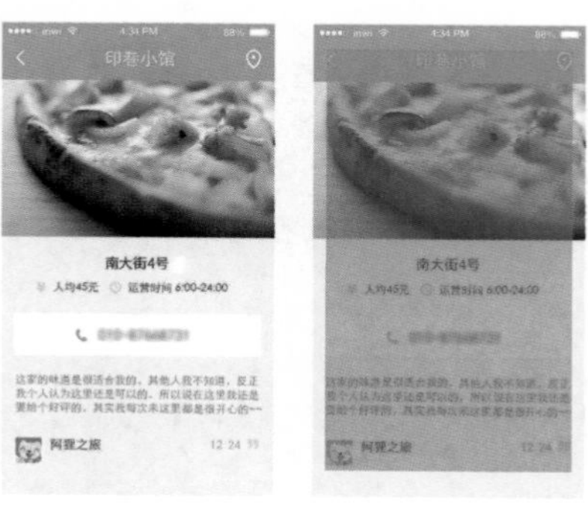

图 3-3 减少留白

3.1.1 单色块填充

将一个或多个功能作为主信息提取到首页中进行设计，可以达到意想不到的视觉效果。这样处理后的界面不仅大气有张力，而且信息聚合度很高。

在缺少图像素材的情况下，如何让界面更有张力，同时又能具有很高的版面率呢？在图 3-4 中，虽然背景为单一颜色，同时有大量留白，却突显了主要信息。这种设计要求图标或文字相对简洁，能够很好地和背景色融为一体。当然，这时还可以利用线条或规则的图形来分割留白区域，以增强界面的层次感，如图 3-5 所示。注意，做好这些的前提是设计师要明确主次信息，以及它们之间的关系。

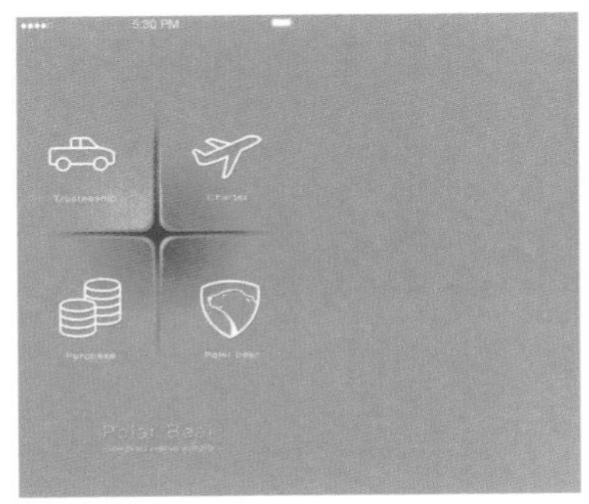

图 3-4 单一颜色且有大量留白的背景

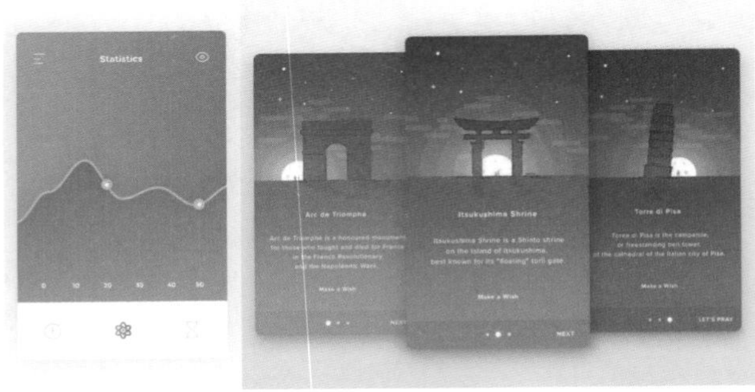

图 3-5 用线条或规则的图形分割留白区域

另外，结合产品的特点巧妙地运用不同的颜色将不同的信息区分开，可以让用户直观地感知到信息的变化，如图 3-6 所示。

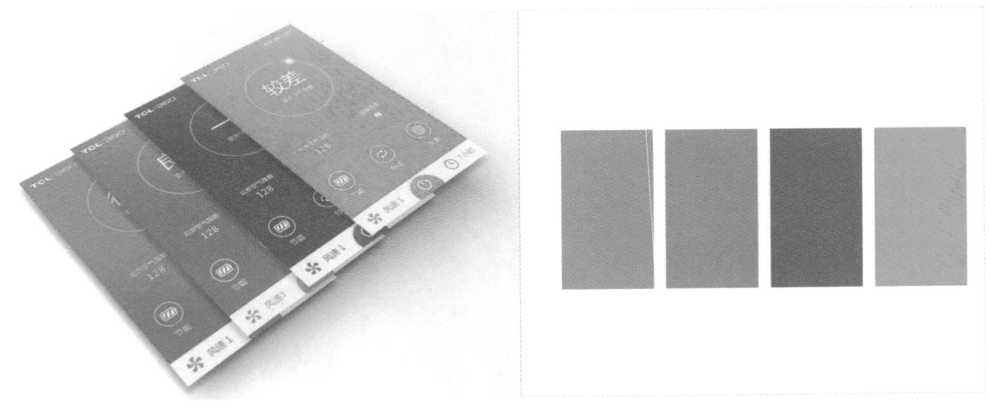

图 3-6 用颜色区分信息

3.1.2 多色块组合

多色块的背景不仅能够提高版面的使用率，还可以丰富画面。当页面以功能分类为主，且用实物照片也表达不清楚主要功能时，就可以利用多色块进行组合设计。在用多色块进行组合设计时，可以利用邻近色进行过渡，让数量比较多的分类能统一在一个画面中，如图 3-7 所示。另外，一定要选择对比较弱的颜色来划分区域，如图 3-8 所示，否则割裂感太强，导致页面显得花且乱。

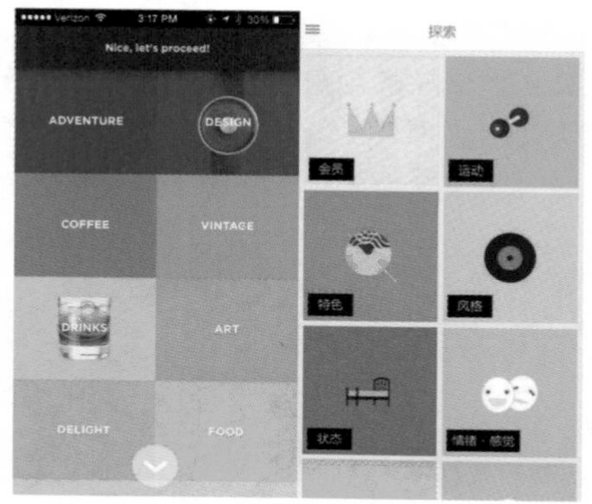

图 3-7 用邻近色进行组合设计

图 3-8 选择对比较弱的颜色来划分区域

3.1.3 穿插填充

横向和纵向分割可以让界面显得整齐、稳定，而斜向分割则可以让界面更具冲击感。使用不同的构图方式，将少量图片穿插整合在构图形状中，能让界面更有节奏感，如图 3-9 所示。这样的表现方式能将产品的气质淋漓尽致地展现出来，还能提高版面的使用率。在 UI 设计中，相互穿插的图文可以引导用户的视线，让原本简单的内容变得生动有趣，同时，也可以区分内容的主次，便于用户阅读。

图 3-9 穿插填充版面

3.1.4 关键词图形化

现在人们越来越认同扁平化设计，一方面是因为扁平化的图标看上去清新、简洁，用户理解起来更快；另一方面是因为扁平化设计中与图标搭配的背景非常简约，要么留白，要么极简，能在视觉上减少对用户的干扰。好的扁平化图标不是简单地删减细节，而是突显有效的信息。图标是最直接的表达方式，简单明了的图标能让用户快速从中找到想要的功能和产品，如图 3-10 所示。图标与文案的搭配可以有效地减轻用户阅读时的疲劳感，增强界面内容的节奏。用图标与大字号的文案、序号或数字等进行组合表达，不仅可以提高版面的使用率，还可以在很大程度上增强界面的丰富性和趣味性，如图 3-11 所示。

图 3-10 关键词图形化

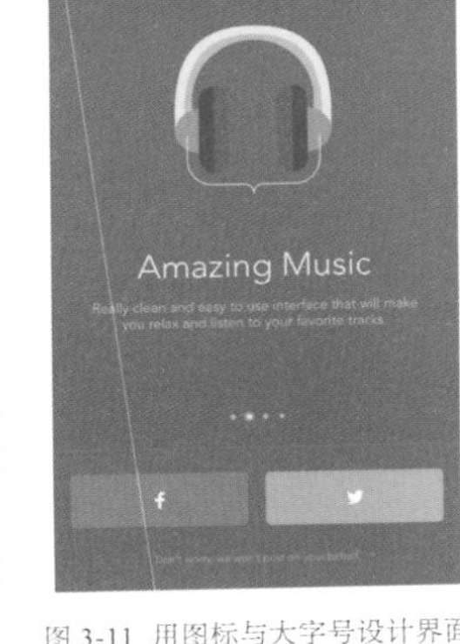

图 3-11 用图标与大字号设计界面

有趣的图标设计不仅能有效地区分功能，还能将 App 的特性和品牌气质展现出来，如图 3-12 所示。将图形融入界面，不仅可以让界面内容更加丰富，还能让界面层次更加分明，如图 3-13 所示。

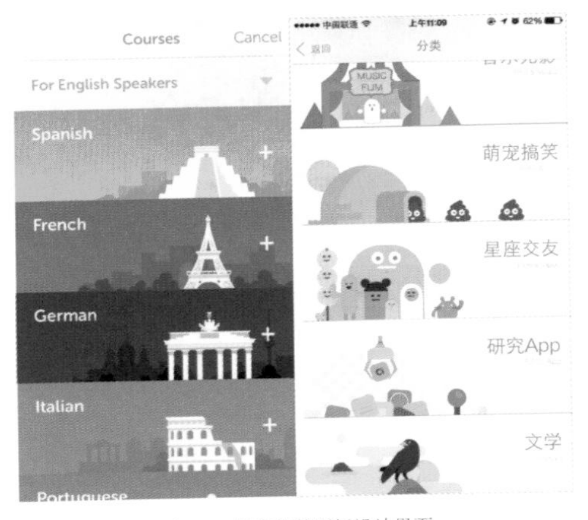

图 3-12 用有趣的图标设计界面

图 3-13 将图形融入界面

3.1.5 放大文字

从图 3-14 这一组对比图中可以看出，放大重点文字的作用主要有两点：一是强化重点，让用户在最短的时间内获取到最需要的信息，从而引导用户进行准确操作；二是让本来空荡荡的页面变得更饱满，提高版面的使用率。

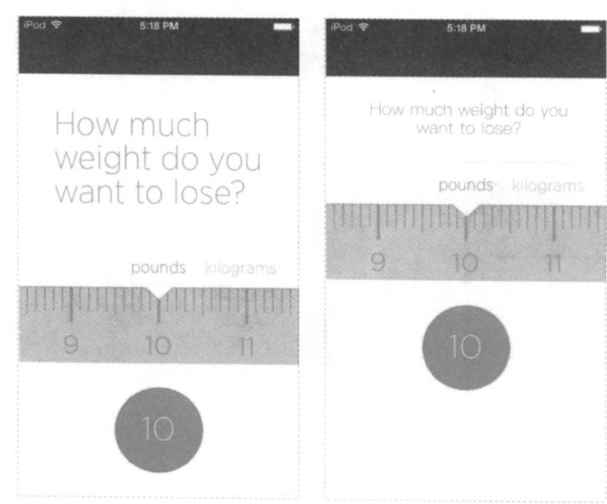

图 3-14 大文字设计与小文字设计对比

在 UI 设计中，设计师经常会将数字放大，因为数字可以最直观地体现相关信息，如量的多少、值的大小等。另外，放大数字也能让整个页面看起来更智能，如图 3-15 所示。

图 3-15 用放大的数字设计界面

3.2 抠图法

使用留白进行极简主义设计是现代设计的大趋势之一，但是用少量的元素和大量的留白做设计还是有些难度的。在界面中巧妙地使用留白，可以让用户的阅读变得更轻松。在处理图片素材的时候，常常会碰到图片背景杂乱，产品不够突出的问题。在进行UI设计之前可以先对素材进行处理，将产品直接抠出来。利用这种方式可以突出产品的形状，越明确的形状越能反映产品的独特性，使用户可以在第一时间判断出产品的类型和特性。

案例分析

图3-16所示是一个关于曲奇饼干的页面，其中用不同大小的饼干来区分页面的层次。在产品介绍中，采用侧面的曲奇饼干实物图来体现曲奇饼干最真实的厚度，然后虚化碎落的饼干块，以突出产品的层次。深色的背景与浅色的饼干形成强烈的对比，直接突显了曲奇饼干实物的形状，让用户一目了然，食欲大增，从而增强了用户的购买欲望。

很多电商App也经常采用抠图法去除界面中多余的信息，利用产品的形状直接体现产品的特点，这样的界面让用户阅读起来轻松而又愉悦，如图3-17所示。

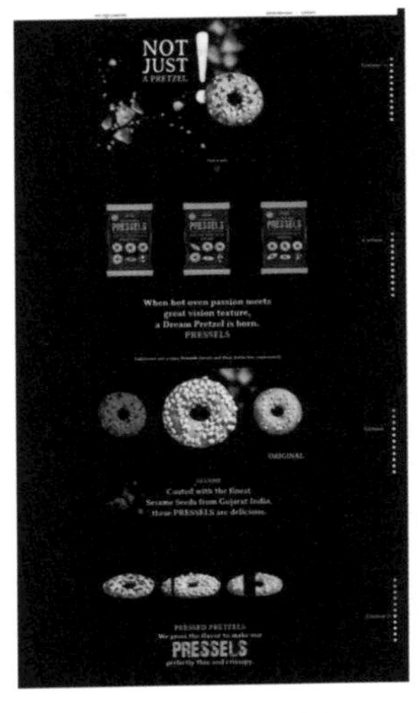

图3-16 曲奇饼干页面

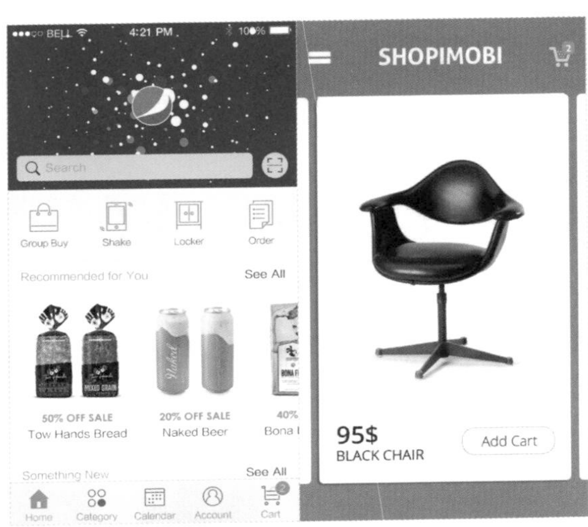

图3-17 用抠图法去除多余的信息

3.3 破界法

如果需要展示的信息较多，那么采用分割区域的方法可以使界面看起来整齐、干净；而当需要展示的信息较少时，设计师可以大胆选用“局部出血”的方式，先建立边界，再突破边界，增强界面的层次感和冲击力，以突显主题。一定要记得，设定好内容范围不仅是为了摆放界面元素，还是为了统一界面风格。

案例分析

在 UI 设计中，有时候会使用“破界法”设计界面，在手机、平板电脑等 UI 设计中也可以直接套用这种方式。运用穿插的图片来区分背景和产品的层次，这样处理出来的界面富有生命力，如图 3-18 所示。放大需要突出的主体，把它作为第一焦点展示出来，可使用户产生一种强烈的“面对面”的感觉，如图 3-19 所示。

图 3-18 用穿插的图片区分背景和主体

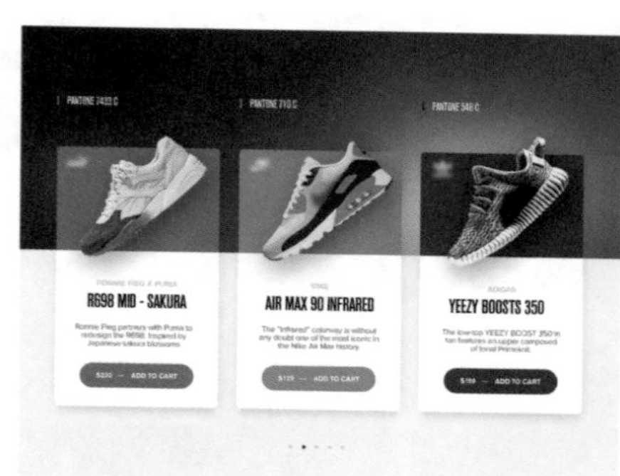

图 3-19 放大主体

使用破界法还可以很好地拉开背景和主体之间的层次，并增强主体的视觉冲击力，如图 3-20 所示。

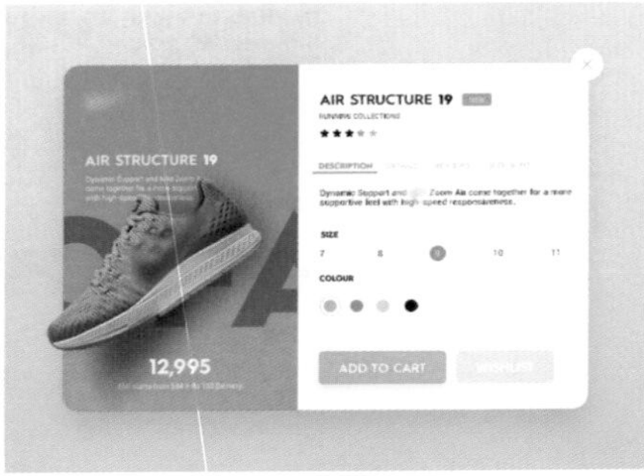

图 3-20 拉开主体与背景之间的层次

在 App 中，将图片的局部突显出来能拉开图片信息的层次，将需要突出的图片信息第一时间展示给用户，以引导用户进行点击，如图 3-21 所示。App 的引导页或展示页中经常会运用这种方式来体现 App 的功能层级，从而让单薄的画面变丰富，如图 3-22 所示。

图 3-21 突出图片的局部能拉开图片信息的层次

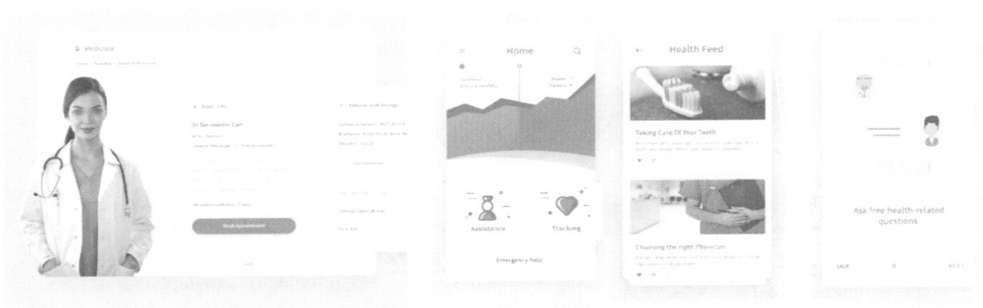

图 3-22 突出图片的局部以体现 App 的功能层级

另外，设计师还可以利用文字破图法来体现图片与文字之间的层次关系，如图 3-23 所示。

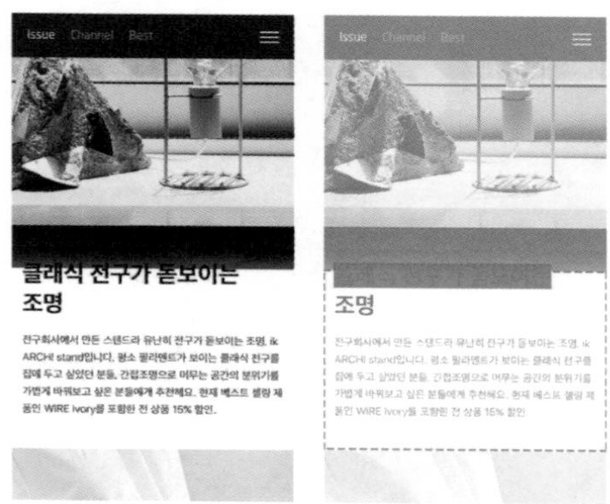

图 3-23 用文字进行破图

图标设计中也经常用到破界法。在图 3-24 中，在统一的圆角矩形中，将表达寓意的图形局部破界，可以让图标更具空间感和灵活性。采用破界法设计出来的图标的空间感和层次感都比较强，能使产品形象更突出，如图 3-25 所示。

图 3-24 用破界法设计图标

图 3-25 用破界法突出产品形象

字体设计中也经常用到破界法，这样设计出来的字体更生动，而且在破界的过程中还能激发不同的创意。在“大美青海 0971”字体设计中，将“9”破出了方块；在“优车尚品”字体设计中，“品”字的破界让人联想到了车，整个字体设计贴切而又灵动，如图 3-26 所示。

图 3-26 用破界法设计字体

3.4 局部提取

如果处理完图片素材后发现图片比较普通，用户看一眼就能知道图片表达的是什么，那么可以考虑通过局部提取的方式营造残缺美，增加时尚感。不用担心用户看不懂，因为用户的想象力是很强的。当然，采用这种方案之前需要先与客户或者产品经理进行沟通，因为残缺美不是所有人都能接受的。

案例分析

在设计前先将图片放大并找出产品特点，然后将图片置于能撑起整个页面的位置，去除不必要的图形，让图片冲出画面，如图 3-27 所示。这样处理后，页面将非常有张力，可以激起用户想看到产品整体形象的欲望，起到预热产品的效果。

在 GUCCI 的预热官网中，设计师将产品图片放大，裁取产品有特点的部位进行展示，以引导用户点击观看产品的整体形象，激起了用户想要了解产品特性的强烈欲望，如图 3-28 所示。从版面设计的角度来看，局部放大并裁切图片，增加留白，提高了版面的使用率，使整个页面看起来更加饱满，而微距的效果会使用户与产品更加亲近。

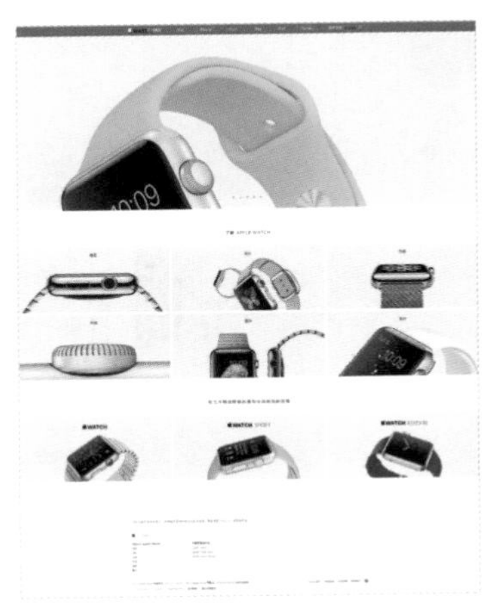

图 3-27 让图片冲出画面

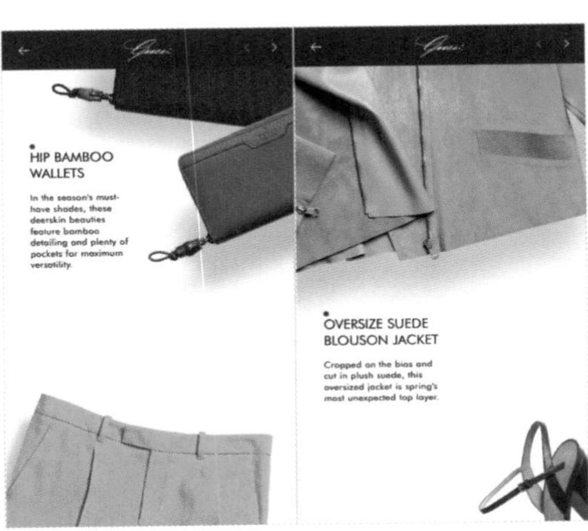

图 3-28 GUCCI 的预热官网

3.5 对齐方式

对初级设计师来说，对齐方式、间距、行距等是很难把控的。这些细节往往会影响整个界面的节奏感。而在实际的设计流程中，如果经常因为没对齐或间距不合理等被批评，不仅会影响自己的情绪，还会影响整个团队的效率，同时使自己在团队中的被信任度降低。这一节就来解决这个问题。

3.5.1 界面中常用的对齐方式

在 UI 设计中，最常用的对齐方式主要有 3 种——齐行、居左和居中，如图 3-29 所示。

图 3-29 UI 设计中常用的对齐方式

齐行：常运用在阅读性文本中，适用于比较长的文本，一般用在详情页中，如图 3-30 所示。

居左：这种对齐方式用得比较多，常常运用在 App 中的列表信息展示上，如图 3-31 所示。居左对齐方式能很好地区分文本的主次，使文本易于阅读。

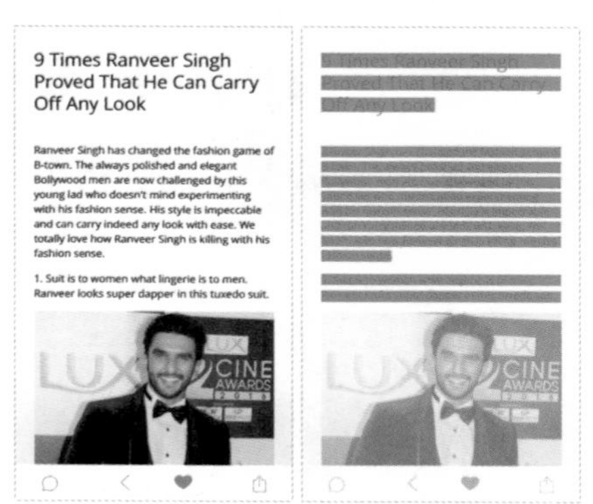

图 3-30 齐行对齐

图 3-31 居左对齐

居中：主要运用在流动的文本中，如图 3-32 所示。由于每一行文本较短，因此使用居中对齐的方式能增强页面的平衡感。

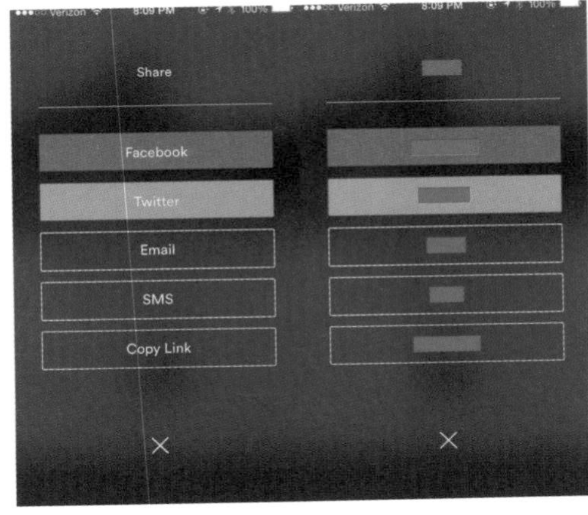

图 3-32 居中对齐

采用居中对齐的方式对齐元素，还可以有效地加强元素之间的联系，如图 3-33 和图 3-34 所示。

图 3-33 元素横向居中对齐

图 3-34 元素纵向居中对齐

将图标与文字基于中心线对齐，可以有效地加强两者之间的联系，而且文字还能用于解释图标的寓意，如图 3-35 和图 3-36 所示。

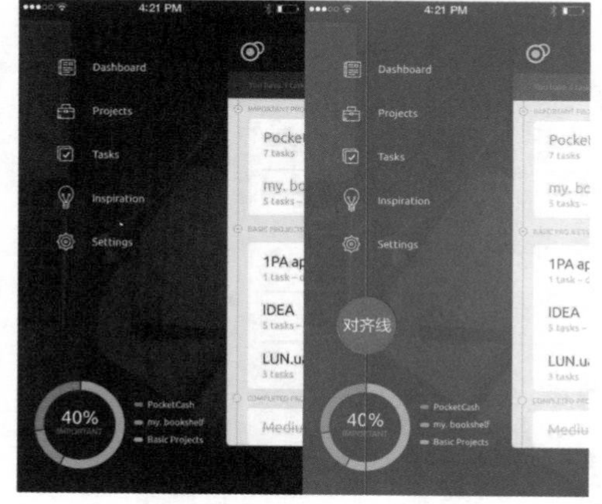

图 3-35 图标与文字基于中心线对齐 1

图 3-36 图标与文字基于中心线对齐 2

其实对齐也是有规律可循的，设计师要善于发现这些规律。下面将多种对齐方式解构到实际的设计中，详细地介绍对齐的方式和规律。

3.5.2 小米官网的登录页

小米官网的登录页中，主标题与副标题居左对齐；输入框的提示文字与输入框基于中心线对齐，这样看起来更协调、舒服，如图 3-37 所示。小米的登录页中的内容划分得很明确，需要输入的信息和对应的描述信息一目了然。

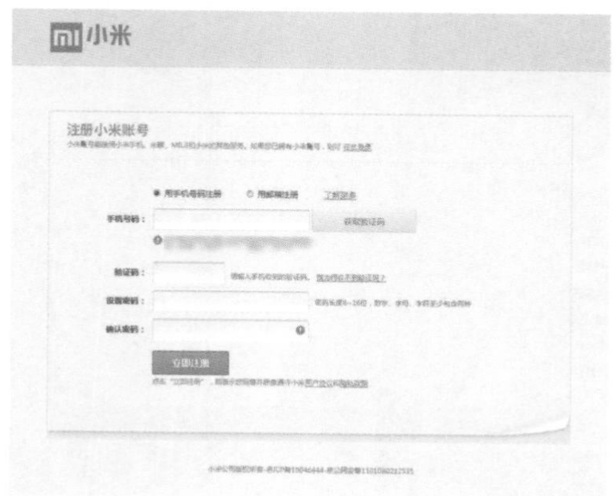

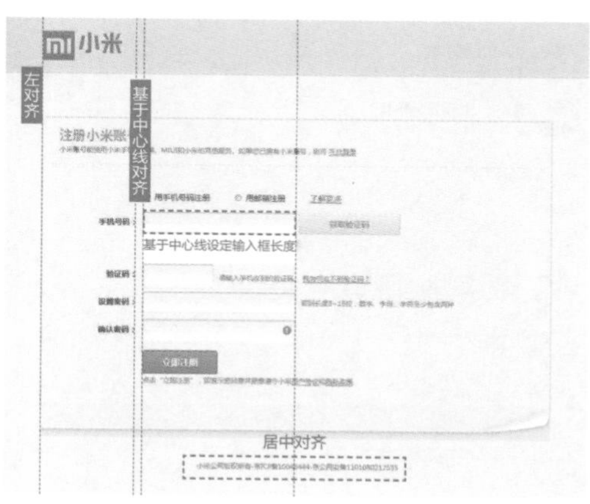

图 3-37 小米官网的登录页

3.5.3 苹果官网的登录页

苹果官网的登录页中，标题和输入框采用了不同的对齐方式，以拉开层次，如图 3-38 所示。“请登录”标题和“取消”按钮采用左对齐的方式，而输入框与提示文字则采用居中对齐的方式。此设计将用户的视线引到输入框上，从而加强了提示文字与输入框之间的联系，并用加大间距的方式拉开了标题和内文的层次。

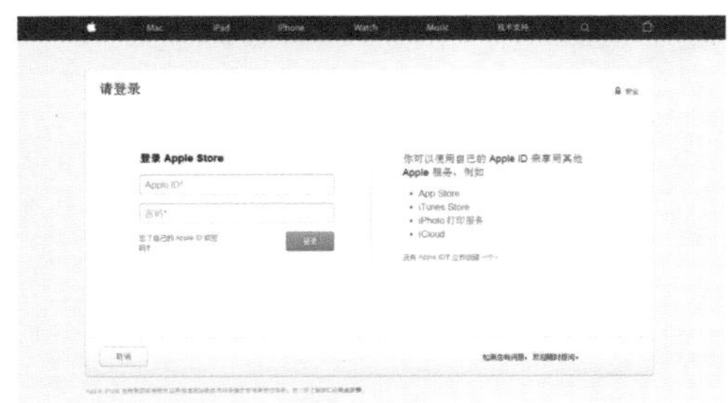

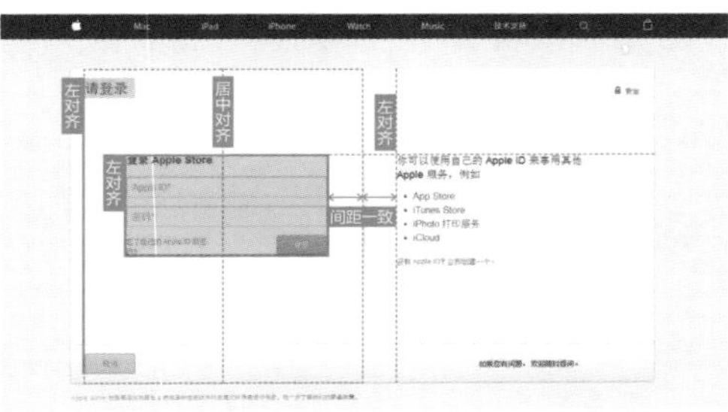

图 3-38 苹果官网的登录页

从各对齐方式中可以找出一个规律，那就是它们都有层级框。在用对齐方式区分内容的层级关系时，会用到隐形层级框，如图 3-39 所示。将不同层级的信息通过这种方式罗列在用户眼前，不仅可以在最合适的视角内向用户展示产品的核心信息，还可以提炼出用户在场景中最关注的诉求，解决用户的问题，如图 3-40 所示。

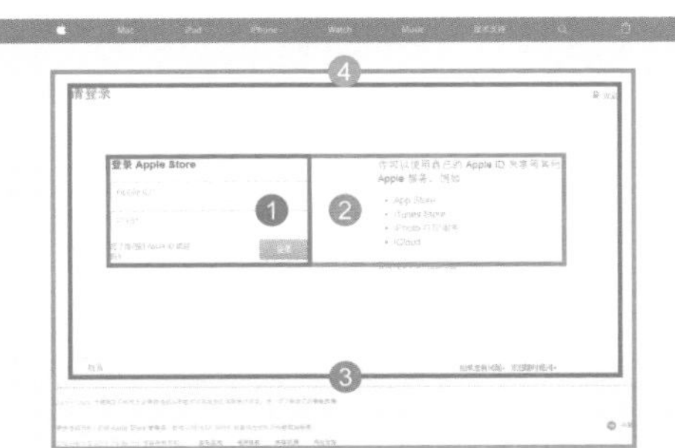

图 3-39 隐形层级框

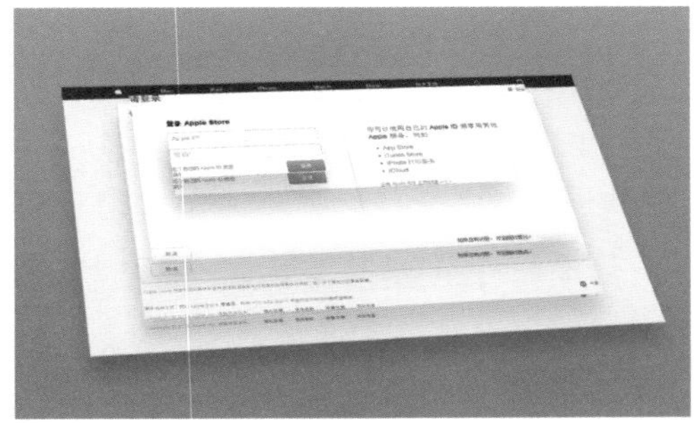

图 3-40 将不同层级的信息通过层级框进行罗列

利用对齐方式时要学会做减法。在使用对齐方式之前要先梳理并简化内容，去除重复的内容。在图 3-41 中，左图是直接根据用户需求制作的账号注册界面，看起来挺整齐的；对比右图可以发现，对文案进行梳理后，运用整体性的左对齐方式能让界面的可读性变得更强，操作也更为方便。这里推荐一款 Photoshop 的辅助线设置插件 GuideGuide，它可以用于设定中心辅助线和等分辅助线等，操作起来非常便捷。

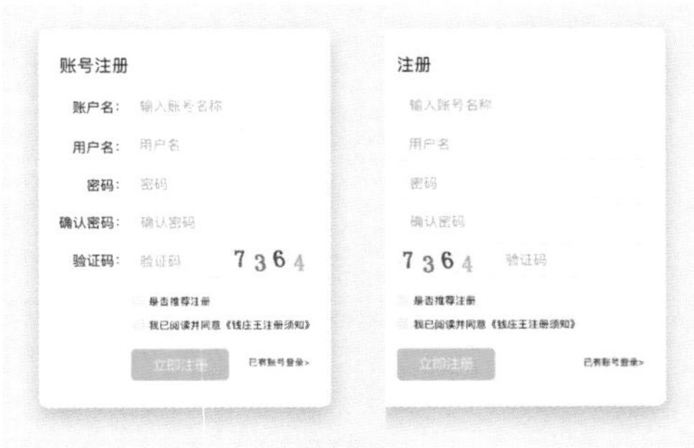

图 3-41 减少对齐方式

3.6 间距

巧妙使用间距可以有效地区分内容的层次关系，同时可以加强内容的可读性。在UI 设计的过程中经常需要调整间距，下面介绍间距在界面中的具体使用方法。

案例分析

在移动界面的间距设定中，iOS 和 Android 一般会以 10 像素为基本单位进行设计，这样更便于统计和规范界面元素。相对来说，以 10 像素为基本单位更容易操作，如图 3-42 所示。在效果图为 750 像素 ×1334 像素、以文字为主的阅读类 App 的 UI 设计中，通常会将内容的左右间距设定为 30 像素，如图 3-43 所示。

图 3-42 以 10 像素为基本单位可以方便计算

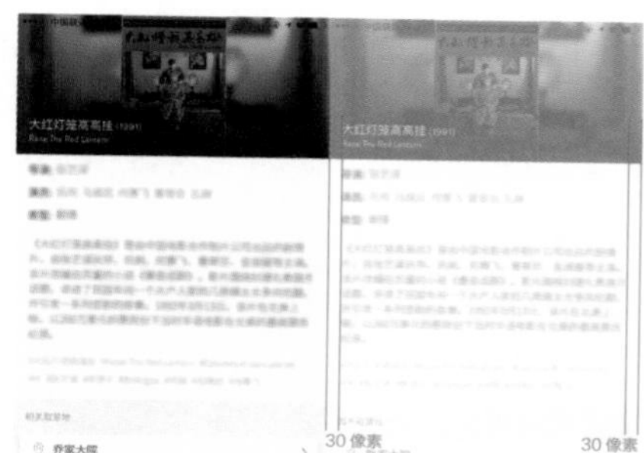

图 3-43 将内容的左右间距设定为 30 像素

保持上下、左右间距一致，可以让界面看起来更规整、舒服，如图 3-44 所示。另外，按钮之间要有充足的间隔，如图 3-45 所示，太过拥挤的按钮容易导致操作失误。

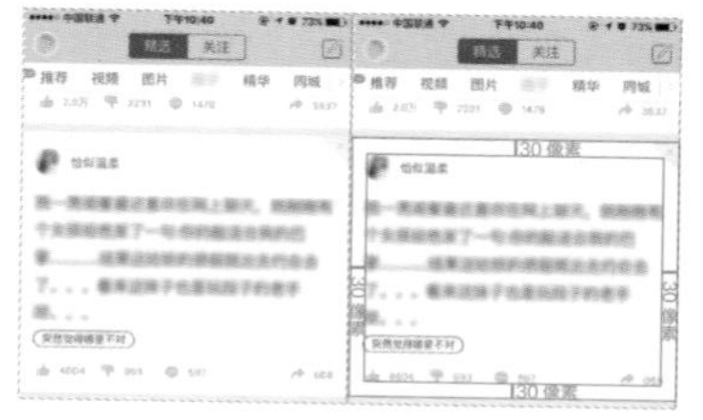

图 3-44 上下、左右间距一致

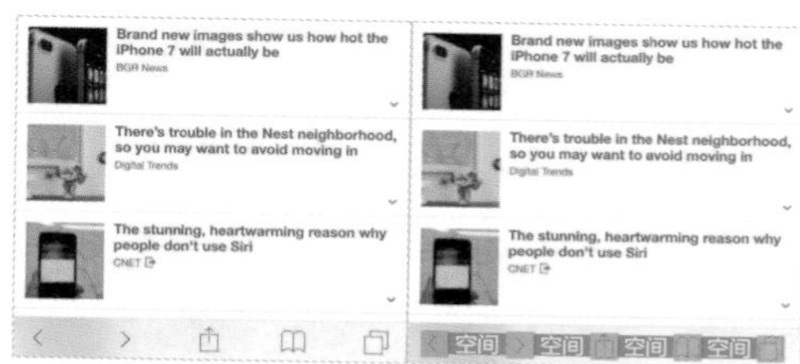

图 3-45 按钮之间要有充足的间隔

间距的大小通常会影响元素之间的关系，间距越小元素之间的关系越强，间距越大元素之间的关系越弱，如图 3-46 所示。

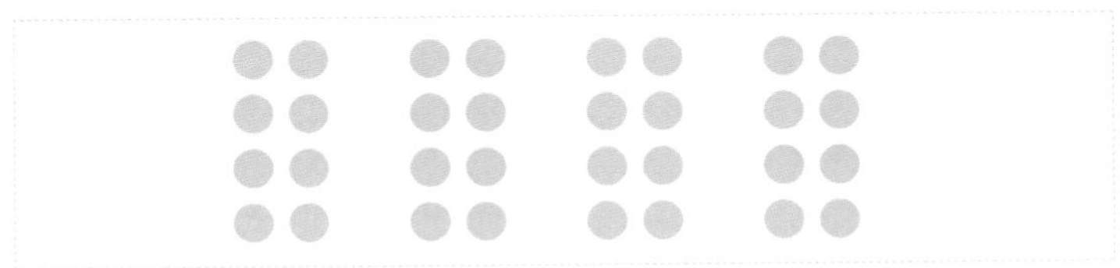

图 3-46 间距会影响元素之间的关系

利用间距能够非常直接地划分内容，如果图片和文字等元素在视觉上很近，那么它们将会被划分为一组，如图 3-47 和图 3-48 所示。

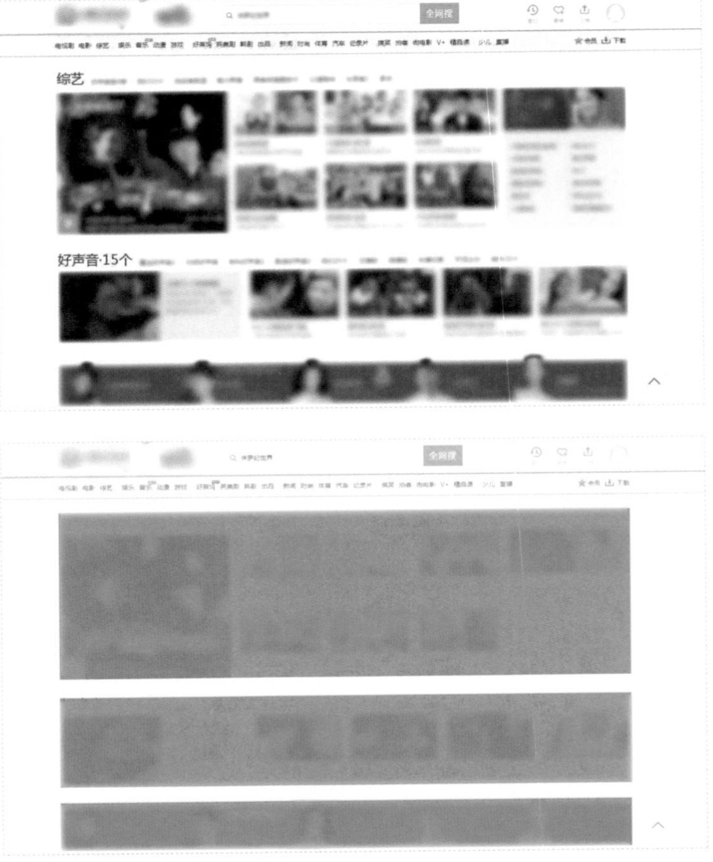

图 3-47 利用间距划分内容

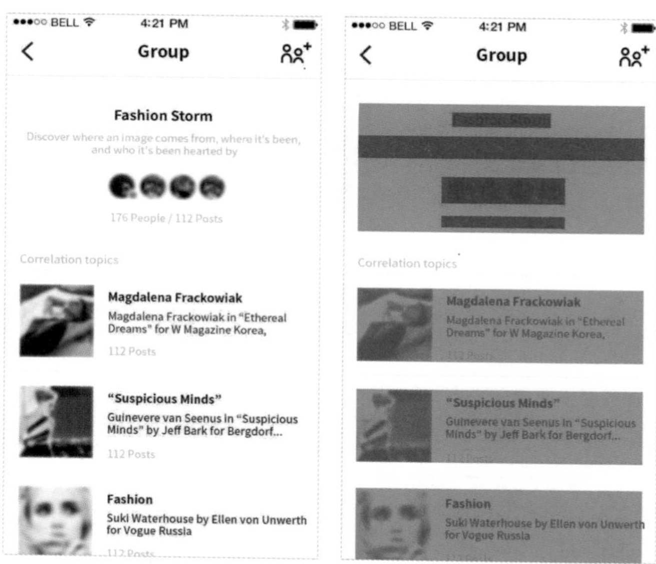

图 3-48　将视觉上相近的图片和文字划分为一组

通过间距或分割线来区分不同组别的信息，可以让界面更有秩序感，也可以让用户在视觉上得到合理的“休息”，如图 3-49 所示。

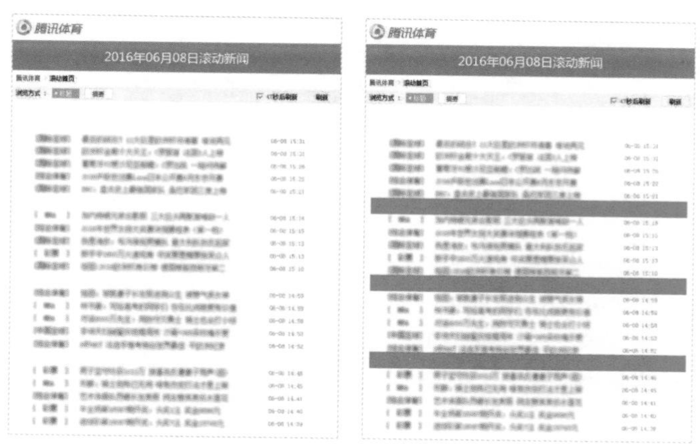

图 3-49　通过间距区分不同组别的信息

总之，以内容为中心的设计能让用户快速找到想要的信息，使用正确的对齐方式和合理的间距能让界面更加整齐，还能让界面中的信息更加明确。

3.7 视觉层次

视觉层次是从视觉上进行认知的一种空间关系，也就是前后关系。在阅读和购物类App的界面中，信息量一般都很大，用户在浏览时需要花费大量的时间进行信息处理，所以在进行UI设计时需要从视觉上区分不同的内容，让用户找到自己感兴趣的内容，这样才能留住用户。有层级的设计不仅能提高用户的使用效率，还能激发用户的使用兴趣，所以视觉层次的处理在版面布局设计中非常重要。为了增强信息的前后关系，设计师可以利用大小对比、冷暖对比、明暗程度与颜色的饱和度、视线规则和中心引导等区分方式进行设计。

案例分析

通过大小区分：在UI设计中，同样颜色的元素，面积越大的应该越靠前。在图3-50所示的地图页面中，当用户搜索到目标地点或选择大头针图标时，会弹出大圆来展示详细的信息和功能按钮。用户可通过按钮的大小来区分不同层级的信息和功能，从而快速找到符合自己需求的信息和功能。

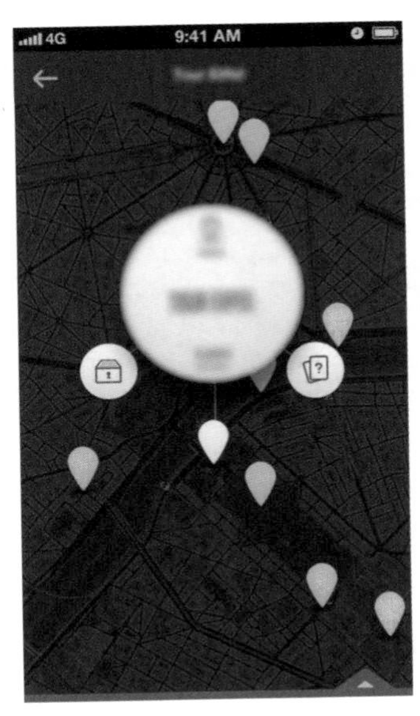

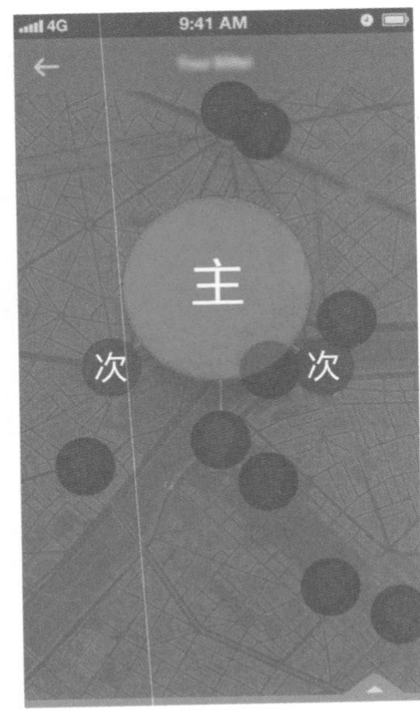

图3-50 通过大小区分视觉层次

通过冷暖区分：在这种设计方式中，一般暖色的元素在前，冷色的元素在后。UI 设计中经常用暖色表示主体或需要突出的按钮，或用暖色突出主标题和主插图，从而将重要的信息快速传达给用户；而次要的信息则使用相对冷一些的颜色，如图 3-51~ 图 3-53 所示。

通过明暗程度与颜色的饱和度区分：最常见的就是利用透明度来区分可操作的功能和不可操作的功能，如图 3-54 所示。

图 3-51 通过冷暖区分视觉层次 1

图 3-52 通过冷暖区分视觉层次 2

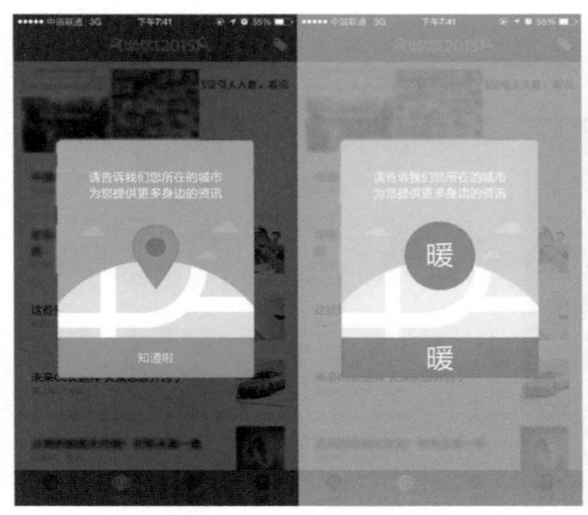

图 3-53 通过冷暖区分视觉层次 3

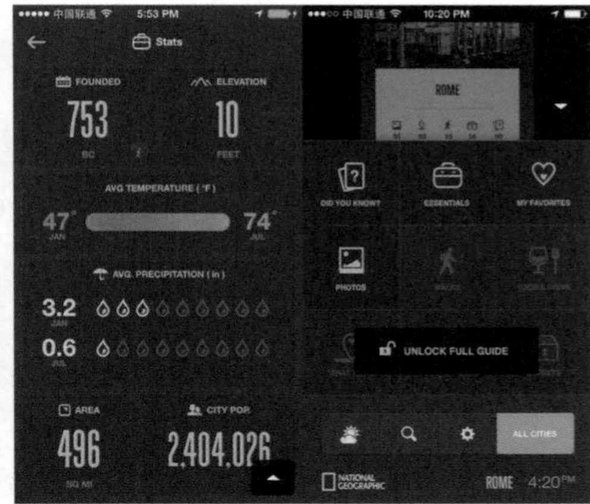

图 3-54 通过明暗程度与颜色的饱和度区分视觉层次

通过视线规则区分：以从左到右、从上到下的阅读顺序决定界面元素的排布方式，图标一般位于左侧，描述文字一般位于右侧，整体排列顺序为从上到下，如图 3-55 和图 3-56 所示。

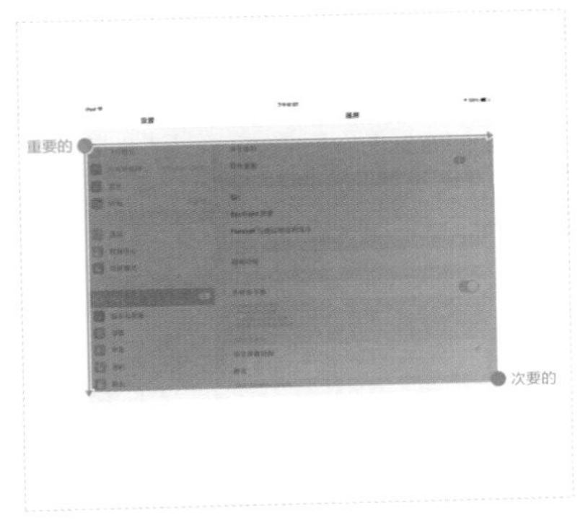

图 3-55 通过视线规则区分视觉层次 1

图 3-56 通过视线规则区分视觉层次 2

通过中心引导区分：通常情况下，中心位置的内容是被最先看到的。用户一般只在闪屏页和引导页停留几秒，为了突出品牌或产品介绍等重要信息，经常会将这些元素放在中心位置，以便在最短的时间内将重要信息传递给用户，如图 3-57 所示。

图 3-57 通过中心引导区分视觉层次

区分视觉层次的目的是将用户的视线集中在主要目标上。总的来说，从视觉上划分层次关系有以下 5 种方式。

大小：面积大的元素更容易吸引用户关注。

冷暖：通过暖色来突显重要内容，可以有效地引导用户进行操作。

明暗：利用不同的透明度区分内容的可操作性和不可操作性。

视线：利用阅读时视线的移动规律来排布图标及文字。

中心：将想突出的信息置于中心位置，使其以最快的速度被传递给用户。

3.8 实战：设计空气净化器 App 界面

本例将设计一款空气净化器 App 的界面，包含“较差”和“良好”两个页面，在配色上采用了有微渐变效果的红色和蓝色，这种配色比纯色的视觉效果更佳。另外，本例还涉及对整体界面进行布局的方法及多个技术含量较高的图标的制作方法和技巧。

界面配色

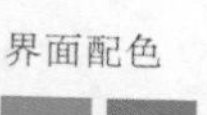

3.8.1 对页面进行整体布局

01 启动 Photoshop CC 2017，按【Ctrl+N】组合键，打开【新建】对话框，将【文档类型】设置为【画板】，将【画板大小】设置为【iPhone 6（750，1334）】，其余设置如图 3-58 所示。单击【确定】按钮，新建一个文件。

新建
名称(N): 实战：设计空气净化器App界面
文档类型: 画板
画板大小: iPhone 6（750，1334）
宽度(W): 750 像素
高度(H): 1334 像素
分辨率(R): 72 像素/英寸
背景内容: 白色
高级
颜色配置文件: 不要对此文档进行色彩管理
确定
取消
存储预设(S)...
删除预设(D)...
图像大小:
2.86M

图 3-58 新建画板

02 进行整体布局时，对空气质量较差页面应用一种警示性比较强的颜色作为主色，这里选择带有微渐变效果（微渐变效果比纯色看起来更舒服）的红色。先按【Alt+Delete】组合键用任意一种颜色填充背景图层，然后执行【图层 > 图层样式 > 渐变叠加】菜单命令，为背景图层添加【渐变叠加】样式，设置一个由红色到浅红色的渐变色（两个颜色的差异不要过大），设置【角度】为【115 度】，如图 3-59 所示，效果如图 3-60 所示。

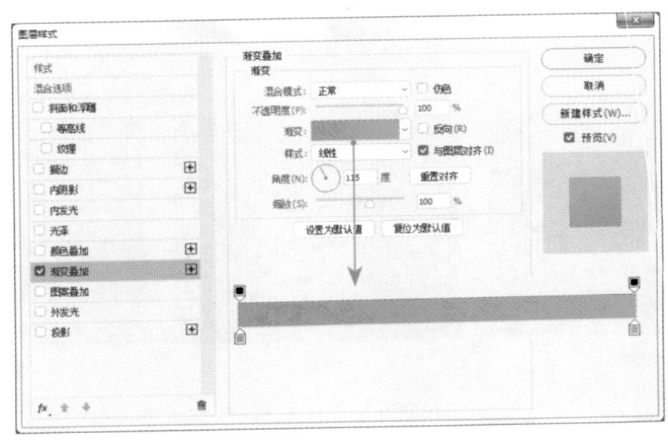

图 3-59 设置渐变叠加样式

图 3-60 渐变叠加效果

03 **制作底部栏**。底部栏的高度一般为 98 像素，因此，选择【矩形工具】□，绘制一个 750 像素 ×98 像素的矩形，将【填充】颜色修改为白色，并关闭【描边】功能，效果如图 3-61 所示。

04 选择【椭圆工具】○，按住【Shift】键在底部栏的中间位置绘制一个大小合适的图形作为开始按钮，按钮的颜色为红色【R:255，G:78，B:78】，效果如图 3-62 所示。

05 按住【Shift】键，使用【椭圆工具】○在页面的中上部绘制一个大小合适的圆形，将其作为空气质量的显示区域，将圆形的【填充】功能关闭，同时将【描边】的颜色改为白色、【描边】的宽度改为【4 像素】，效果如图 3-63 所示。

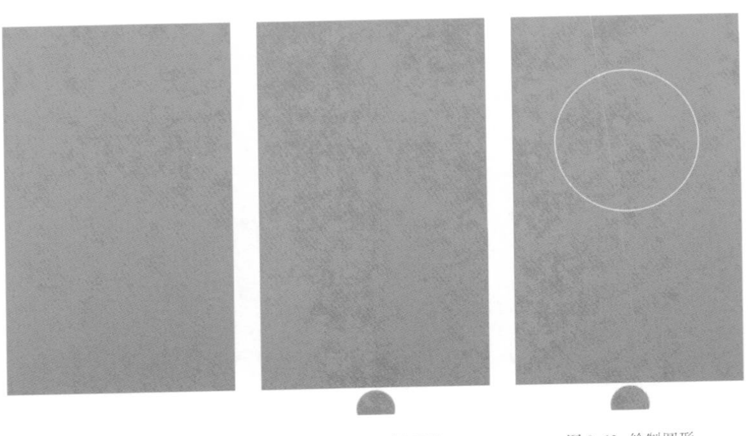

图 3-61 绘制矩形　　图 3-62 绘制图形　　图 3-63 绘制圆形

06 选择【圆角矩形工具】▢，在页面中下部绘制一个 330 像素 ×220 像素、圆角大小为 10 像素的圆角矩形，关闭【填充】功能，同时将【描边】的颜色改为深红色【R:231，G:43，B:43】、【描边】的宽度设置为【2 像素】，效果如图 3-64 所示。然后选择【移动工具】✥，按住【Shift+Alt】组合键向右移动复制出一个圆角矩形，调整好两个圆角矩形的位置，让左右间距及两个圆角矩形之间的距离均为 30 像素，效果如图 3-65 所示。这两个圆角矩形将作为空气指数和滤网剩余次数的显示区域。

07 选择【椭圆工具】◯，按住【Shift】键在页面的下部绘制一个 150 像素 ×150 像素的圆形，关闭【填充】功能，将【描边】的颜色设置为白色、【描边】的宽度设置为【2 像素】，效果如图 3-66 所示。接着复制两个圆形并调整好它们的位置，效果如图 3-67 所示。这 3 个圆形将作为节能、自动和杀菌功能区。到此，页面的布局设计完成。

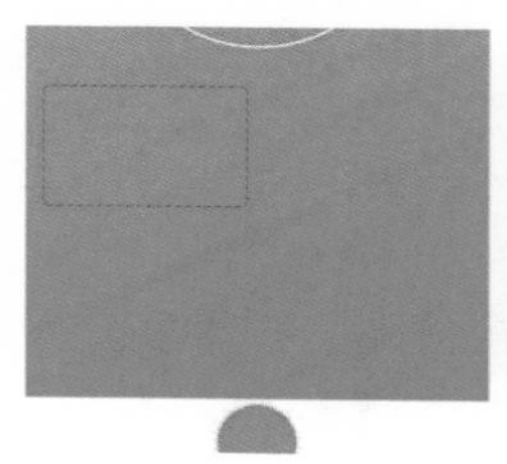
图 3-64 绘制圆角矩形

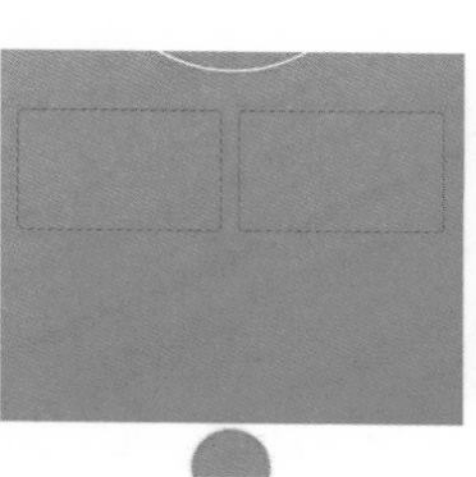
图 3-65 复制并调整圆角矩形

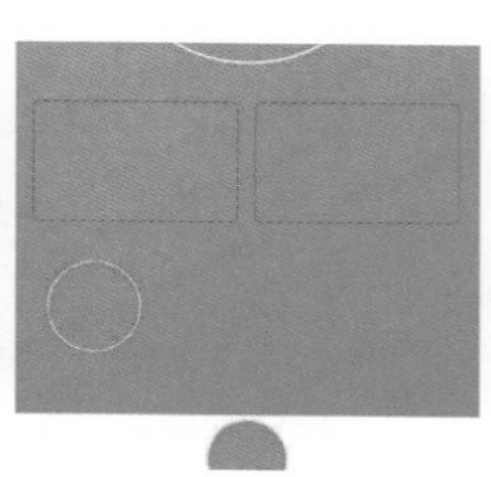
图 3-66 绘制圆形

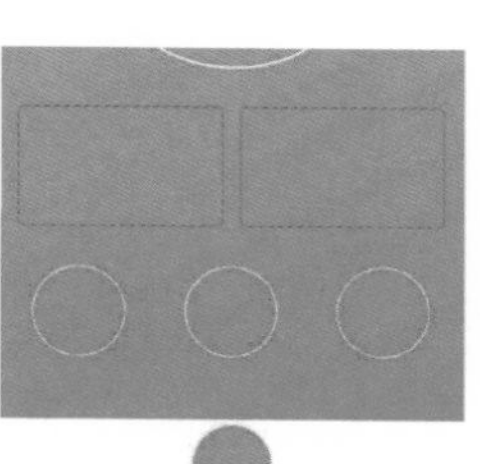
图 3-67 复制并调整圆形

3.8.2 设计“较差”页面

页面的布局设计完成后，对页面进行完善，如输入文字、制作功能图标、制作按钮等。

01 **完善顶部栏**。选择【横排文字工具】T，在页面顶部输入产品名称、所在地区及对应的温度，字体选择【苹方粗体】、颜色选择白色、字号选择 34 点，同时要将文字与页面左右两边的间距设置为 30 像素，效果如图 3-68 所示。这里告诉大家一个小技巧，使用【移动工具】✥选择对象后，在按住【Shift】键的同时按【↑】键、【↓】键、【←】键、【→】键可以以 10 像素为单位移动对象。

02 **完善其他区域中的文字**。在空气质量显示区域中输入相应的文字，字体均为【苹方中等】，将“较差”两个字的字号设置为 120 点，以进行醒目显示，下面的文字的字号设置为 34 点，效果如图 3-69 所示。

03 在空气指数显示区域和滤网剩余次数显示区域中输入相应的文字，汉字用字号为 34 点的【苹方中等】字体，数字用比较粗的字体（如【Bebas Neue】字体）、字号可以设置为 72 点，效果如图 3-70 所示。

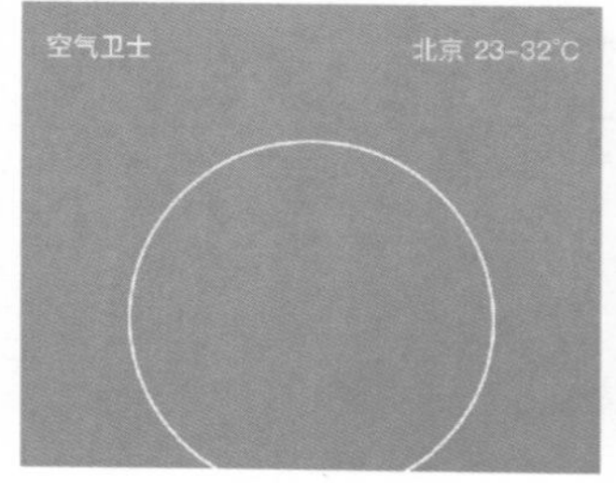

图 3-68 完善顶部栏

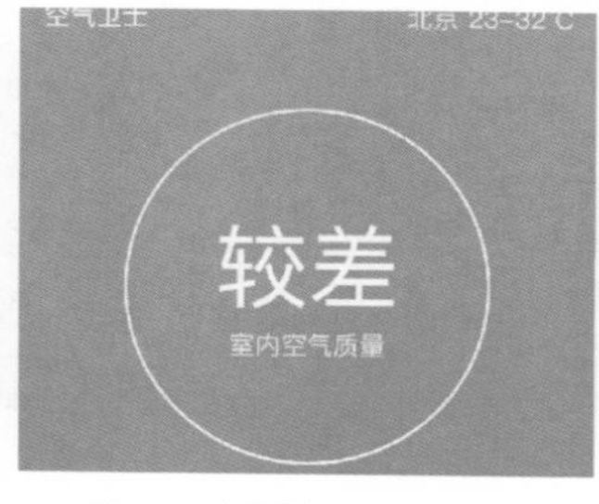

图 3-69 完善空气质量显示区域

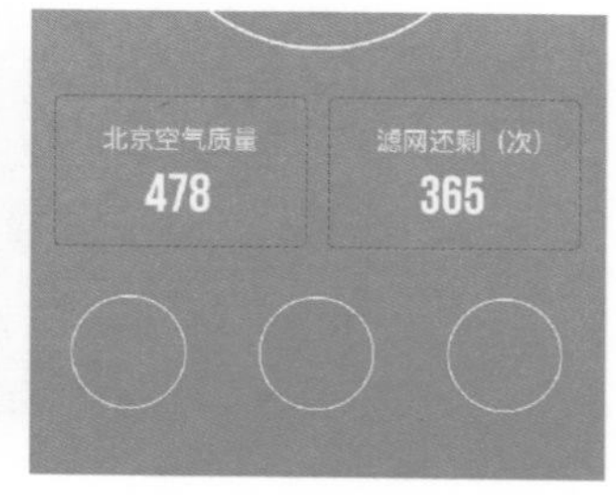

图 3-70 完善其他区域

04 在功能区域的圆形下方输入【节能】、【自动】和【杀菌】文字，将字体设置为【苹方中等】、字号设置为 28 点（页面中的文字最小不能小于 24 点），效果如图 3-71 所示。

05 **制作功能图标**。先制作节能图标，该图标是由一个闪电图形和一个雨滴图形组成的。选择【钢笔工具】，勾画出闪电图形，如图 3-72 所示，然后在图 3-73 所示的位置添加一个锚点，选择【直接选择工具】，调整锚点的位置，将闪电的顶部调整得圆润一些，如图 3-74 所示。

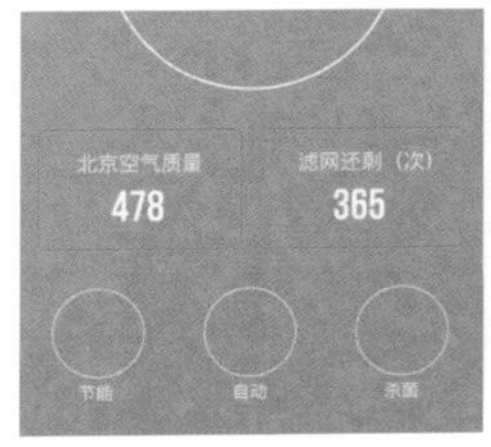

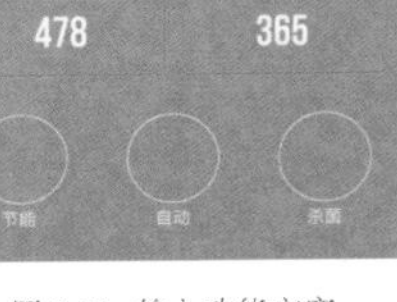

图 3-71 输入功能文字

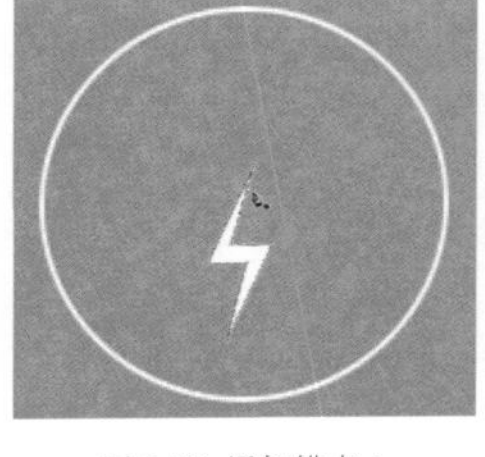

图 3-72 绘制闪电图形

图 3-73 添加锚点 1

图 3-74 调整锚点位置

06 选择【椭圆工具】，按住【Shift】键绘制一个大小合适的圆形，关闭【填充】功能，将【描边】的颜色改为白色、【描边】的宽度设置为【4 像素】，让它与外面的圆形形成粗细差，以突出重点，效果如图 3-75 所示。选择【转换点工具】，单击圆形顶部的锚点，将其转换为角点，如图 3-76 所示。选择【直接选择工具】，将角点向上拖动，调整出雨滴形状，如图 3-77 所示。

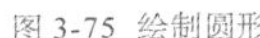

图 3-75 绘制圆形

图 3-76 转换为角点

图 3-77 调整形状

07 选择【钢笔工具】，在图 3-78 所示的位置添加两个锚点，然后选择底部中间的锚点，如图 3-79 所示，按【Delete】键将其删除，得到图 3-80 所示的图形。

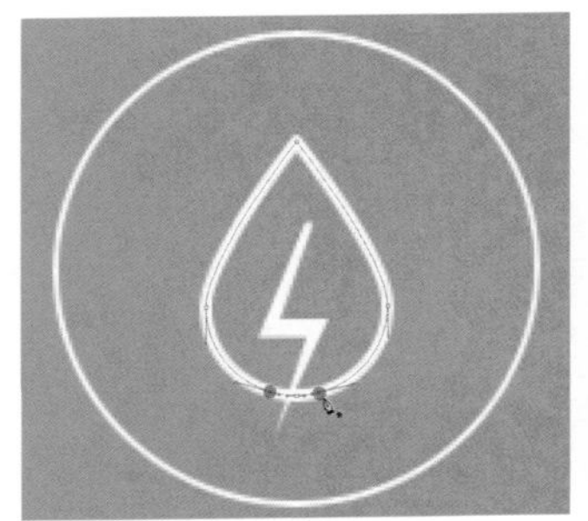

图 3-78 添加锚点 2

图 3-79 选择锚点

图 3-80 删除锚点

08 **制作自动图标**。该图标由 3 个箭头组成，先选择【椭圆工具】，按住【Shift】键绘制一个大小合适的圆形，关闭【填充】功能，将【描边】的颜色改为白色、【描边】的宽度设置为【4 像素】；然后按【Ctrl+J】组合键将圆形复制一份，并将其隐藏。选择【钢笔工具】，在左侧锚点的下方添加一个锚点，效果如图 3-81 所示。选择【直接选择工具】，选择右侧和底部的锚点，如图 3-82 所示，按【Delete】键将它们删除，得到图 3-83 所示的图形。

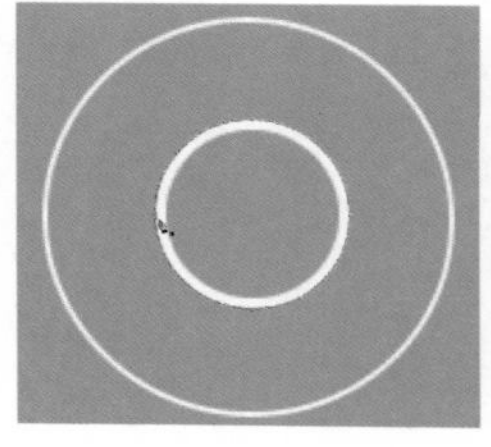

图 3-81 添加锚点

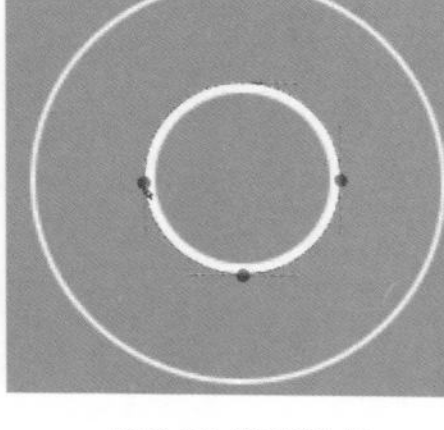

图 3-82 选择锚点

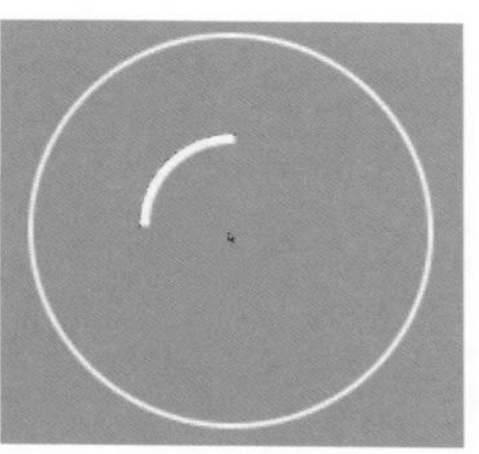

图 3-83 删除锚点

09 选择【钢笔工具】，绘制一个箭头图形，将【描边】的颜色改为白色、【描边】的宽度设置为【4 像素】，效果如图 3-84 所示。在【描边】对话框中将【对齐】设置为【居中】、将【端点】和【角点】设置为【圆形】，如图 3-85 所示。这样会让箭头变得圆润一些，如图 3-86 所示。

10 将前面隐藏的圆形显示出来，然后按【Ctrl+R】组合键调出标尺，在圆形的中心处添加两条辅助线，如图 3-87 所示。辅助线添加完成后可以删除或隐藏圆形。

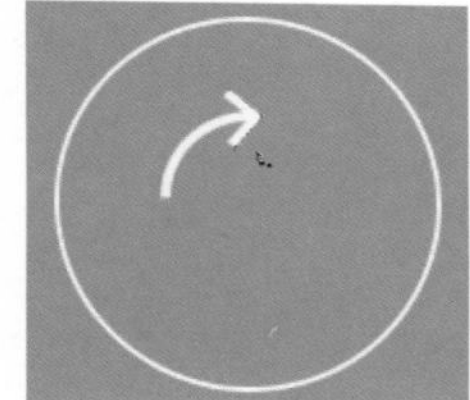

图 3-84 绘制箭头

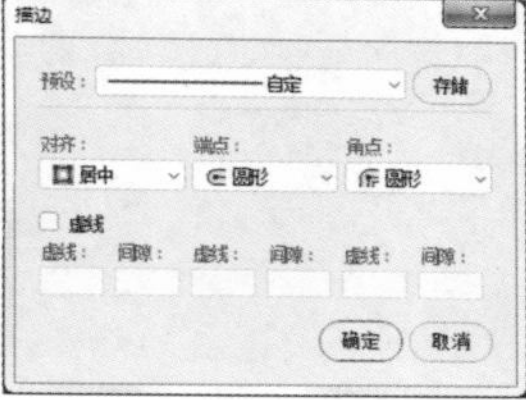

图 3-85 设置描边选项

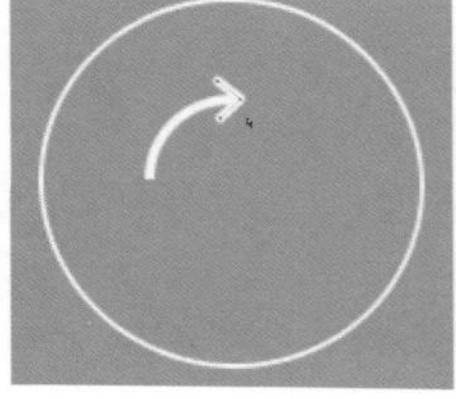

图 3-86 箭头描边效果

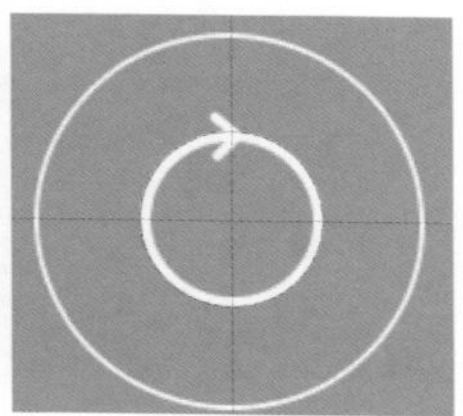

图 3-87 添加辅助线

11 将箭头的两个图形同时选中，按【Ctrl+G】组合键将它们编成组，然后按两次【Ctrl+J】组合键复制两个组，选择复制出来的其中一个组，按【Ctrl+T】组合键进入自由变换模式，将变换中心点定位到辅助线的中心处，如图 3-88 所示。将箭头顺时针旋转 120°，如图 3-89 所示。重复操作，旋转好另外一个箭头，效果如图 3-90 所示。

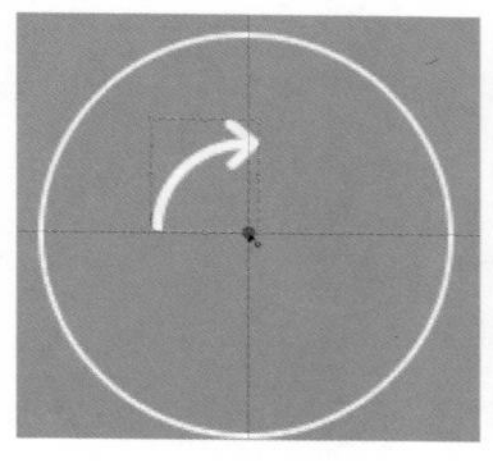

图 3-88 定位变换中心点

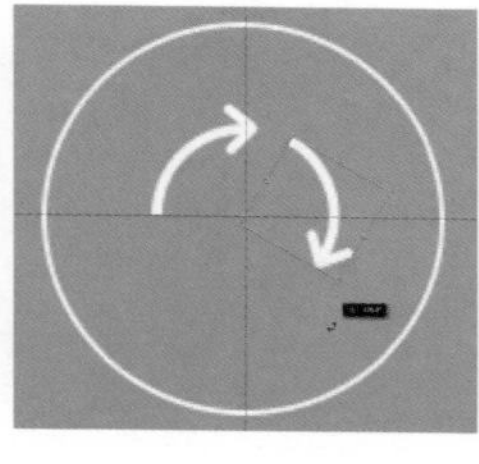

图 3-89 旋转箭头 1

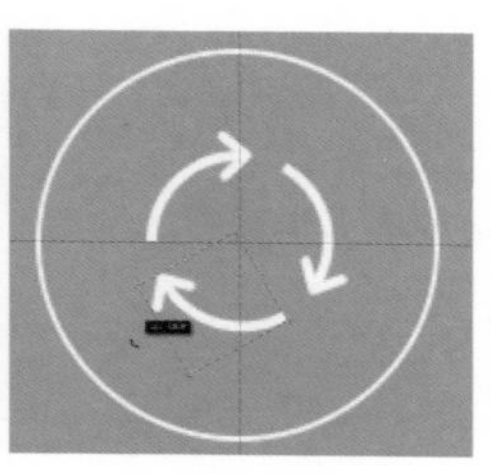

图 3-90 旋转箭头 2

12 制作杀菌图标。选择【多边形工具】○.，在页面中单击，在弹出的【创建多边形】对话框中设置【宽度】和【高度】均为【77 像素】、【边数】为【12】，并勾选【平滑拐角】复选框、【星形】复选框和【平滑缩进】复选框，然后设置【缩进边依据】为【15%】，单击【确定】按钮 确定 创建一个多边形，如图 3-91 和图 3-92 所示（同样设置【描边】的宽度为【4 像素】），最后在多边形内绘制两个大小合适的圆形，效果如图 3-93 所示。

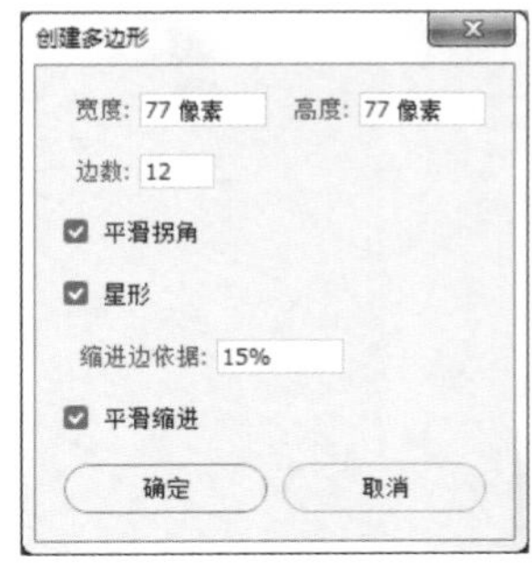

图 3-91 设置多边形选项

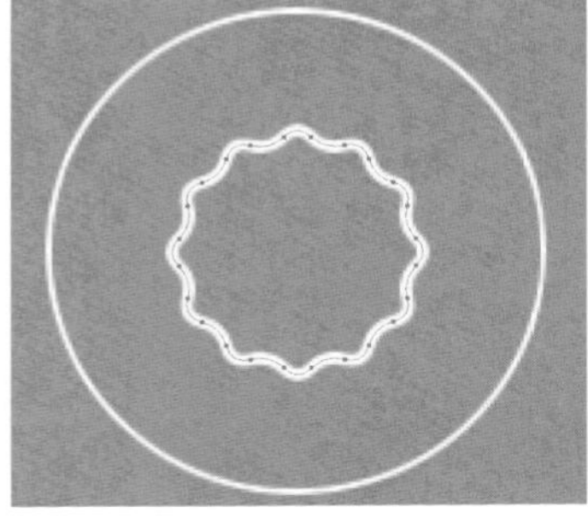

图 3-92 创建多边形

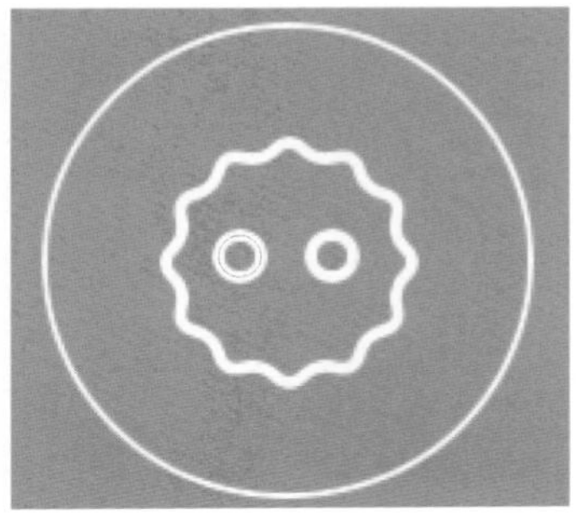

图 3-93 细菌图标效果

13 底部栏中的图标的制作方法这里就不详细介绍了，其制作思路与前面介绍的制作思路大同小异，完成后的效果如图 3-94 所示。

14 完善页面的细节。将空气质量显示区域的大圆形的【填充】降低到 50%，然后为其添加【外发光】样式，将发光颜色设置为深红色【R:255，G:55，B:55】、【不透明度】设置为【58%】、【大小】设置为【32 像素】，如图 3-95 所示。这样可以让圆形看起来有一种微微发光的效果，同时更加自然，如图 3-96 所示。

图 3-94 完善底部栏

图 3-95 设置外发光样式

图 3-96 外发光效果

15 为“较差”两个字添加【投影】样式，设置投影颜色为红色【R:255，G:102，B:102】、【不透明度】为【35%】、【距离】为【10 像素】、【大小】为【8 像素】，如图 3-97 所示。将【投影】样式复制并粘贴给下面的一行小字，效果如图 3-98 所示。

16 考虑到这类 App 一般会有动画效果，我们还可以在发光的圆形上添加一个小圆点作为发光体。到此，“较差”页面制作完成，效果如图 3-99 所示。

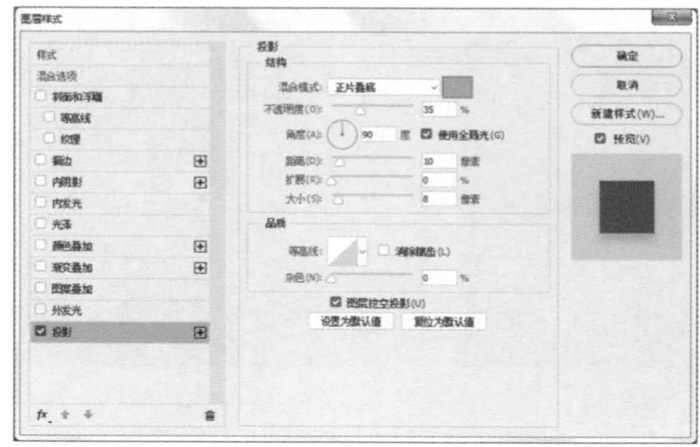

图 3-97 设置投影样式

图 3-98 投影效果

图 3-99 “较差”页面的效果

3.8.3 设计“良好”页面

“良好”页面的制作方法非常简单，只需要将制作好的“较差”页面复制一份，然后将其中的红色全部修改为蓝色，并修改对应文字即可，图 3-100 所示是“良好”页面完成后的效果。两个页面的最终立体效果如图 3-101 所示。

图 3-100 “良好”页面的效果

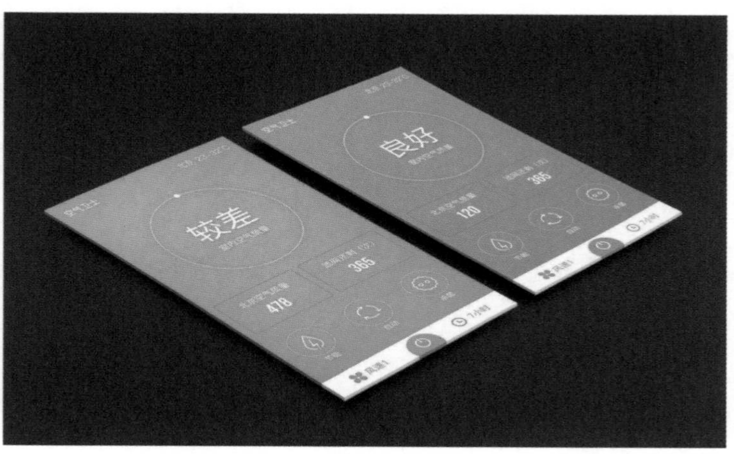

图 3-101 两个页面的最终立体效果

第4章 元素

4.1 点线面

哲学中这样定义点线面：点是宇宙的起源，没有任何体积，被挤在宇宙的“边缘”，点是所有图形的基础；线是由无数个点连接而成的；面是由无数条线组成的。

在视觉层面上可以这样理解点线面：点是“点缀”，目的是丰富画面，活跃气氛；线是“联系”，具有引导性，贯穿画面；面是“重点”，用于呈现主要的信息，具有分量感。

案例分析

图 4-1 中的点、线、面非常好区分，图中的插画形象和主标题可以理解为“面”，图片和小方块可以理解为“点”，用作装饰元素的透视线条可以理解为“线”。在 UI 设计中，点就是元素，可以是基础的图形也可以是不同的实物元素。

图 4-1 点、线、面的示例

点的作用：丰富画面，烘托氛围。可以将基础的形状作为点元素，这样的设计简洁而时尚。图 4-2 中的两张对比图，右图中去掉了点元素，整个画面的气氛减弱了很多。

图 4-2 点的作用

点元素不仅可以是基本形状，还可以是 Logo 或实物元素等。在图 4-3 中，上图运用了笔刷效果来丰富画面，而下图则用相机作为背景中的点元素来丰富画面，这两种设计都丰富了画面，并且突出了品牌的特色。

线的作用：线主要用于引导用户的视线。在界面构成中，点的移动轨迹就是线，线在整个页面中起串联的作用。如果页面中的元素有很多种样式，且大小不一，则可以利用线的串联功能来加强页面中各元素的关联感，从而增强页面的可读性，如图 4-4 所示。

图 4-3 多样化的点元素

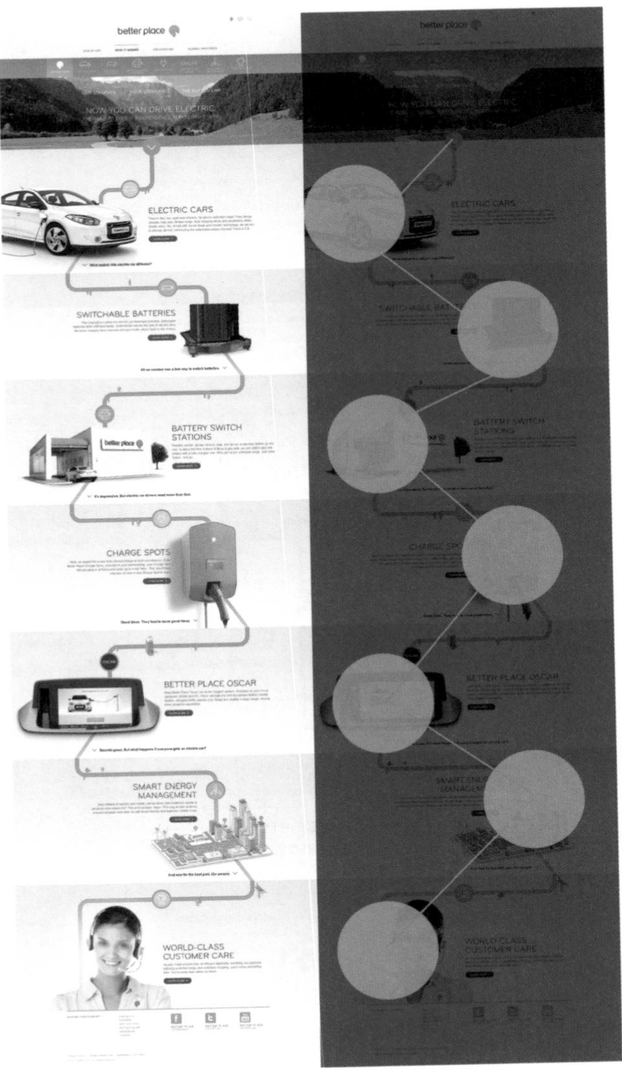

图 4-4 用线串联页面中的元素

在视觉设计中，单个文字也可以作为一个点，而一行文字可以作为一条线，把握好文字（线）与面之间的关系可以让画面更加优美，如图 4-5 所示。

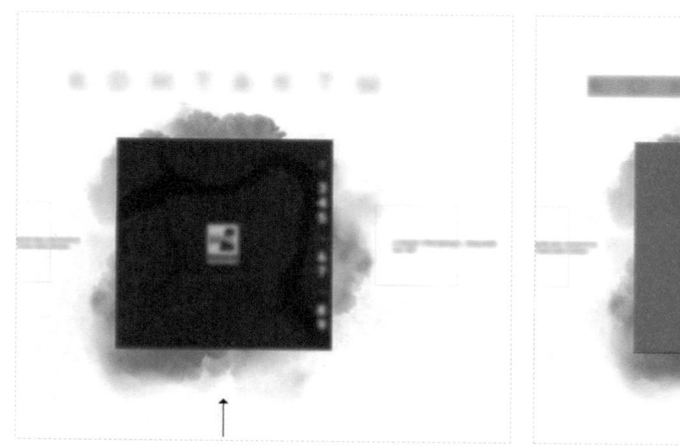
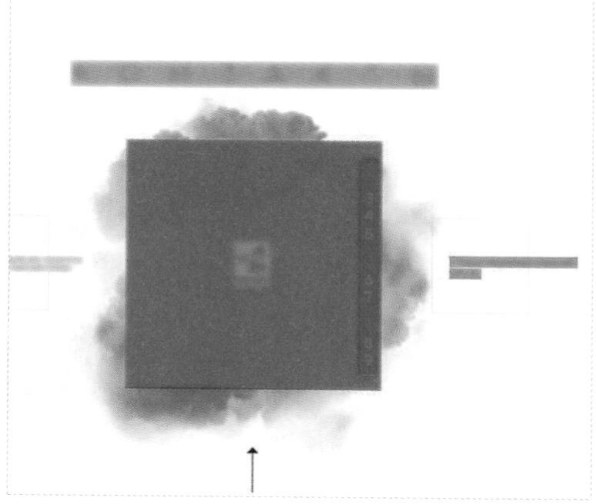

图 4-5　一行文字可以作为一条线

另外，有时候也会根据面的形状对文字进行排布，让文字和面的关系更加协调，如图 4-6 所示。

图 4-6　根据面的形状对文字进行排布

注意，线条之间的层次很重要。图 4-7 中利用线条之间的层次巧妙地将文字、线框与麦克风之间的空间关系表现了出来，不仅突显了产品气质，还强调了页面主题。

另外，利用线条与人物之间的穿插可以有效地增强页面的视觉冲击力，如图 4-8 所示。

图 4-7 线条之间的层次

图 4-8 线条与人物之间的穿插

在 App 的 UI 设计中，有一种常见的引导浮层，它通常使用线框来归纳信息，这种线框不仅可以强调信息的重要性，还可以引导用户进行操作，如图 4-9 所示。

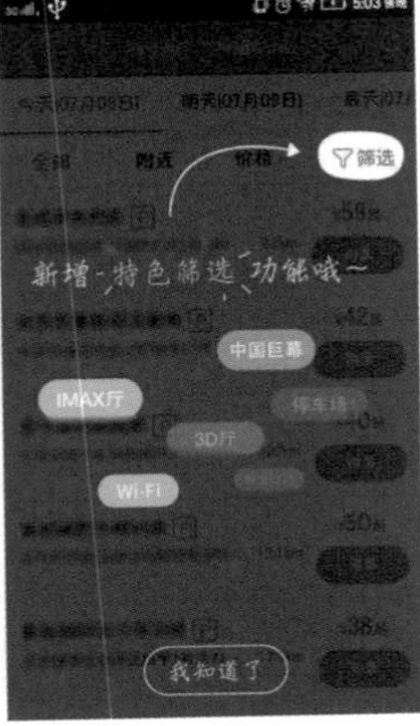

图 4-9 引导浮层

面的作用：突出重点，区分页面中的层级关系。面的基本形状大致分为圆形、方形和三角形 3 种，不同的形状可以营造不一样的气氛。在布局设计中，块面之间的层次关系能很好地梳理标题和其他文案之间的前后关系。

图 4-10 中，将标题和按钮放到了处于第一层级的面上，与次要的文字和人物进行了区分，从而加强了对点击操作的引导。

利用圆形的面可以重点突出主要信息，因为圆形具有非常好的聚焦作用，如图 4-11 所示。

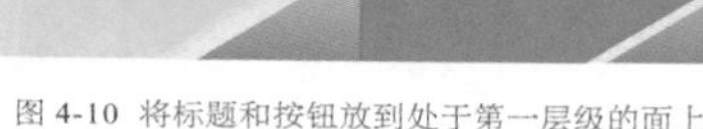

图 4-10 将标题和按钮放到处于第一层级的面上

图 4-11 利用圆形的面重点突出主要信息

注意，在面中添加元素时，要遵循近大远小的规律，这样才能体现出空间感，并且元素的大小不能超过面的大小，如图 4-12 所示。

图 4-12 面上元素的大小不能超出主要信息面的大小

点、线、面的构成都是有联系的，多个点可以连成线，而将点线元素拼合后也可以形成面，这种点线元素具有整体性，如图 4-13 所示。

图 4-13 点、线、面的构成都具有联系

4.2 极简至上

在UI设计中，可以选用最简单的几何图形作为界面的基本组成元素，这样设计出来的界面极具特色。在使用几何元素时，突出产品的气质尤为重要。把握好界面中功能的关系，正确地将元素转换为点、线、面融入界面中，界面就会变得十分丰富且有节奏。

案例分析

下面解构几组界面的设计。图4-14所示是一款运动类App的界面，融入了具有动感的四边形元素，使界面变得生动而活跃。其中既有点式的四边形，也有面式的四边形及线式的四边形。经过分析可以得出这个结果：点式的四边形运用在页面提醒中，线式的四边形多作为功能类别划分的分界，面式的四边形多用于突出展示功能。

图4-14 四边形运用在运动类App的界面中

有道词典 App 采用了相似的角度设计（正在被翻阅的词典的横切面）界面，从而有效地表现出了其独特性，如图 4-15 所示。同样，该 App 的输入框和功能区的划分也用到了线式的四边形，在功能按钮上使用了面式的四边形，与上一个案例的设计类似，如图 4-16 所示。

图 4-15 词典的横切面

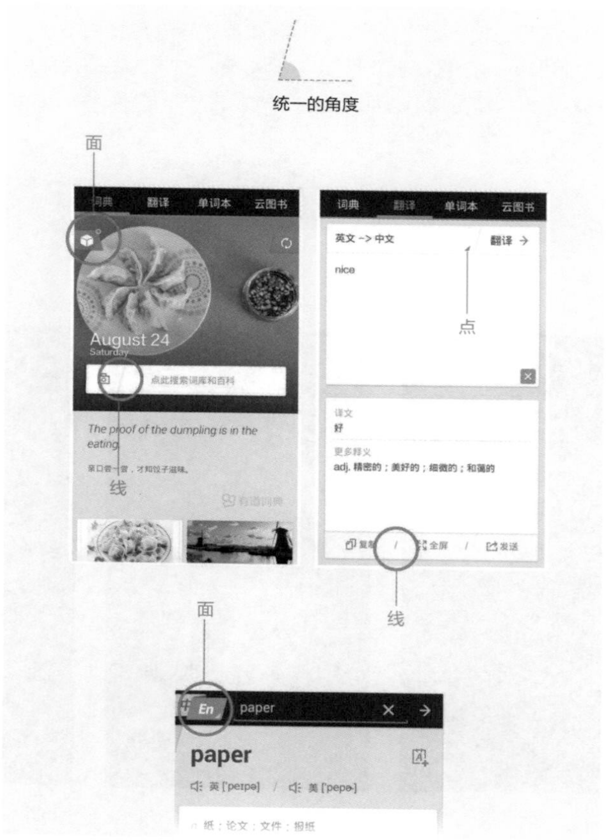

图 4-16 输入框和功能区的设计

4.3 品牌灵魂

品牌能否被用户记住非常重要，找到产品的特点是展现品牌灵魂的关键。如果想做一个深入人心的产品，要先从 Logo 开始找元素，再打造其独特性。把从 Logo 中提炼出来的元素进行延伸，能使整个产品的品牌传达性一致，这是让产品散发光芒的最有效的办法。

案例分析

图 4-17 所示是一款电商 App 的界面，该 App 的名字叫“想去”，宣传文案是“买得起的好设计”。这款 App 将 Logo 中的线式箭头融入欢迎页、菜单按钮、下拉刷新动画和默认图片中，很好地将 App 的独特性展现给用户，让用户能深刻地记住 App 的形象。这样的设计能使该 App 在众多 App 中散发出自己独特的光芒。这款 App 中最有趣的地方在于上滑加载动画是鲨鱼正在追逐小鱼的线条动画，将 Logo 元素融入动画中，以激发用户对 App 的兴趣。

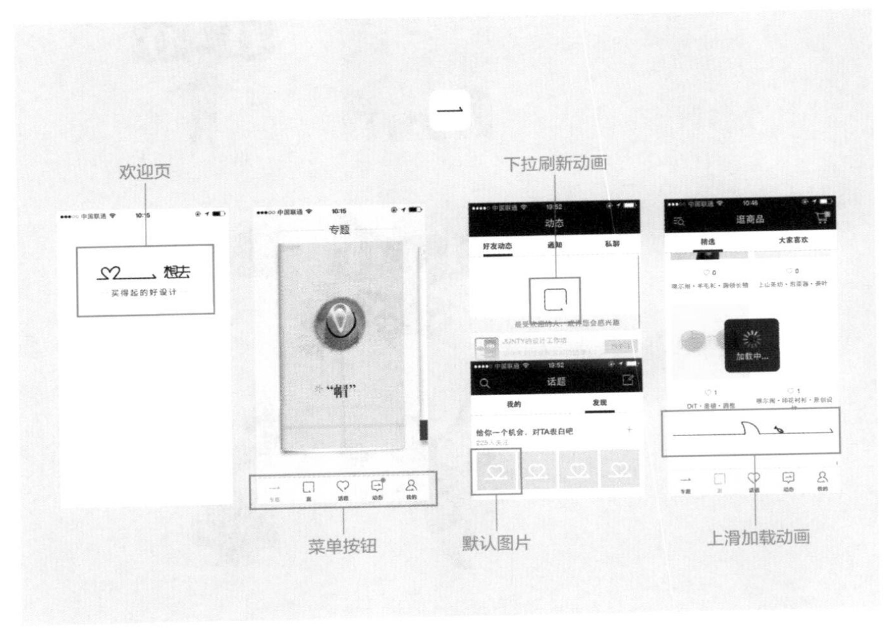

图 4-17 用 Logo 元素体现品牌的灵魂

4.4 形象灵魂化

App 的主体形象就是 App 的用户角色，好的形象能反映出 App 的用户行为，还能让用户身临其境，发现 App 的特色。将用户的性格、行为和使用场景体现在 App 形象中，这样的 App 可以化腐朽为神奇，拥有自己的“灵魂”。

案例分析

天猫 App 的形象（Logo）的识别性非常强。在设计这个卡通形象时，设计师最大限度地将猫的形象简化，目的是更好地将其运用在产品页和宣传页中，如图 4-18~ 图 4-20 所示。这个形象的 Logo 将天猫 App 的品牌理念传递得淋漓尽致。

图 4-18 天猫 App 的形象（Logo）

图 4-19 天猫 App 的卡通形象

图 4-20 天猫 App 的默认加载页

曾经有一款 App 叫“饭饭”，它的形象也深入人心。作为一款美食 App，其名称与产品特色相契合，品牌形象就是米饭的卡通形象，在设计卡通形象时巧妙地体现了产品的核心(吃饭)。整个 App 将“饭饭”这个卡通形象融入了不同的美食和场景提示中，如图 4-21 所示。用卡通形象来展现 App 的特色与功能，可以大大加强 App 的趣味性。

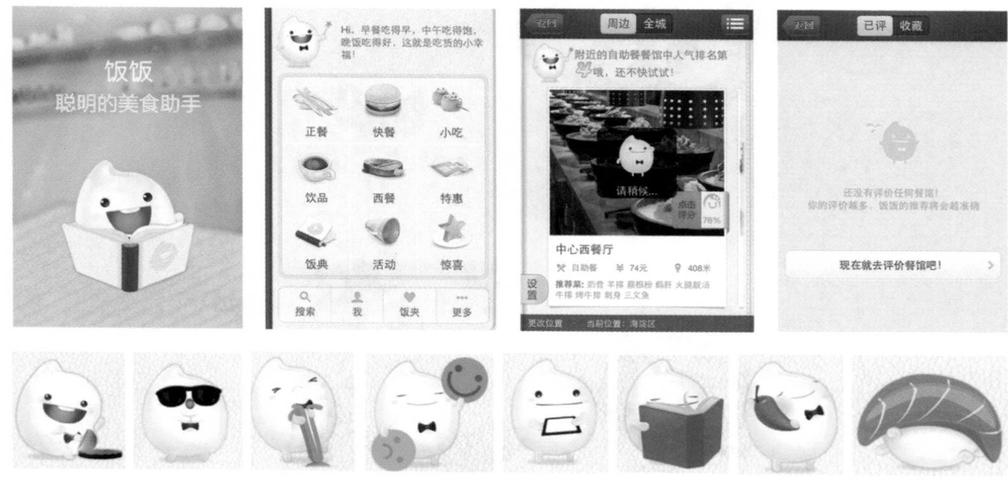

图 4-21 用卡通形象体现产品核心

曾经还有一款社交签到 App“街旁”，它也是通过名称进行用户定位的，选用了螃蟹作为主形象，并提炼出了螃蟹这个形象的特点——蟹钳，然后将蟹钳元素很好地运用到了默认图片及加载界面中，如图 4-22 所示。找到形象的特点尤为重要，可以给用户留下深刻的印象。

图 4-22 通过名称进行角色定位

4.5 动画赋予设计生命

UI 设计中常常会出现一些动画，这些动画元素可以让整个设计拥有生命。好的设计能让用户感受到它的温度。

案例分析

界面中用极简的圆形，并用“会呼吸”的动画对圆形进行了再加工，整个界面显得十分有生命力，如图 4-23 所示。统一的圆形设计不仅丰富了 App 的视觉效果，更让用户在使用的过程中充满惊喜感，提高用户的活跃度与黏性。

图 4-23 MONO 的 UI 设计

4.6 菜单设定

在 App 的 UI 设计中，比较常见的是菜单设计，这是 App 界面元素中非常重要的一部分。虽然目前菜单图标的设计样式繁多，但是大概可以分为基础类、品牌类和互动类 3 种。下面通过一个案例来讲解一下这 3 种菜单图标的区别。

案例分析

基础类菜单图标其实就是系统级的图标，识别性强但缺少特色，比较直观。例如，苹果手机自带的菜单图标，它们以线描和反白的效果为主，如图 4-24 所示。

到了后期，第三方 App 各自萌生出了自己的品牌性格，于是有了比较有特色的菜单图标，从而加深了用户对 App 的印象，如图 4-25 所示。

随着移动互联网时代的来临，各种穿戴设备和智能家居兴起，用户更注重互动效果和体验感，所以现在 App 界面的菜单图标中经常会运用到动画，让人机交互有了更多的想象空间。58 同城 App 界面就在动画方面做了很多尝试，如图 4-26 所示。

图 4-24 苹果手机自带的菜单图标

图 4-25 具有品牌性格的菜单图标

图 4-26 58 同城 App

4.7 实战：快速制作晶格化界面

晶格背景是 UI 设计中很常见的一种背景效果，其视觉效果既丰富又精细。晶格效果看起来比较复杂，但是制作起来却很简单，下面介绍一种制作晶格效果的简便方法。

界面配色

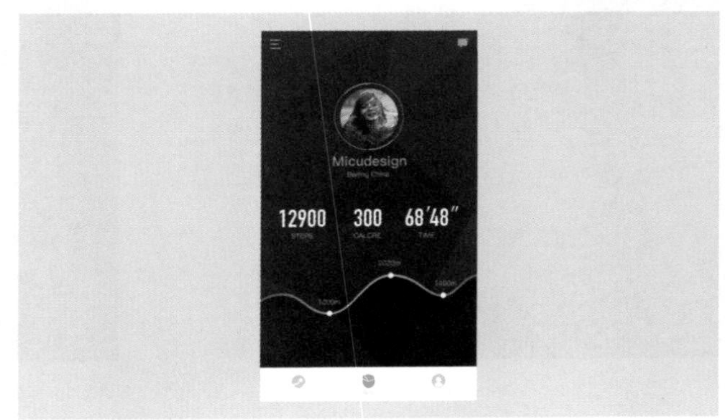

4.7.1 制作圆形头像

01 启动 Photoshop CC 2017，新建一个【画板大小】为【iPhone 6（750，1334）】的文件。新建一个图层，并将其重命名为【渐变】，按【Alt+Delete】组合键用任意一种颜色填充该图层。然后为其添加【渐变叠加】样式，设置一个从黑蓝色到深蓝色的渐变色（两个颜色的对比不要太强烈），最后设置【不透明度】为【52%】、【角度】为【90 度】，如图 4-27 所示。渐变叠加效果如图 4-28 所示。

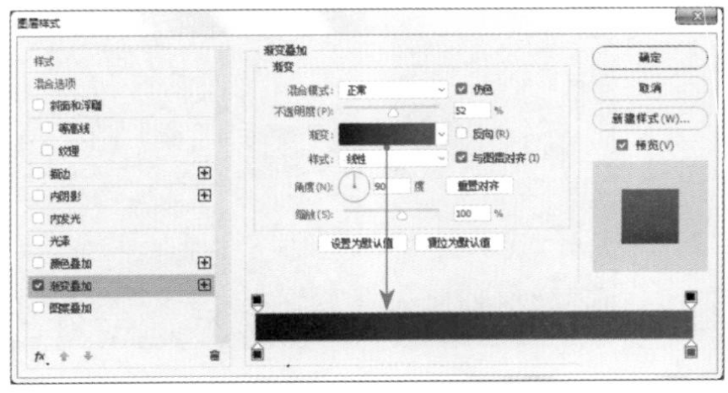

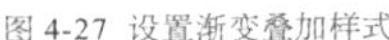

图 4-27 设置渐变叠加样式

图 4-28 渐变叠加效果

02 选择【椭圆工具】，然后按住【Shift】键绘制一个200像素 ×200像素的圆形（关闭【描边】功能），在【属性】面板中调整好圆形的位置，如图4-29所示。

03 将“头像.png”素材拖入界面中，然后按【Ctrl+T】组合键进入自由变换模式，根据圆形的大小按住【Shift+Alt】组合键，将其等比例缩小到合适的大小，如图4-30所示。最后按【Ctrl+Alt+G】组合键将头像图片设置为圆形的剪贴蒙版，效果如图4-31所示。

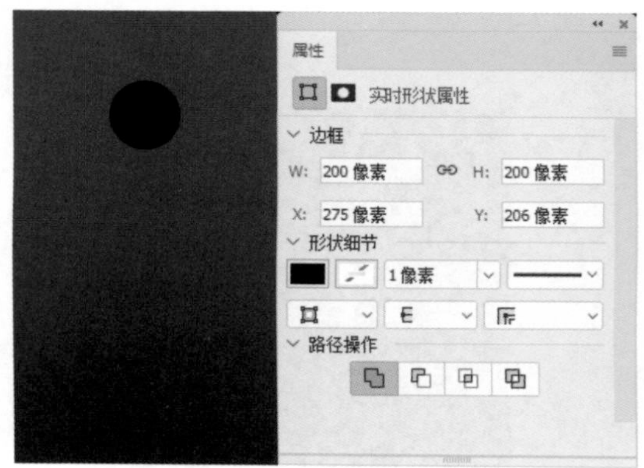

图4-29 绘制圆形

图4-30 调整头像图片的大小

图4-31 创建剪贴蒙版

4.7.2 制作晶格背景

晶格背景不用使用Photoshop来制作，而是直接使用一款名叫TriangulateImage5的晶格插件进行制作，可以节省很多操作时间。在使用TriangulateImage5插件之前，要先安装Java程序jdk-6u20-windows-i586才能让插件运行。jdk-6u20-windows-i586程序和TriangulateImage5插件都可以直接在网上下载。

01 安装好Java程序以后，双击下载好的TriangulateImage5.exe文件运行插件，此时会弹出一个【Tools】对话框和一个【TriangulateImage5】对话框，如图4-32~图4-34所示。

图4-32 双击运行插件

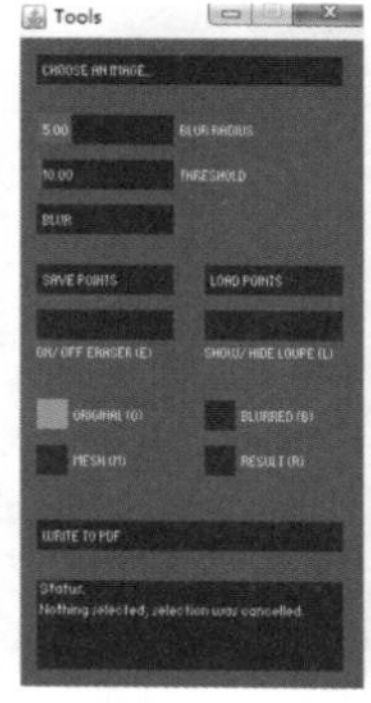

图4-33 【Tools】对话框

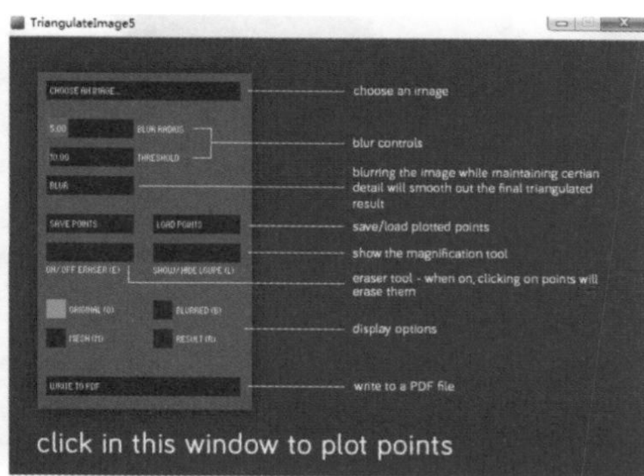

图4-34 【TriangulateImage5】对话框

02 在【Tools】对话框中单击第一个按钮【CHOOSE AN IMAGE】，打开本例的“头像.png”素材，打开的素材会显示在【TriangulateImage5】对话框中，如图 4-35 所示。

03 在图像上单击生成关键点（晶格点），关键点越多，生成的晶格就越密集，反之晶格越稀疏，如图 4-36 所示。

04 制作好关键点后，在【Tools】对话框中单击最后一个按钮【WRITE TO PDF】，将晶格图像保存为 PDF 文件，然后为其取一个名字，以便识别，如图 4-37 所示。将保存好的 PDF 文件在 Photoshop 中打开，效果如图 4-38 所示。注意，要想制作出一模一样的晶格是很难的，因为生成的关键点的位置和数量都会影响到晶格的效果，生成的晶格效果只要符合设计要求即可。

图 4-35 打开头像素材

图 4-36 生成关键点

图 4-37 保存晶格文件

图 4-38 晶格效果

05 将晶格图像拖入画板中，放在【渐变】图层的下一层，并将其重命名为【晶格】，如图 4-39 所示。然后将【渐变】图层的【不透明度】降低到【90%】，使晶格效果融入背景中，效果如图 4-40 所示。

06 晶格的颜色看起来比较乱，为了让晶格的颜色更统一，还需要调整一下晶格的饱和度。选择【晶格】图层，执行【图层 > 新建调整图层 > 色相 / 饱和度】菜单命令，创建一个【色相 / 饱和度】调整图层，然后在【属性】面板中将【饱和度】设置为【-100】，如图 4-41 所示，效果如图 4-42 所示。

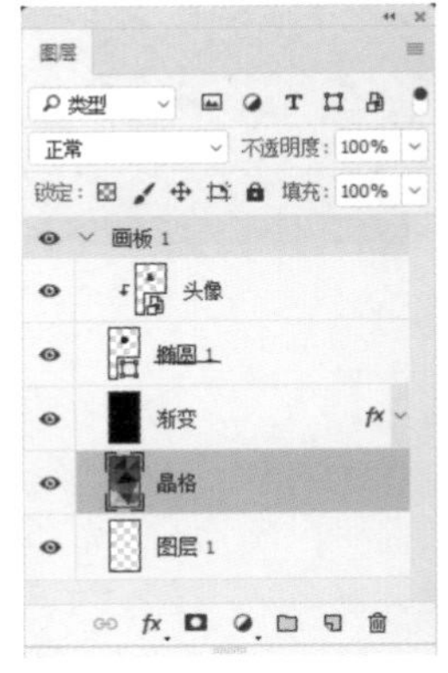

图 4-39 放置晶格

图 4-40 融合晶格与背景

图 4-41 降低晶格的饱和度

图 4-42 统一晶格的颜色

4.7.3 制作界面细节

01 **制作头像的细节**。选择【椭圆 1】图层，按【Ctrl+J】组合键复制一个椭圆图层，将其放在【椭圆 1】图层的下一层，并重命名为【圆 1】。在【属性】面板中将圆形的大小设置为 240 像素 ×240 像素，在选项栏中关闭【填充】功能，同时开启【描边】功能，将【描边】的宽度设置为【2 像素】，【描边】的颜色设置为青色，如图 4-43 所示，效果如图 4-44 所示。

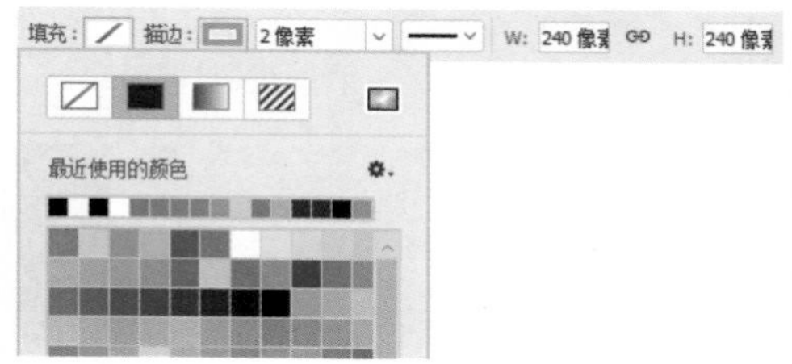

图 4-43 设置描边参数

图 4-44 描边效果

02 复制【圆 1】图层，并将其重命名为【圆 2】，然后在选项栏中将【描边】的宽度设置为【4 像素】。选择【添加锚点工具】，在路径的左上方和右下方各添加一个锚点，如图 4-45 所示。选择【直接选择工具】，选择圆形水平方向上的两个锚点，如图 4-46 所示。按【Delete】键删除选择的锚点，得到图 4-47 所示的路径效果。

03 选择【横排文字工具】，在头像下方输入昵称和位置信息，设置昵称的字体为【苹方粗体】，位置信息的字体为【苹方常规】，效果如图 4-48 所示。

图 4-45 添加锚点

图 4-46 选择锚点

图 4-47 删除锚点

图 4-48 添加昵称和位置信息

04 使用【横排文字工具】在位置信息的下方输入“STEPS”“CALCRE”“TIME”，为这些文字设置【苹方常规】字体，然后输入相应的数字信息，设置它们的字体为【Reznor】，效果如图 4-49 所示。

05 新建一个【曲线】图层，然后选择【钢笔工具】，在界面的底部绘制一条曲线路径，如图 4-50 所示。

图 4-49 输入其他文字信息

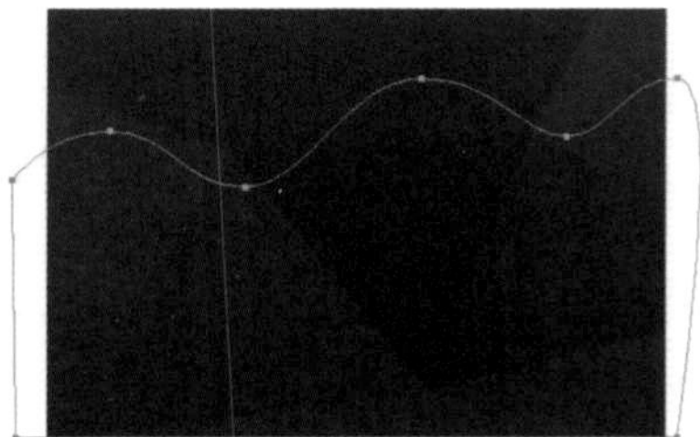

图 4-50 绘制曲线路径

06 选择路径，在选项栏中将【填充】的颜色设置为青色，然后将【描边】样式设置为【渐变】，同时调出一个从深青色到青色再到深青色的渐变色，设置【描边】的宽度为【8 像素】，如图 4-51 所示，效果如图 4-52 所示。

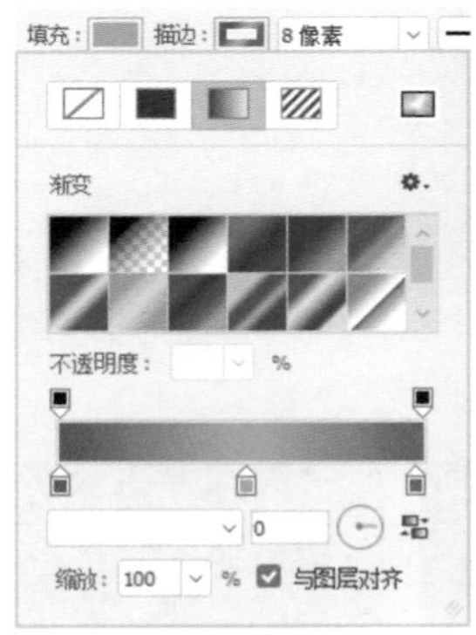

图 4-51 设置填充与描边选项

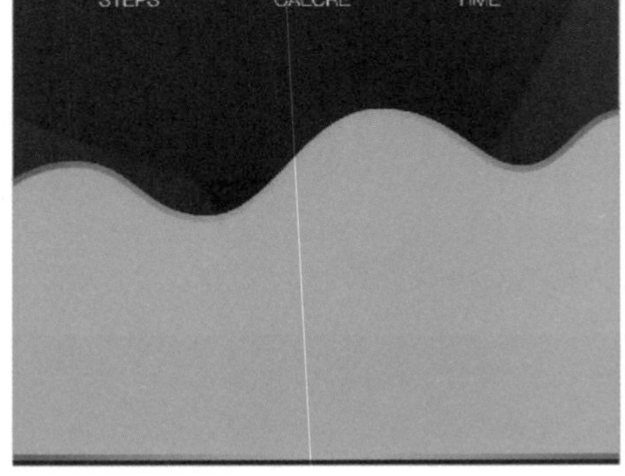

图 4-52 填充与描边效果

07 在【图层】面板中将【曲线】图层的【填充】设置为【0%】，如图 4-53 所示，效果如图 4-54 所示。

图 4-53 设置填充

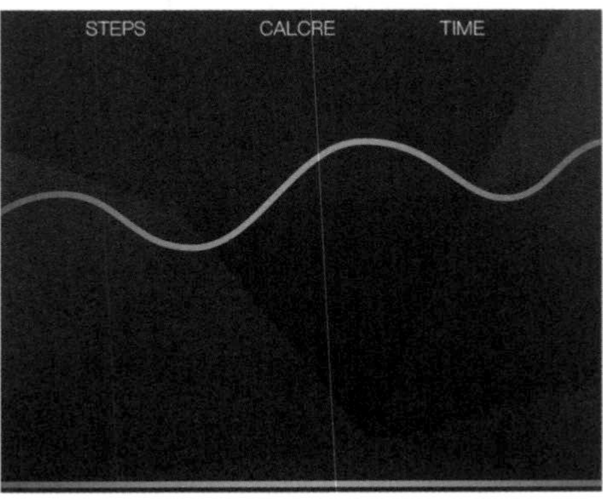

图 4-54 曲线效果

08 为【曲线】图层添加【渐变叠加】样式，设置一个从白色到深蓝色的渐变色，然后设置【混合模式】为【正片叠底】、【不透明度】为【52%】、【角度】为【90 度】，如图 4-55 所示，效果如图 4-56 所示（渐变效果不是很明显，需要仔细观察，主要是为了增强界面底部的层次感）。

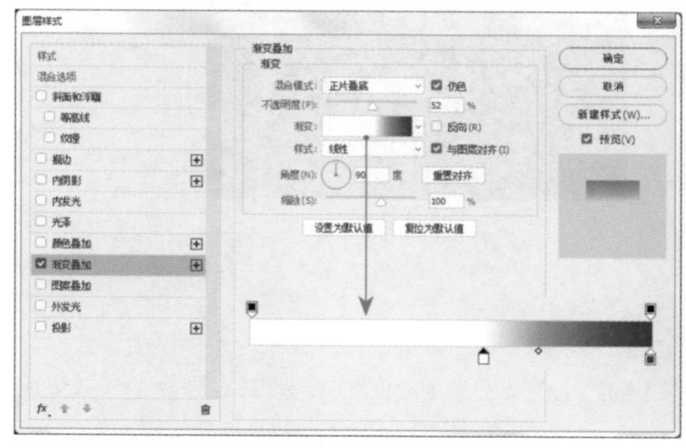

图 4-55 设置渐变叠加样式

图 4-56 渐变叠加效果

09 选择【椭圆工具】，在曲线上添加数据点，然后选择【横排文字工具】T，在数据点上方输入相应的数据信息，完成后的效果如图 4-57 所示。

10 在界面底部加入导航栏（选中的图标为青色，未选中的图标为浅灰色），然后在界面左上角和右上角添加图标，让界面变得更加一体化和工具化，最终效果如图 4-58 所示。

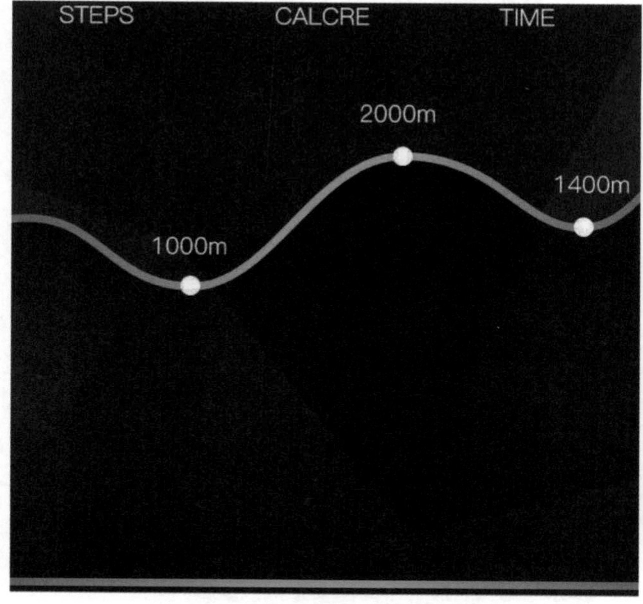

图 4-57 添加数据点和数据信息

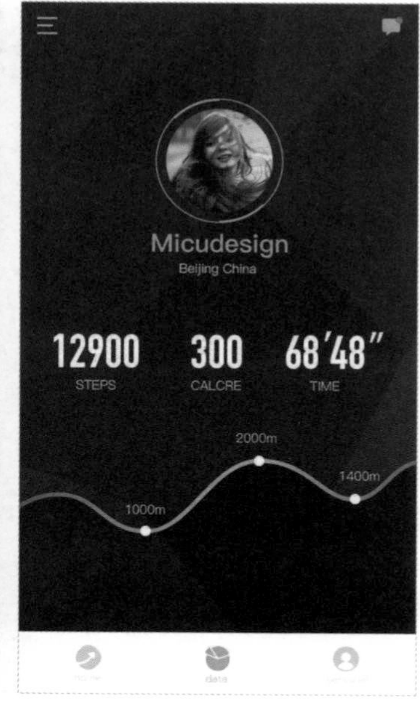

图 4-58 最终效果

—第5章—

界面用色

5.1 感知色彩

在选择或搭配颜色而不知如何下手时，可以先对色彩进行感知。对色彩的感知就是对色彩的理解和感受。例如，在图 5-1 中，可以通过蓝色得知右图是晴天，而左图中的灰色则代表阴天。对色彩的感知属于心理感受，了解每种颜色有助于设计师判断 App 界面的颜色方向。

图 5-1 用色彩判断天气

对设计师而言，懂得感知色彩是必备的技能之一。对 App 而言，虽然大部分用户都没有系统地学习过色彩知识，但是他们仍然可以很直接地判断出配色的好坏。

快餐店内配色一般为暖色调，因为这种色调容易激发食客的食欲，并让食客产生快速吃完并离开的欲望；而咖啡厅一般会选用比较暗的色系，这样能够让喝咖啡的人感觉比较沉静，所以，如果要洽谈业务，一定不要去有大片暖色调的场所。

下面了解一下不同颜色给我们带来的感受是什么样的，以便我们为 App 选择合适的颜色。

5.1.1 红色

■ 红色象征着激情和理想。

正能量： 吉祥、喜庆、爱情、热烈、奔放、激情、充满斗志。

负能量： 危险、流血、暴力。

作用： 强调、警示或提示、引导。

红色经常运用在一些活动页面中，可以烘托活动氛围、激发用户的点击欲望，如图 5-2 所示。

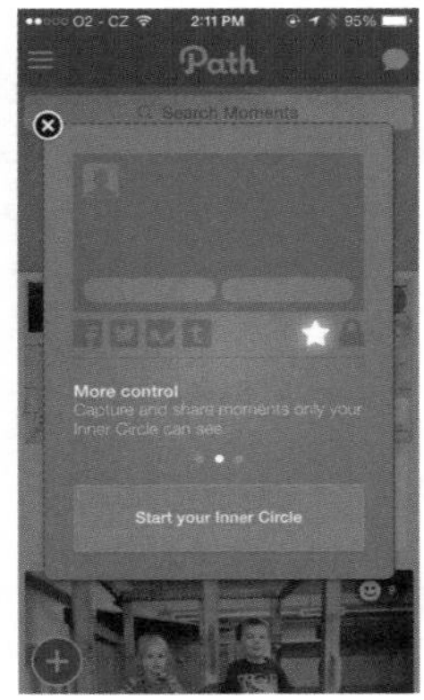

图 5-2 红色的运用

由于红色的饱和度非常高，所以其提示性非常强，设计师在设计界面时，常常会将按钮设计成红色，以突出需要重点表现的信息，如图 5-3 所示。

图 5-3 用红色突出重要信息

5.1.2 橙色

■ 橙色象征着温暖，是与能量有关的颜色，能增强人们的食欲，同时还能强化人们的视觉感受。

正能量： 积极、活跃、温暖、欢乐、明朗、成熟。

负能量： 焦躁、喧嚣。

作用： 增强食欲，强化视觉感受。

因为橙色具有增强食欲的特性，所以大多运用在美食类和消费类 App 中，如大众点评、淘宝的界面中都用到了橙色，如图 5-4 所示。

图 5-4 橙色的运用

5.1.3 黄色

■ 黄色象征着活力，比白色的明度还要高，非常醒目，但容易让人产生视觉疲劳感。

正能量： 希望、光明、乐观、聪明。

负能量： 警告。

作用： 吸引用户的注意。

黄色也具有增强食欲的作用，与橙色相比，黄色更时尚、轻快。由于黄色是明度最高的颜色，所以在设计界面时需要注意明暗的平衡，选用一些比较深的颜色来压暗画面，从而减轻用户的视觉疲劳感，如图 5-5 所示。

图 5-5 黄色的运用

5.1.4 绿色

■ 绿色象征着自然、安全。

正能量：清新、希望、安全、和平、舒适、生命。

负能量：疲劳、下降。

作用：让界面看起来舒服、安全可靠。

很多安全检测类 App 在设计时会使用到绿色，还有一些旅游类 App 也会用到绿色，如图 5-6 所示。但是要特别注意一点，在国内绿色还有“下跌”的意思，所以不要把绿色用在理财类 App 中。

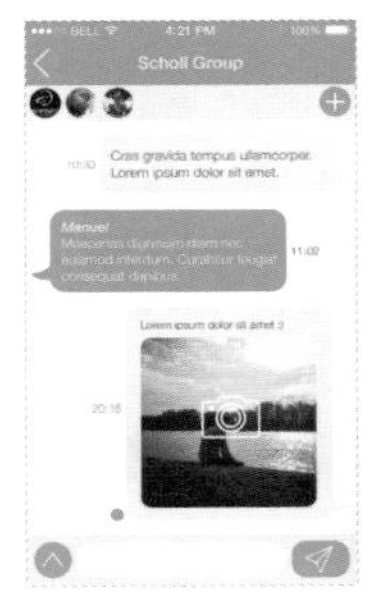

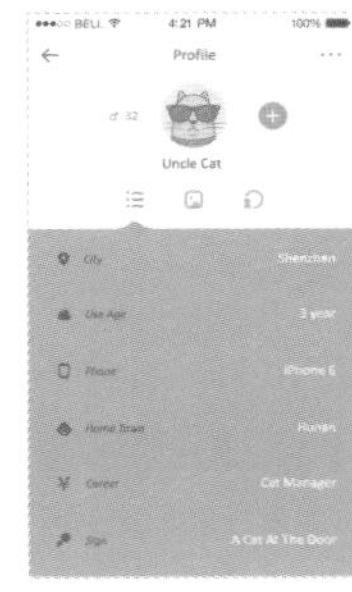

图 5-6 绿色的运用

5.1.5 蓝色

■ 蓝色象征着智力和理性，是最安静的颜色。

正能量：沉着、智慧、理智、理性、永恒、信赖、凉爽。

负能量：寒冷、冷漠、抑郁、消沉。

作用：有安定的作用，可让用户沉浸在界面内容中。

蓝色是最安静的颜色，工具类 App 通常会用蓝色作为主色，目的是让用户在安静的环境下阅读 App 内的文章和相关信息，如图 5-7 所示。

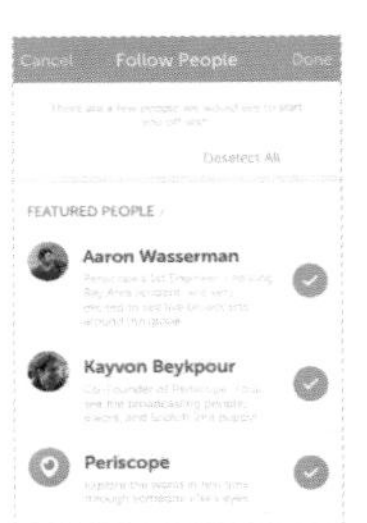

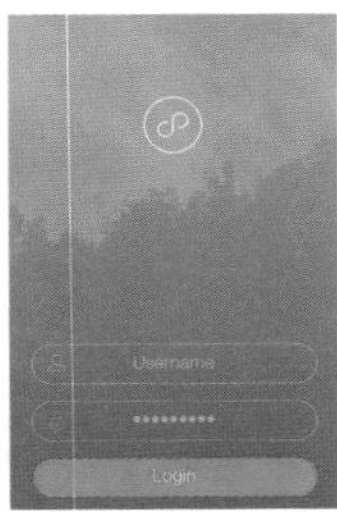

图 5-7 蓝色的运用

5.1.6 粉色

■ 粉色象征着可爱、童真和甜蜜，经常用在与女性有关的 App 中。

正能量： 纯真、甜蜜、温馨、可爱、放松、温柔。

负能量： 柔弱、娇气。

作用： 温暖人心，丰富画面。

粉色经常出现在女性类 App 中，如“美颜相机”等，可以很好地体现女性的特点，如图 5-8 所示。

图 5-8 粉色的运用

5.1.7 黑色

■ 黑色象征着个性，是一种富有时尚感的颜色。

正能量： 有品位、潮流、时尚、认真。

负能量： 孤独、黑暗、恐怖。

作用： 提高品位，加强对比，富有节奏感。

时尚离不开黑色，所以黑色经常用在服装类 App 中，如图 5-9 所示。黑色可以给人时髦的感觉，在服装界被无数人奉为经典色。

图 5-9 黑色的运用

5.2 色不过三

界面中的色相不要超过 3 种，“色不过三”就是这个意思。无论是平面设计、网页设计，还是 App 设计，都需要遵循这个原则。那么怎样的搭配才是不超过 3 种颜色的搭配呢？可能很多人认为不超过 3 种颜色的搭配就是“色不过三”。其实不然，不超过 3 种颜色是指不超过 3 种色相。在单个色相中可以运用颜色的明度或饱和度来丰富界面的色彩，但是整体色相不要超过 3 种。

案例分析

如果界面中的颜色太多，会是一种什么样的效果呢？下面看一个招聘网页。作为一位求职者，只是单纯地想找到一份合适的工作，但是一进入该页面，各种各样的广告扑面而来，而且有多种颜色，所以单从视觉效果分析，大部分人是很难接受这种界面设计的，如图 5-10 所示。

图 5-10 用色太多的界面

有一种设计叫作“别人的设计”。例如，绿色是网站的主色，红色是网站的装点色（点睛色），这是一种传承，是一种经验积累，我们要学会参考别人的方法进行设计。下面来看一下图 5-11 所示的界面，其统一的主色能加深用户对网站的印象，也让用户的体验感变得更加舒适和自然。Logo、图标、按钮和风格线都使用了绿色，而且绿色（品牌色）在整个网站中被重复使用，从而统一了网站整体的风格。

图 5-11 用统一的主色加深用户的印象

图 5-12 中用到了两种颜色，设计师选用了红色和蓝色进行冷暖搭配。由于红色更为醒目，所以将其用在屋顶上，从而很好地突显了品牌特色；为了平衡颜色的冷暖，将蓝色用在了大头针图标和水池等场景中。蓝色在整个画面中的使用面积比较小，主要起点缀的作用，却很容易被看到。这个设计体现出了“360 防丢卫士”寻找文件的方便性。所以好的颜色搭配能更好地体现产品的特点和卖点。

图 5-12 红色和蓝色的冷暖搭配设计

那是不是界面中的颜色越少越好呢？图 5-13 中有两个设计作品，左图使用了单一的颜色，画面更统一、协调；右图使用了多种色相，界面中的功能模块被划分得更明确，区分性更强。所以，在使用多种颜色进行设计时，还需要考虑产品的内容与特点。采用三色搭配时，只要不超过 3 种色相即可。

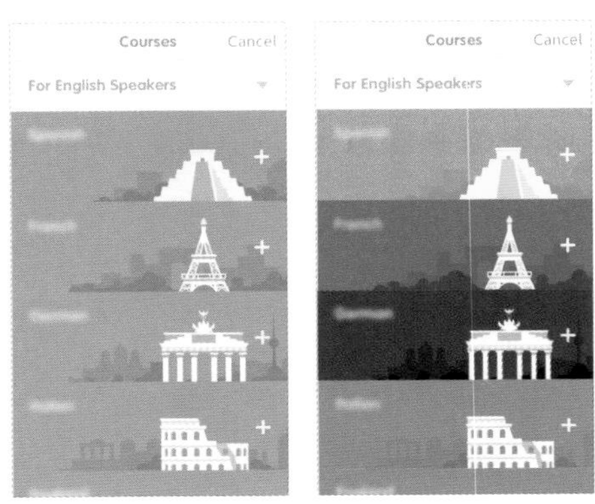

图 5-13 单色与多色设计

在 UI 设计中，色彩对于是否能正确和完整地表现出产品的气质至关重要。这里要强调一句话："做精致的颜色，提高格调。"使用单一的色相时，丰富的明度和饱和度变化可以让界面看起来更有层次感，处理起来也更容易统一和把控。在用色时，颜色越少越好，但要保证可以正确地表达 App 的功能和特色。每添加一种颜色都需要好好考虑是否有必要加上这种颜色，因为再复杂的设计，其色彩倾向也不会超过 3 种。图 5-14 中的两个设计作品，左图为了区分内容区域，用了 3 种颜色，整个页面非常凌乱，红色在页面中是多余的，且功能的分割相对来说也是多余的；右图的设计相对更简洁，虽然只用到了两种颜色，但是并不影响功能的分割，反而让界面显得更加干净、清爽。

图 5-14 用颜色区分内容区域时要谨慎

注意：在桌面图标的设计中，常常会用到两色和三色的搭配形式，这样的配色可以让图标看起来简约而不乏味。

5.3 主色、辅助色及点睛色

在运用色彩进行设计时，心里一定要明确色彩的主次关系，因为它决定了界面的风格。一个优秀界面的色彩主次关系是很清晰的，色彩按照功能划分，可以分为主色、辅助色和点睛色。

5.3.1 主色

在设计中，色彩充当了重要的情感元素，而主色能充分体现 App 的风格与特色。在设计初期需要对项目有明确的了解，然后提炼出最合适的主色对项目进行定位。每种颜色承载的文化都是不同的，在网页设计、移动界面设计、Banner 设计和平面设计中，主色的运用规律也各不相同。在网页设计和 UI 设计中，通常将主色运用在导航和关键信息中；为了让 Banner 和海报在页面中更醒目，通常将主色用在背景中。

在 UI 设计中，通常会将品牌 Logo 的颜色定为主色，并且在不同的界面中，主色出现的面积也会发生变化。在图 5-15 中，可以看到大众点评、饿了么和美团都将品牌 Logo 的颜色定为主色，同时对其进行了延续，更利于 App 的传播。

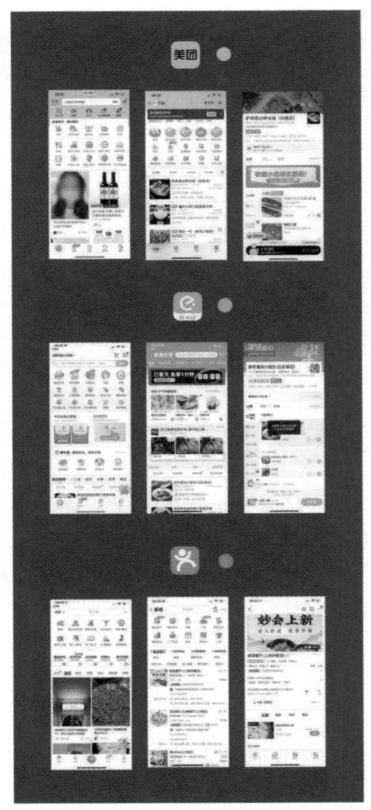

图 5-15 用 Logo 色作为主色

可以这样理解，在用户使用 App 时，设计师希望用户记住 App，能找到自己需要的东西，而在用户进入信息页面时则更注重易用性。所以，首页中的主色面积较大，而在二级页面中，主色则用在关键的操作点上，如图 5-16 所示。从 App 角度出发，在使用主色时需要考虑界面中内容的关系，理解界面的层次与功能的性质。从视觉角度出发，选择饱和度较高的色彩作为主色时，要考虑主色面积过大是否会让用户产生视觉疲劳。

在 Banner 和海报的设计中，主色一般用在背景中，且面积很大，如图 5-17 所示。

图 5-16 移动界面中的主色　　图 5-17 用主色作为背景色

5.3.2 辅助色

辅助色通常指用于补充主色的颜色，起辅助的作用，主要用来平衡画面，让品牌主色更有层次感、更突出。例如，在用暖色作为主色时，可以用冷色进行辅助，从而平衡画面颜色；在用亮色作为主色时，可以使用比较暗的颜色来压住整个画面。在图 5-18 中，界面的主色为红色，采用冷色调的蓝色作为辅助色以后，明显加强了界面的平衡性，并且更好地体现了弹窗的前后层次。

图 5-18 用蓝色辅助红色

5.3.3 点睛色

点睛色和主色是相对的，在 UI 设计中点睛色也称为点缀色，其占用的页面面积比较小，但视觉上的对比效果比较醒目。点睛色与主色的对比很强，作用是突出主次、丰富画面。相对于主色而言，点睛色更明亮，饱和度更高。在设计的界面比较沉闷、色彩单一、饱和度不高时，可以用点睛色来活跃气氛。图 5-19 所示的 6 个页面都选用了红色作为点睛色，让整个画面显得丰富而精彩。另外，无论选用什么颜色作为点睛色，其占用的页面面积都不能太大，并且要确保它不会对主色造成影响。

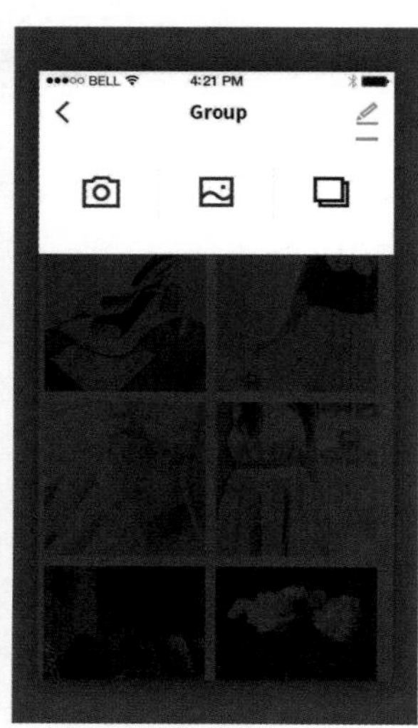

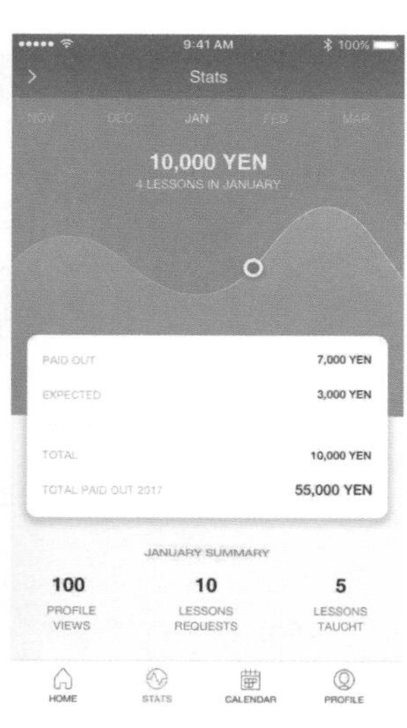

图 5-19 用点睛色丰富画面

5.4 配色

配色，首先要确定主色，在选好主色的基础上才能进行配色，其中，快速确定配色的方法是在对比色中寻找辅助色。通常大家认为页面中面积最大的颜色就是主色，其实不然，因为人们的阅读心理是有差异的，容易被面积相对较小的高饱和度颜色抢去视线，所以在设计界面时要选择饱和度（纯度）较高的颜色作为主色，这样设计出来的界面会很稳定。

5.4.1 互补色搭配

在色彩搭配中，互补色的对比效果是最强烈的。这种色彩搭配能强烈地刺激用户，给用户留下深刻的印象，且这种配色易于传播，适用于夸张、张扬的场景。但这种配色如果用得过于频繁，则容易让用户产生视觉疲劳，给用户一种不安稳的感觉。因此，在使用互补色时要控制好颜色的使用面积，减少颜色的反复穿插。

在 UI 设计中，常用的互补色有 3 种：红绿、蓝橙和黄紫。很多 App 和 icon 为了吸引用户的注意力就用到了对比强烈的互补色，如番茄快点、QQ空间和相机 360，如图 5-20 所示。

7-ELEVEN 的界面中运用了红绿互补色进行设计，给用户造成的视觉冲击力极强，如图 5-21 所示。

图 5-20 互补色设计

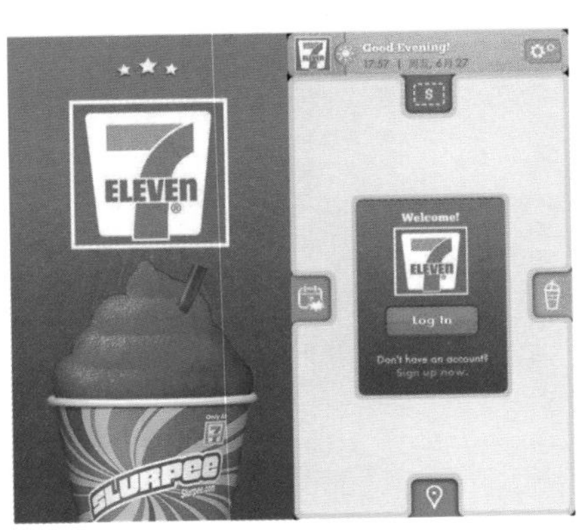

图 5-21 红绿互补色

另外，将互补色进行搭配会让整个设计看起来平衡、舒服。图 5-22 所示的 App 使用了红色与青绿色进行搭配，其背景颜色看起来十分平衡和舒服（在整个页面设计中，使用红绿配色能很好地区分按钮和提示信息的关系）；图 5-23 所示的界面采用了从冷色到暖色的渐变色作为背景，用色非常大胆，视觉冲击力极强。

图 5-22 平衡感与舒适感极强的设计

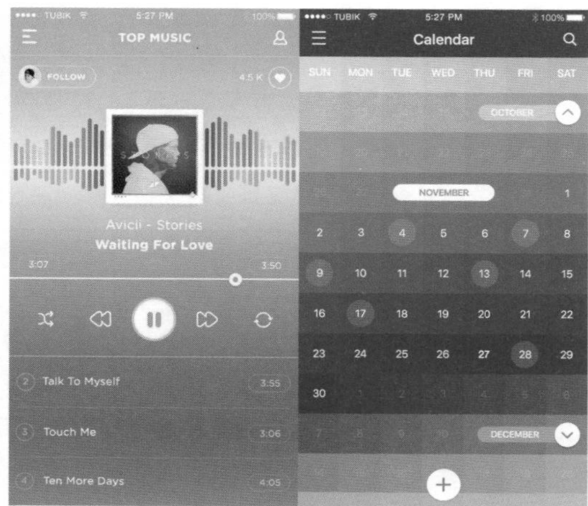

图 5-23 冲击力极强的设计

运用大胆的互补色进行设计可以让整个界面的风格格外鲜明。将两个色相的饱和度都调到最高，面积比例保持在 1:1 左右时，这种设计的气氛最为浓烈，冲击感也最强。图 5-24 所示是“微店全球购”的 Logo 设计，采用了黄紫互补色进行设计，两个颜色的面积占比保持在 1:1，整个设计很醒目，在应用市场中很容易被找到，将品牌的传播性做得很好。

图 5-24 互补色饱和度很高的设计

5.4.2 冷暖对比色搭配

冷暖对比色能产生一种自然、平衡的感觉，可以在设计中大量使用，这样的配色会使作品非常出彩，不会显得单调，如图 5-25 所示。

下面看一些优秀 App 的 icon 设计，并对它们的冷暖配色进行分析。图 5-26 所示的 App 叫 KOI，它用的冷暖对比色产生了非常好的点缀效果，看起来灵动而醒目；Tweetbot 的 icon 也用到了冷暖对比色，整个设计醒目又可爱，如图 5-27 所示；Seedling Comic Studio 的 icon 也用到了冷暖对比色，整个设计相当精彩，将用户的视线集中到了圆形的图标上，如图 5-28 所示。

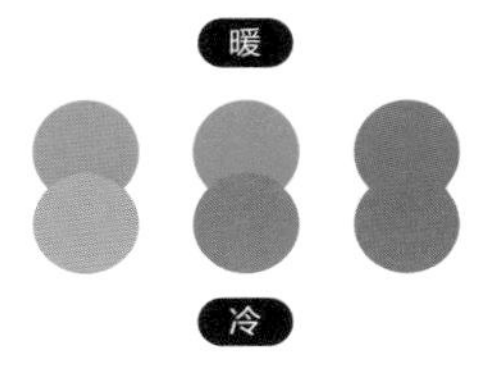

图 5-25 冷暖对比色

图 5-26 KOI 的配色

图 5-27 Tweetbot 的配色

图 5-28 Seedling Comic Studio 的配色

冷色与暖色的对比搭配是 UI 设计中使用最广的配色方法，设计出来的页面效果也非常出众。冷暖对比色好比是阴阳两极，可以让用户感到舒适、平和。冷暖色彩的搭配基本没有什么缺点，所以可以大胆运用冷暖色进行设计。

图 5-29 所示是支付宝曾经的主页，虽然支付宝的主图标发生了改变，变成了简洁的蓝色图标，但其主页中还是用到了冷色与暖色的搭配，同时将原本很零散的分类处理得井井有条。很多设计师在碰到满版的分类图标时都很头大，处理时容易把页面做得让人眼花缭乱。如果遇到这种情况，不妨采用冷暖对比色进行调整，这样可以将页面的平衡感调到最佳状态。

图 5-29 支付宝的主页

在 Posse 的色彩搭配中，将青色定为主色，同时选择互补的红色作为点睛色，让画面的视觉中心一下就集中到了暖色（红色）上，如图 5-30 所示。

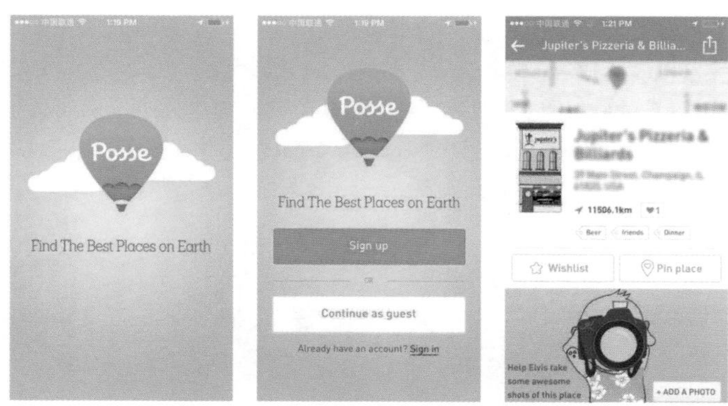

图 5-30 Posse 的颜色搭配

下面看一组关于配色的练习，并分析其配色的优劣，如图 5-31 所示。

第 1 点：都定义了色彩的基调，找到了主色。

第 2 点：为了将用户的视线聚焦在主要的功能上，在设计主要功能时都用了互补色。这种方式比用造型分区更直接。

第 3 点：用过多的颜色进行设计会使界面显得没有秩序感，这样给用户的第一感觉就是混乱。

第 4 点：用色时不仅需要考虑聚焦效果，还要考虑颜色的呼应性。同类颜色会彼此呼应，聚焦点只能出现在主要的功能上。

经过以上分析可知：色彩的关系与功能的区分极其重要，做好这两点才能把握好页面的节奏感。现在大家不难选出哪一幅作品是最优秀的。

图 5-31 分析配色的优劣

5.5 实战：设计色彩统一的页面

本例是一款聊天 App 的 UI 设计，包含个人中心页和聊天页两个页面，在配色上，用微渐变的蓝色作为主色，用黄色作为点睛色。希望大家通过本例的练习掌握页面图标的规范化制作流程和方法，同时掌握 GuideGuide 辅助线插件的用法。

界面配色

5.5.1 设计页面图标

本例的难点在于图标的设计，只要将图标设计出来，就可以直接根据设计规范将其排列到画板中，然后对页面进行完善。本例共需要设计 10 款图标，如图 5-32 所示。可以在 Illustrator 中设计这些图标。

图 5-32 页面图标

01 **制作图标的规范背景**。启动 Illustrator CC 2017，按【Ctrl+K】组合键打开【首选项】对话框，将【单位】中的【常规】设置为【像素】，如图 5-33 所示。

02 选择【矩形工具】▭，绘制一个 48 像素 ×48 像素的浅灰色矩形（关闭【描边】功能），如图 5-34 所示。

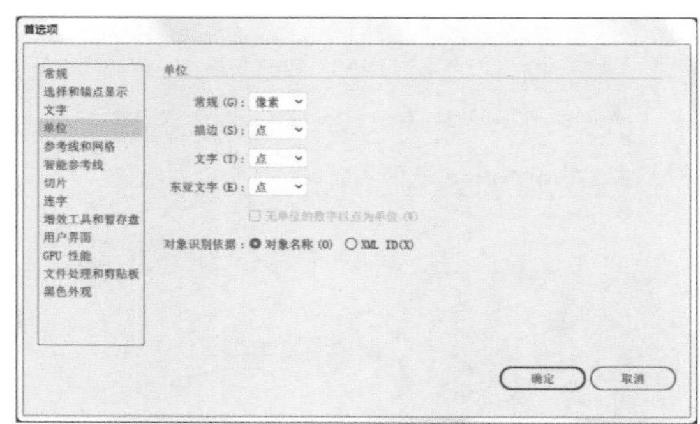

图 5-33 设置常规单位

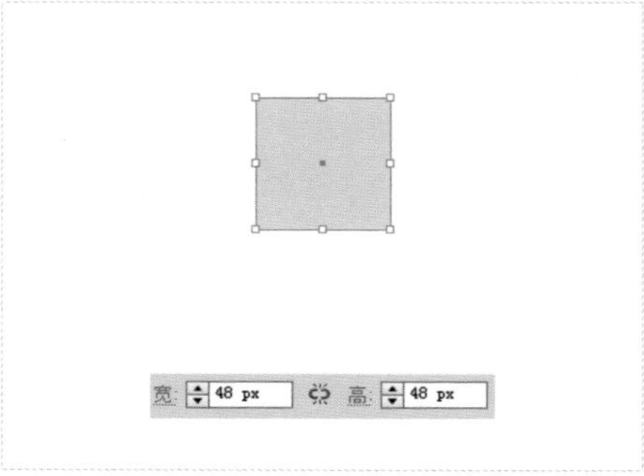

图 5-34 绘制矩形

03 按住【Alt】键移动复制出 3 个矩形，如图 5-35 所示。执行【窗口 > 对齐】菜单命令或按【Shift+F7】组合键，打开【对齐】面板，全选 4 个矩形，在【对齐】面板中单击【水平居中分布】按钮，让矩形在水平方向上平均分布，如图 5-36 所示。

04 将制作好的方格背景向下移动复制两组，效果如图 5-37 所示。复制完成后按【Ctrl+2】组合键锁定方格背景，以免影响后续操作。

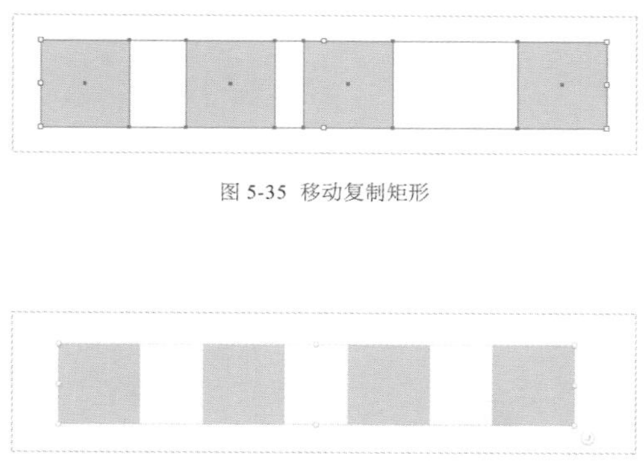

图 5-35 移动复制矩形

图 5-36 水平居中分布矩形

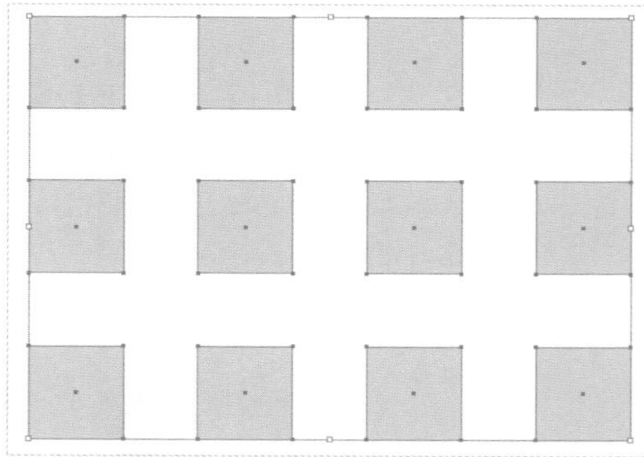

图 5-37 移动复制方格背景

05 **绘制主页图标**。主页图标是由一个三角形、一个四边形和一个圆形组成的。先按住【Shift】键，用【矩形工具】▭绘制一个大小合适的矩形，如图 5-38 所示。然后按住【Shift】键将矩形旋转 45°，如图 5-39 所示。选择【直接选择工具】▷，选择底部的锚点，如图 5-40 所示。最后按【Delete】键删除锚点，这样就得到了一个三角形，如图 5-41 所示。

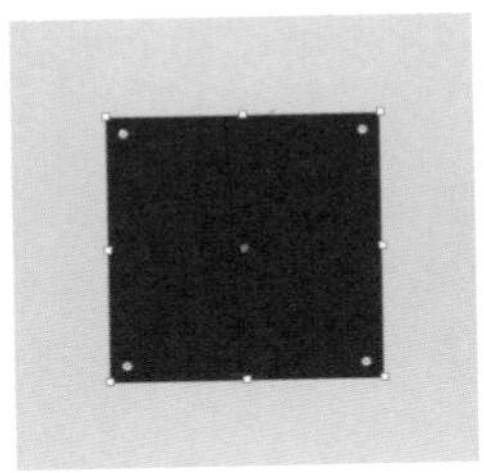

图 5-38 绘制矩形 1

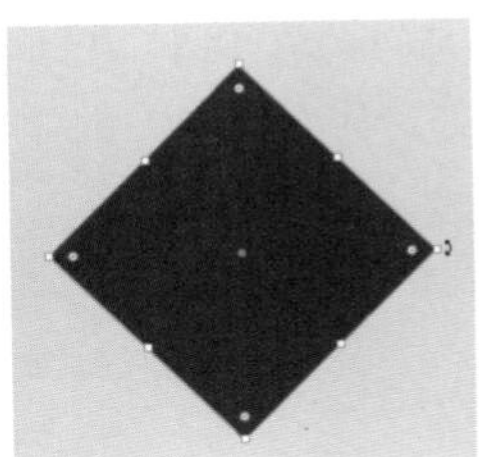
图 5-39 旋转矩形

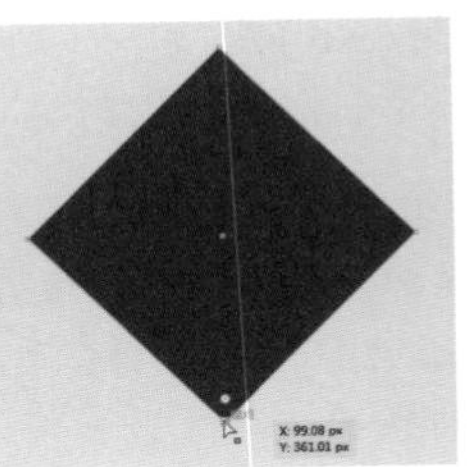
图 5-40 选择锚点

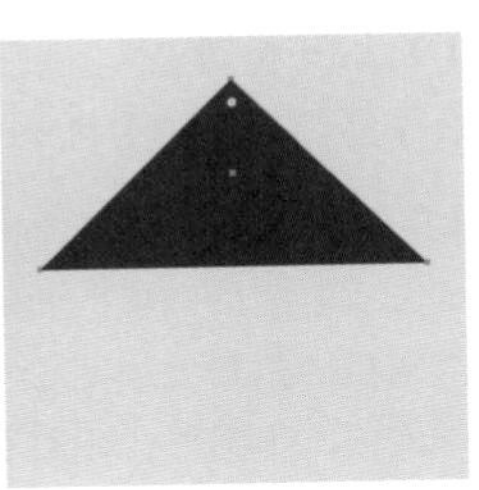
图 5-41 删除锚点

06 选择【矩形工具】，绘制一个大小合适的矩形，如图 5-42 所示。选择【直接选择工具】，将矩形底部的两个锚点水平向内调整一段距离，得到一个倒梯形，如图 5-43 所示。

07 选择【选择工具】，选择两个图形，然后按住【Shift】键将图形等比例缩放到合适的大小，如图 5-44 所示。执行【窗口 > 路径查找器】菜单命令，打开【路径查找器】面板，单击【联集】按钮，将两个图形组合成一个图形，如图 5-45 所示。

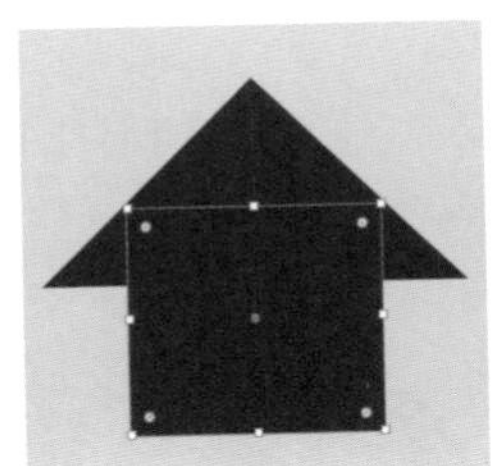
图 5-42 绘制矩形 2

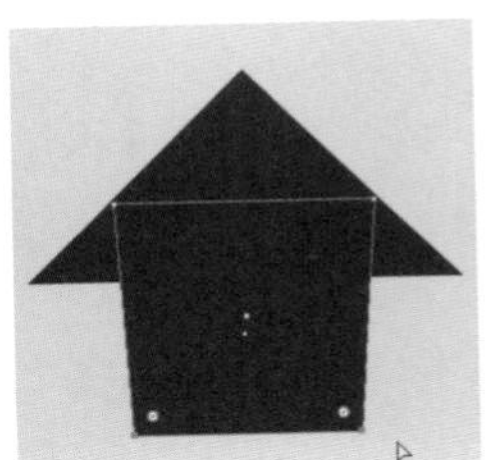
图 5-43 调整锚点的位置

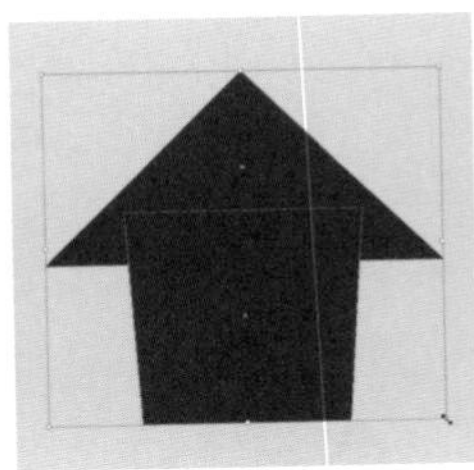
图 5-44 调整图形大小

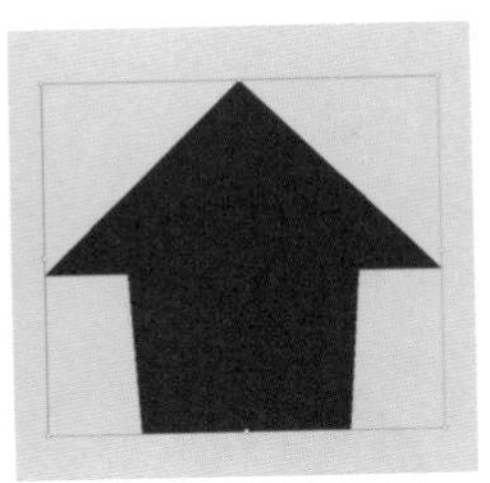
图 5-45 组合图形

08 选择【直接选择工具】，选择图形，将鼠标指针放在图形的角点上，如图 5-46 所示。按住鼠标左键拖动图形角点，对其进行倒圆角处理，如图 5-47 所示。

09 选择图 5-48 所示的两个圆角（选择一个圆角后，按住【Shift】键可以进行加选），然后按住鼠标左键拖动圆角，对其进行倒圆角处理，如图 5-49 所示。调整好其他圆角，并对图形的整体形状进行调整，如图 5-50 所示。

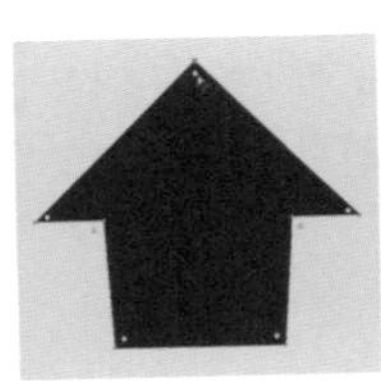
图 5-46 定位角点

图 5-47 倒圆角处理 1

图 5-48 选择圆角

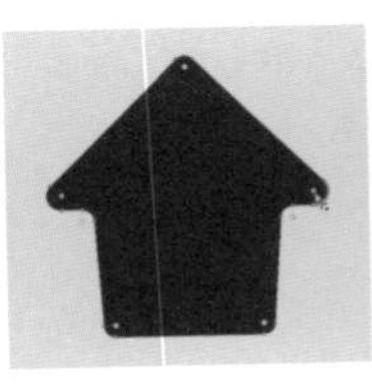
图 5-49 倒圆角处理 2

图 5-50 调整整体形状

10 选择【椭圆工具】，按住【Shift】键绘制一个大小合适的圆形，如图 5-51 所示。选择绘制好的两个图形，在【路径查找器】面板中单击【减去顶层】按钮，效果如图 5-52 所示。到此，主页图标制作完成。

11 **制作通讯录图标**。通讯录图标由一个人形头像和两个圆角矩形构成。先用【椭圆工具】绘制两个大小合适的圆形，如图 5-53 所示。由于上面的圆形需要制作成人像的头部，因此需要调整一下其底部锚点的位置，如图 5-54 所示；下面的圆形需要制作成人像的半身，因此删除其底部的锚点，将其制作成一个半圆形，如图 5-55 所示。

图 5-51 绘制圆形 1

图 5-52 减去顶层图形

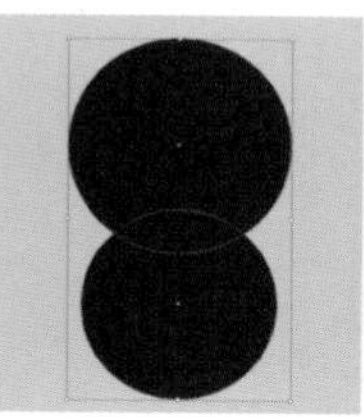

图 5-53 绘制圆形 2

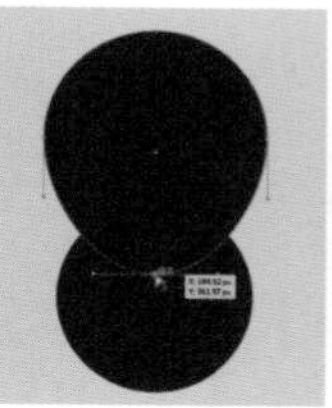

图 5-54 调整锚点的位置

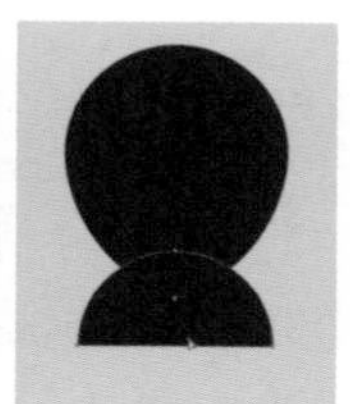

图 5-55 删除锚点

12 选择两个图形，然后将它们组合成一个图形，选择【直接选择工具】对角点进行倒圆角处理，如图 5-56 所示。

13 选择【钢笔工具】，绘制一条直线路径，如图 5-57 所示。关闭【填色】功能，将描边的【粗细】设置为【3pt】，同时将【端点】设置为【圆头端点】，如图 5-58 所示，将直线调整成圆角矩形。向下复制出一个圆角矩形，效果如图 5-59 所示。

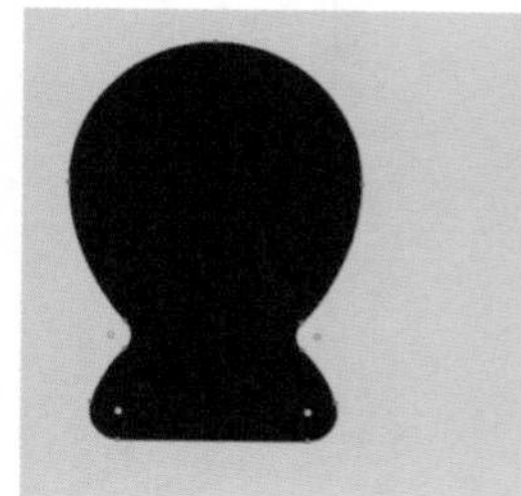

图 5-56 对角点进行倒圆角处理

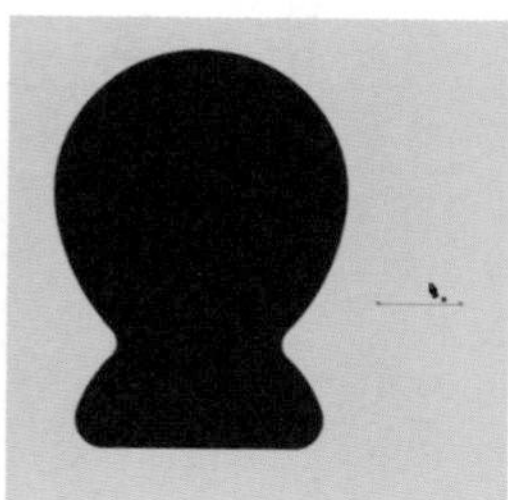

图 5-57 绘制直线路径

图 5-58 设置描边选项

图 5-59 通讯录图标

14 选择两个圆角矩形，执行【对象 > 扩展】菜单命令，在弹出的对话框中直接单击【确定】按钮，将它们扩展为填充图形（如果不处理成填充图形，将它们复制到 Photoshop 中时会出现错误），如图 5-60 所示。将 3 个图形进行联集处理，这样通讯录图标就制作完成了。

15 **制作个人中心图标**。个人中心图标与通讯录图标相比，少了右边的两个圆角矩形，同时头部要比通讯录图标的头部大一些，在细节上有一些差别，这里就不再介绍其制作方法了，大家可以参考通讯录图标的制作方法，图 5-61 所示是个人中心图标完成后的效果。

16 **制作定位点图标**。定位点图标由一个圆形和一个三角形拼接而成。先制作一个圆形和一个三角形，如图 5-62 所示。选择【直接选择工具】，对三角形锚点的位置进行调整，使其与圆形的边缘刚好相切，如图 5-63 所示。

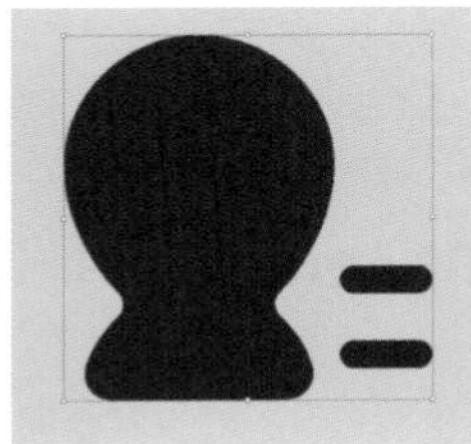

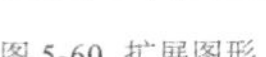
图 5-60 扩展图形

图 5-61 个人中心图标

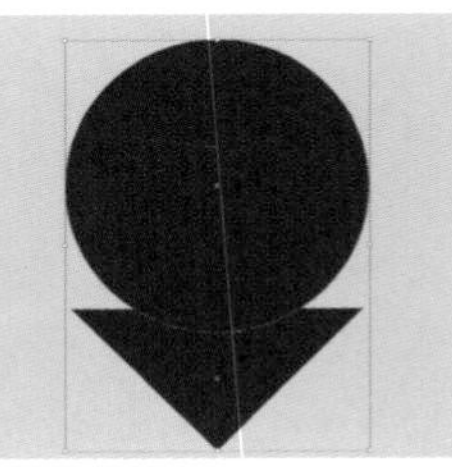
图 5-62 绘制圆形和三角形

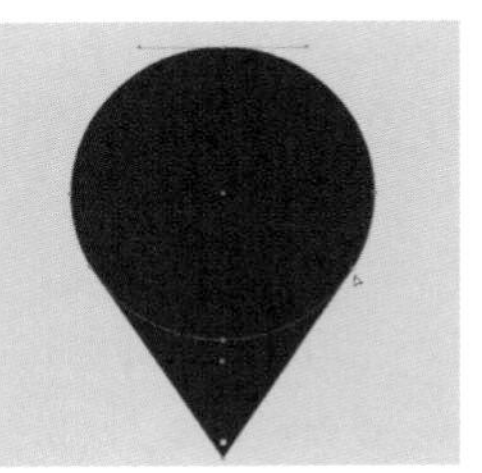
图 5-63 调整锚点的位置

17 选择两个图形，然后将它们联集成一个图形，接着选择【直接选择工具】，对图形底部的角点进行倒圆角处理，如图 5-64 所示。

18 选择【椭圆工具】，按住【Shift】键绘制一个大小合适的圆形，如图 5-65 所示。选择两个图形，在【路径查找器】面板中单击【减去顶层】按钮，效果如图 5-66 所示。到此，定位点图标制作完成。

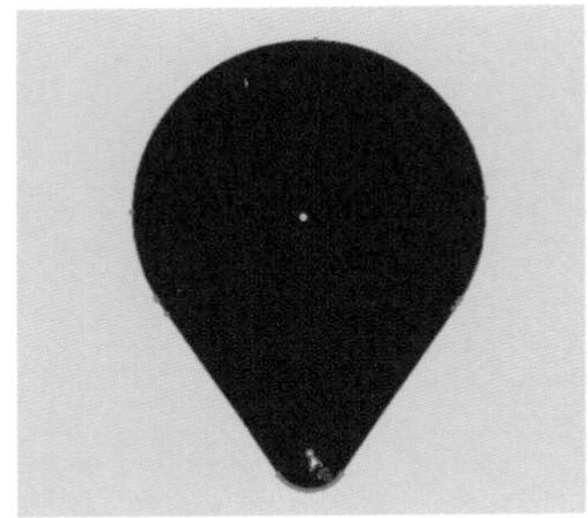
图 5-64 对角点进行倒圆角处理

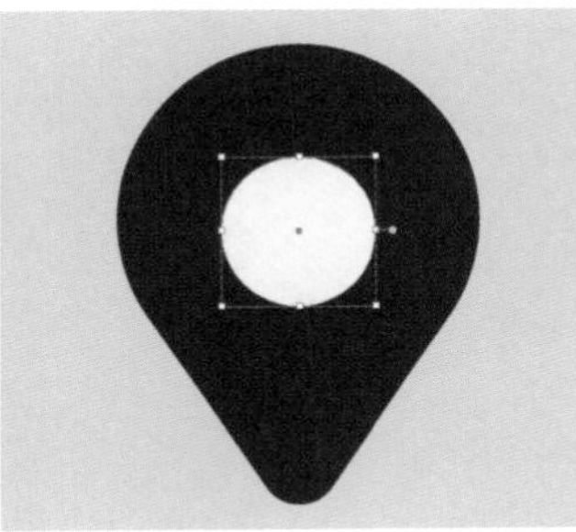
图 5-65 绘制圆形

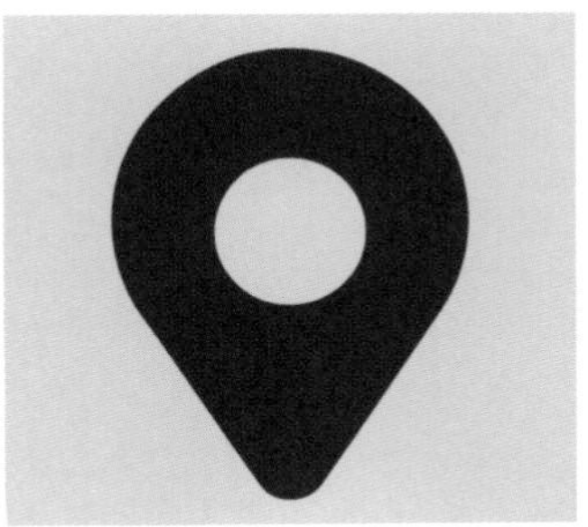
图 5-66 减去顶层图形

19 **制作相机图标**。相机图标可以用两个圆角矩形和一个圆形进行制作。分别选择【圆角矩形工具】和【椭圆工具】，绘制两个大小不同的圆角矩形和一个圆形，如图 5-67 所示。将两个圆角矩形联集成一个图形，接着将这个图形和圆形进行减去顶层处理就制作出了相机图标，如图 5-68 所示。

20 其他图标的制作方法大同小异，这里就不再进行介绍了，图 5-69 所示是所有图标的最终效果。

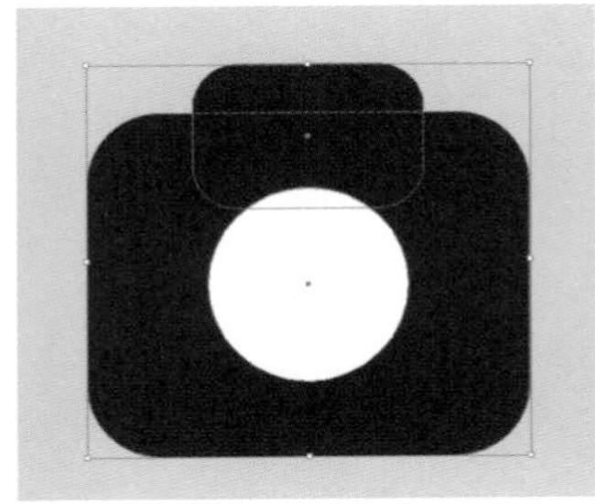
图 5-67 绘制图形

图 5-68 相机图标

图 5-69 所有图标的最终效果

5.5.2 设计个人中心页

01 启动 Photoshop CC 2017，按【Ctrl+N】组合键新建一个文件，将【文档类型】设置为【画板】，将【画板大小】设置为【iPhone 6（750，1334）】，如图 5-70 所示。

02 **建立辅助线**。这里会用到一款做 UI 设计经常用到的辅助线插件 GuideGuide（使用该插件设置辅助线不仅方便，而且很精确），关于该插件的安装方法，大家可以在网上搜索相应的教程。执行【窗口 > 扩展功能 >GuideGuide】菜单命令，打开【GuideGuide】面板，如图 5-71 所示。

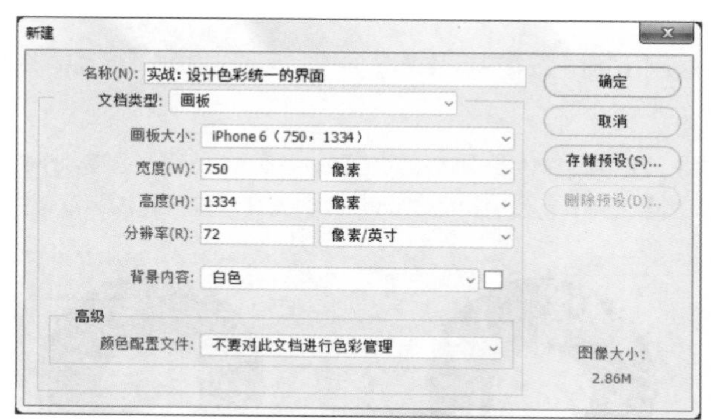

图 5-70 新建画板

图 5-71 【GuideGuide】面板

03 在【GuideGuide】面板中设置左边距和右边距均为 30px（注意，一定要手动输入单位 px，否则插件默认的单位是 cm），然后设置上边距为 128px、下边距为 90px，按【Enter】键或单击【生成辅助线】按钮即可在画板中生成辅助线，如图 5-72 所示，辅助线效果如图 5-73 所示。

04 添加一条上边距为 40px 的辅助线，然后单击垂直方向上的【中心】按钮，在垂直中心方向上添加一条辅助线，如图 5-74 所示。

图 5-72 设置辅助线边距

图 5-73 辅助线效果

图 5-74 添加辅助线

05 制作标签栏。将在 Illustrator CC 2017 中制作的主页图标、通讯录图标、相机图标、定位点图标、个人中心图标和设置图标依次复制并粘贴到 Photoshop CC 2017 中（不能一起复制，否则所有图标都在同一个图层中），设置粘贴方式为【形状图层】，如图 5-75 所示，各个图标的大概位置如图 5-76 所示。

06 利用自由变换功能对每个图标的宽度和高度进行调整（具体调整方法请参考第 2 章中的实战），将宽度或高度的最大的一个值调整为 44 像素，在调整之前要单击【保持长宽比】按钮，然后再进行调整，调整完成后的效果如图 5-77 所示。

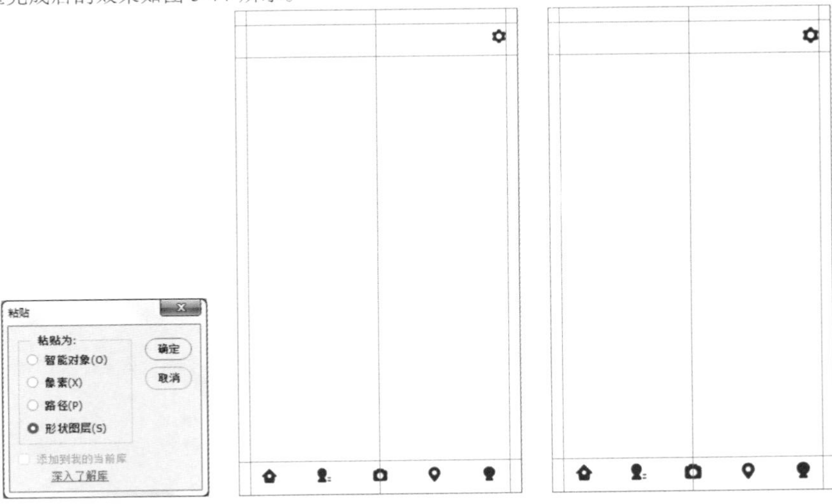

图 5-75 选择粘贴方式　　图 5-76 图标位置　　图 5-77 调整图标的宽度和高度

07 选择【椭圆工具】，绘制一个 104 像素 ×104 像素的圆形，将其放在相机图标的下层，将圆形的颜色定义为界面的主色，即蓝色【R:74，G:163，B:255】，将相机图标的颜色修改为白色，然后将个人中心图标的颜色修改为蓝色，表示该图标此时正处于选中状态，如图 5-78 所示。

08 由于没有被选中的图标颜色太深了，因此还需要修改这些图标的颜色。将未被选中的图标的颜色修改为浅浅的灰蓝色【R:140，G:160，B:160】，让画面更加协调，如图 5-79 所示。

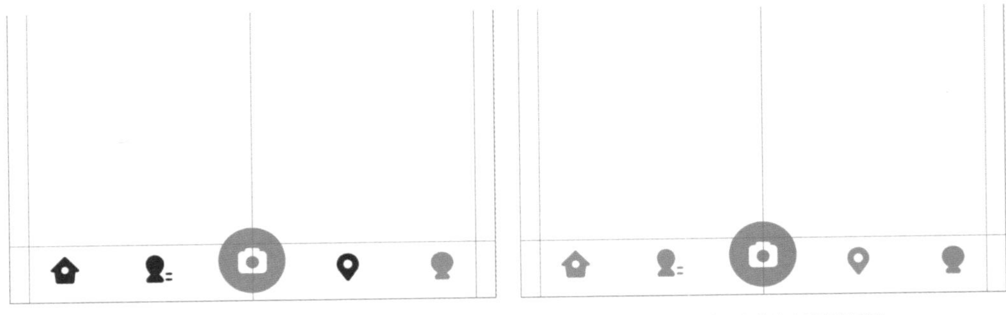

图 5-78 绘制圆形并定义选中图标的颜色　　图 5-79 定义未被选中图标的颜色

09 **制作微渐变的个人中心页背景**。选择【矩形工具】▭，在页面顶部绘制一个 750 像素 ×600 像素的矩形，将其颜色修改为主色，然后将导航栏上的设置图标的颜色修改为白色，如图 5-80 所示。

10 为了增强视觉效果，可以为蓝色的矩形添加一个【渐变叠加】样式，设置一个由蓝色到淡蓝色的渐变色，然后设置【角度】为【122 度】，如图 5-81 所示。这样就制作出了一种微渐变效果，如图 5-82 所示。

图 5-80 绘制矩形

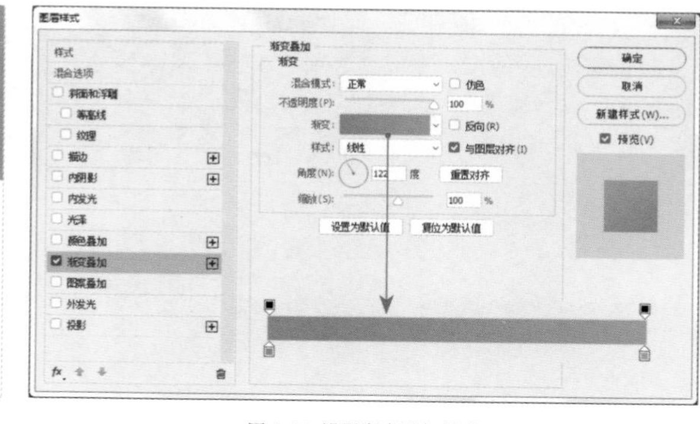

图 5-81 设置渐变叠加样式

图 5-82 渐变叠加效果

11 由于本例制作的是聊天类 App 的界面，因此还需要在导航栏上添加一个聊天图标，如图 5-83 所示。然后在状态栏中添加所有的手机状态图标，如图 5-84 所示。

12 **制作个人中心页内的头像及文字信息**。选择【椭圆工具】◯，在个人中心页的中上部绘制一个 160 像素 ×160 像素的圆形，并设置【描边】的宽度为【4 像素】，如图 5-85 所示。为圆形添加一个淡淡的【投影】样式，如图 5-86 所示。

图 5-83 添加聊天图标

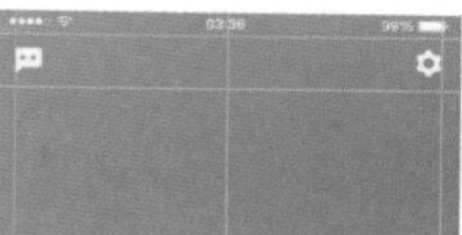
图 5-84 添加手机状态图标

图 5-85 绘制圆形

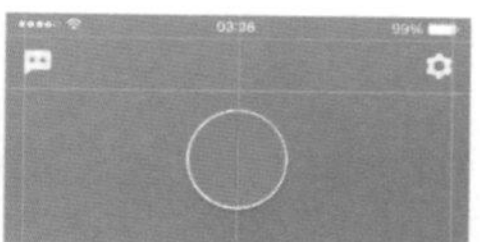
图 5-86 添加投影

13 将本例的第 1 个头像（“素材 1”文件）拖入页面中，并调整好其大小和位置，如图 5-87 所示。然后按【Ctrl+Alt+G】组合键将头像设置为圆形的剪贴蒙版，效果如图 5-88 所示。

14 选择【横排文字工具】T，输入人物的姓名、所处位置、关注数、粉丝数和评论数等信息，重要的信息可以用比较粗的字体，效果如图 5-89 所示。如果觉得画面比较单调，还可以在地址信息的前面设计一个小小的定位图标，以点缀画面，如图 5-90 所示。

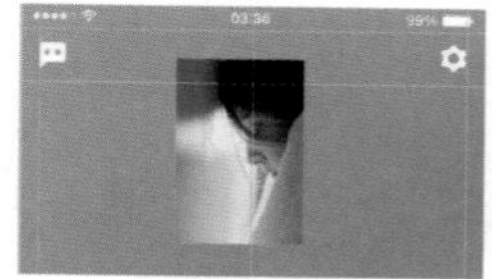
图 5-87 拖入头像

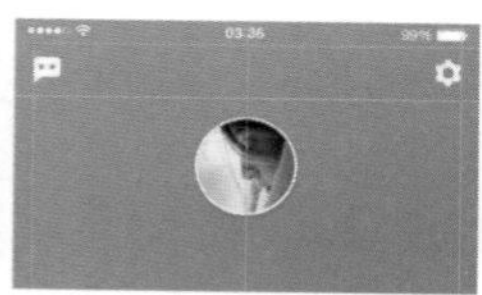
图 5-88 设置剪贴蒙版

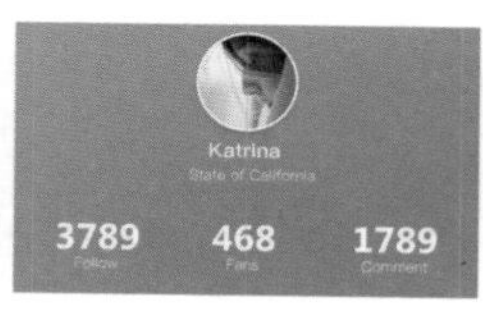

图 5-89 输入人物信息

图 5-90 设计定位图标

15 **制作页面下部的发布信息。**这个模块的制作很简单，使用【横排文字工具】T.输入相应的文字信息，再制作一个简单的时间轴来搭配发布信息即可，完成后的效果如图 5-91 所示。在制作时要注意时间轴、文字与辅助线的对齐方式。

16 按【Ctrl+H】组合键隐藏辅助线，看看页面的整体效果，如图 5-92 所示。可以发现页面的整体布局和色彩搭配效果是很不错的，但是背景还是有点单调，因此还需要再加一些元素来丰富页面。

17 **制作个人中心页背景中的装饰元素。**选择【矩形工具】□.，在微渐变蓝色背景的上方绘制一个淡蓝色的矩形（关闭【描边】功能），如图 5-93 所示。选择【直接选择工具】↖.，选择右上角的锚点，按【Delete】键将其删除，得到一个三角形，如图 5-94 所示。

图 5-91 制作发布信息

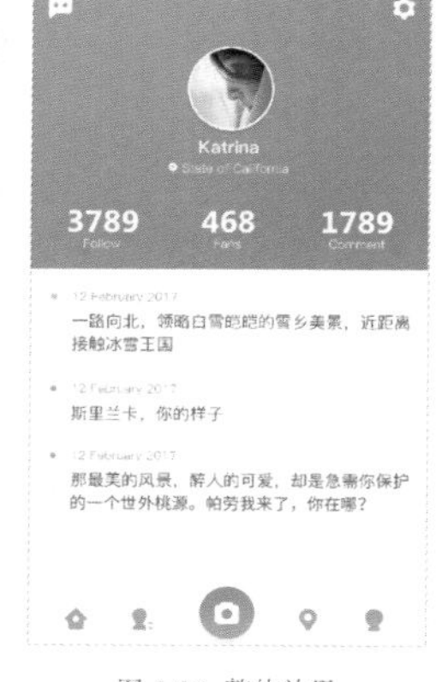

图 5-92 整体效果

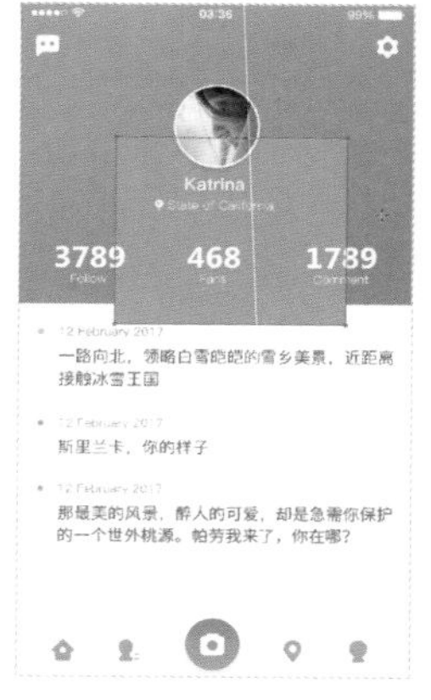

图 5-93 绘制矩形

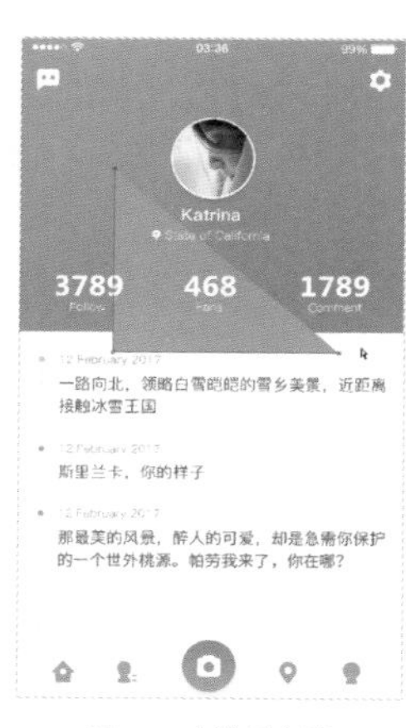

图 5-94 制作三角形

18 使用【直接选择工具】↖.对三角形的形状进行调整，效果如图 5-95 所示。然后按【Ctrl+Alt+G】组合键将三角形设置为微渐变背景的剪贴蒙版，但是可以发现设置了剪贴蒙版后，三角形无法正常显示，如图 5-96 所示。这是因为背景图层中有渐变效果，设置剪贴蒙版后，三角形也会具有渐变效果，两者的效果就重叠了，所以无法显示出来。

19 选择微渐变背景中的图形，按【Ctrl+G】组合键将它们编为一个组，然后重新将三角形设置为组的剪贴蒙版，这样三角形就可以正常显示了，效果如图 5-97 所示。

图 5-95 调整三角形的形状

图 5-96 设置剪贴蒙版

图 5-97 重新设置剪贴蒙版

20 将微渐变背景的【渐变叠加】样式复制并粘贴给三角形，然后勾选【反向】复选框，如图 5-98 所示。添加渐变样式以后，三角形的视觉效果更强了，如图 5-99 所示。

21 在微渐变背景中制作一些大小不一的三角形，完成后的效果如图 5-100 所示。至此，个人中心页设计完成。

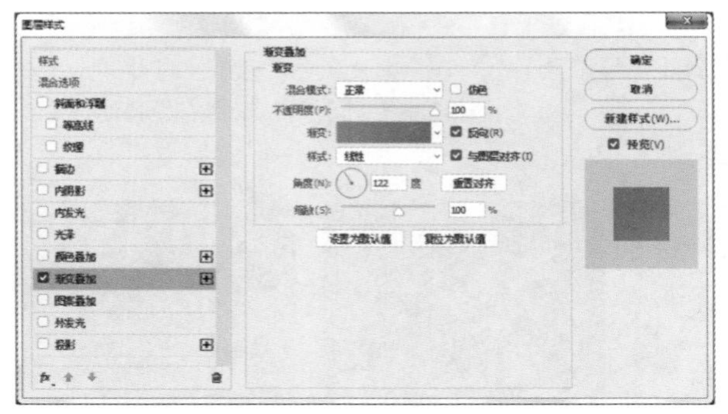

图 5-98 设置反向渐变

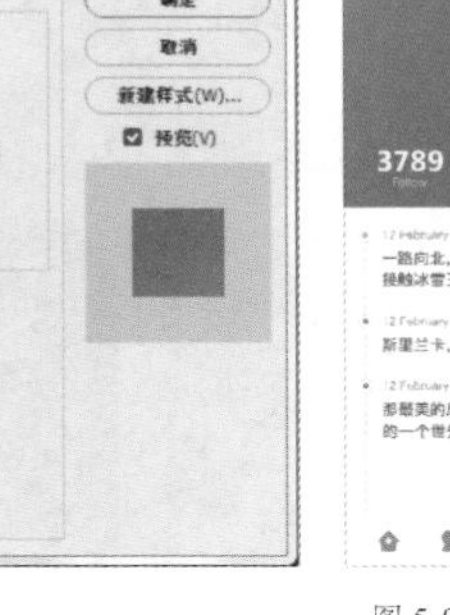

图 5-99 渐变叠加效果

图 5-100 最终效果

5.5.3 设计聊天页

01 添加画板。使用【画板工具】添加一个画板，并将其命名为【聊天页】，然后采用前面的方法设置好辅助线，如图 5-101 所示。

02 对页面进行布局。聊天页主要分为 4 个部分，分别是顶部的手机状态栏，往下是导航栏、聊天区域和输入栏，聊天区域的背景色为浅浅的蓝灰色，如图 5-102 所示。布局完成后，加入手机状态栏中的图标；然后在导航栏中制作返回图标和设置图标，同时输入聊天对象的名字；在输入栏中添加前面制作好的语音图标、表情图标和加号图标，并制作一个 485 像素 ×68 像素、圆角大小为 34 像素的圆角矩形作为内容输入框，如图 5-103 所示。布局时要注意颜色的呼应，如导航栏中的图标可以用主色表示，输入栏中没有被选中的图标的颜色要与个人中心页中的图标颜色对应，表情图标应该用黄色重点标识等。

图 5-101 设置辅助线　图 5-102 对页面进行布局　图 5-103 加入图标

03 **重点制作聊天区域**。制作聊天区域顶部的聊天时间，选择【圆角矩形工具】，绘制一个 124 像素 × 40 像素、圆角大小为 34 像素的圆角矩形，其颜色可以选择比背景色深一些的灰蓝色，如图 5-104 所示。在圆角矩形上用【苹方常规】字体输入时间，设置其字号为【24 点】、颜色为白色，如图 5-105 所示。

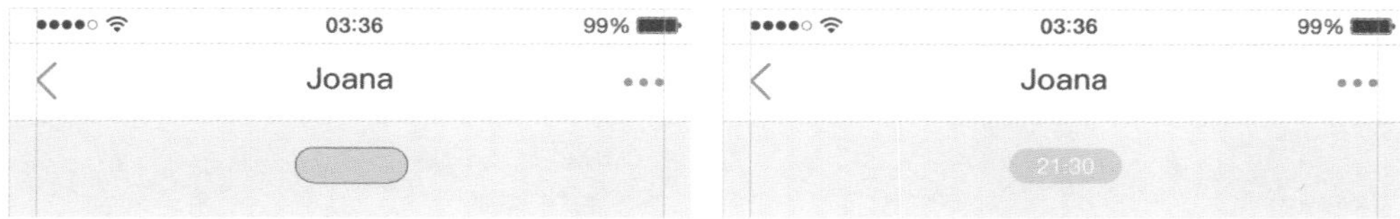

图 5-104 绘制圆角矩形 1　　图 5-105 输入聊天时间

04 这里假设对方先发来聊天消息。先制作一个 100 像素 ×100 像素的圆形头像，将其放在页面的左侧并与辅助线对齐，如图 5-106 所示。

05 选择【圆角矩形工具】，绘制一个 428 像素 ×88 像素（最小的聊天气泡的高度就是 88 像素）、圆角大小为 44 像素的圆角矩形，并用主色作为对方聊天气泡的背景色，如图 5-107 所示。注意，圆角矩形与头像的间距为 10 像素。

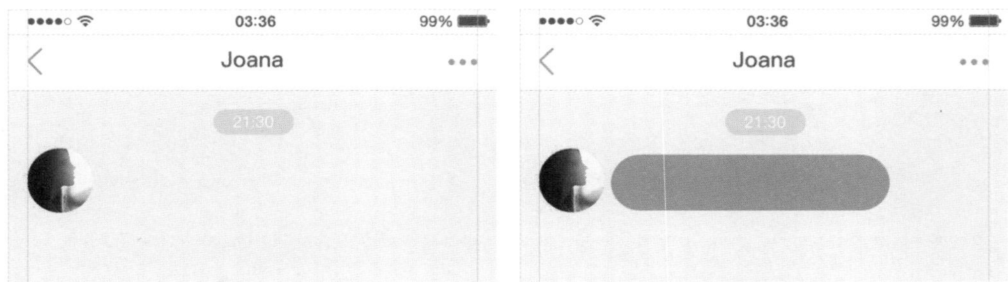

图 5-106 制作对方的头像　　图 5-107 绘制圆角矩形 2

06 选择【矩形工具】，在圆角矩形的左上角绘制一个大小合适的矩形，如图 5-108 所示。选择【直接选择工具】，将矩形左下角的锚点向右拖动，这样就制作出了一个聊天气泡，如图 5-109 所示。在气泡上输入具体的聊天内容，设置其字体为【苹方中等】、字号为【32 点】、颜色为白色，如图 5-110 所示。

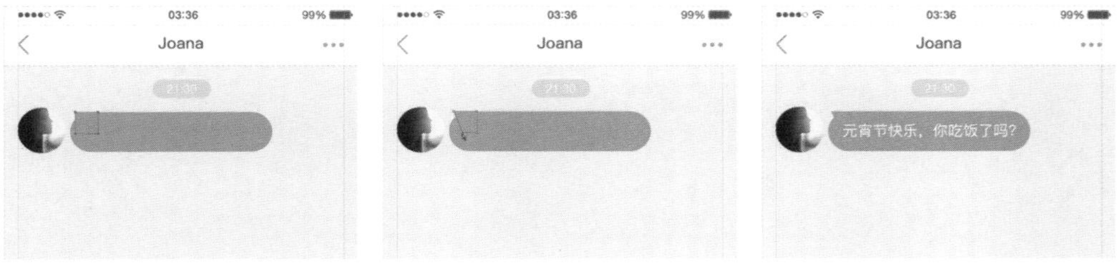

图 5-108 绘制矩形　　图 5-109 调整锚点　　图 5-110 输入聊天内容

07 自己发送的聊天信息的气泡背景色为白色，气泡的箭头朝向右侧，气泡与气泡的间距为 40 像素，聊天内容的颜色可以与导航栏中对方姓名的颜色（深蓝灰色）保持一致，同时，自己的头像是朝向左侧的，如图 5-111 所示。

08 制作一些聊天内容来丰富画面，如多行聊天内容、语音、正在发送中的消息等，如图 5-112 所示。至此，两个页面设计完成，可以发现整个页面的设计很简洁，色彩也很统一，最终效果如图 5-113 所示。

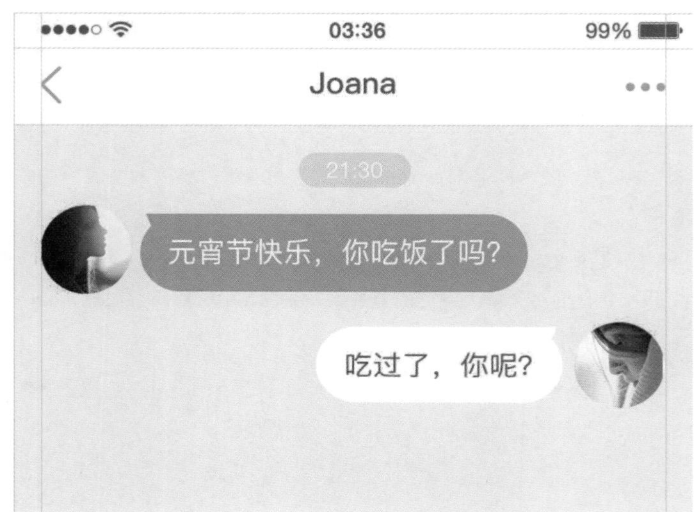

图 5-111 制作自己的聊天内容

图 5-112 制作其他聊天内容

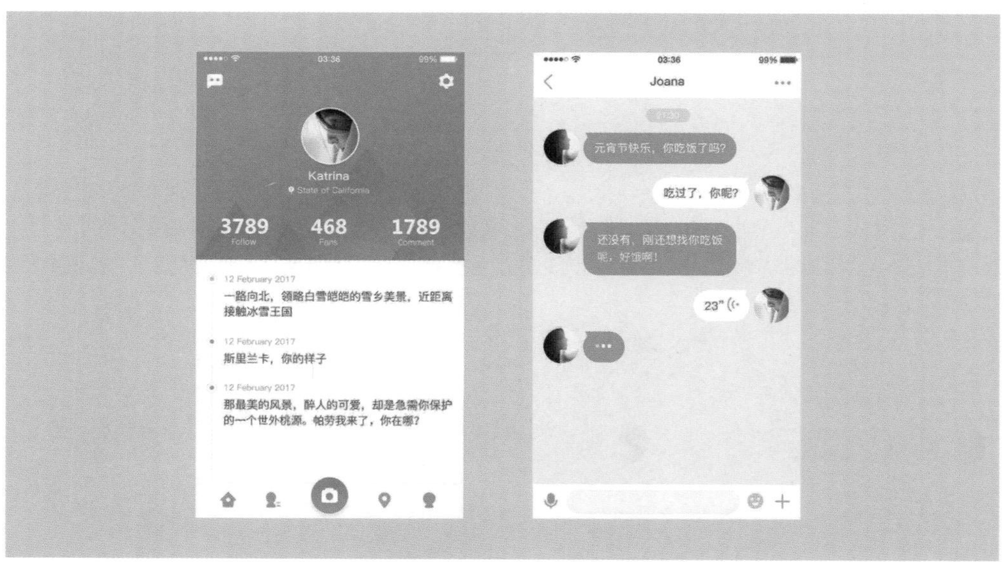

图 5-113 最终效果

第6章 设计原则与规范

6.1 iOS 的五大设计原则

2007 年 1 月，苹果公司发布了 iOS 手持设备操作系统，这为未来的移动设备的发展做出了非常重要的贡献。2013 年秋，苹果公司推出了“扁平化”设计，这是自 2007 年 iPhone 问世以来，iOS 进行的最大的一次改版。回顾 iOS 的发展，就会发现它最不缺的就是创新。

苹果公司的目标是“做极致的设计，让产品的易用性达到最好”。当然，这也是设计的原则。iOS 的设计在视觉上注重 3 点：主次分明、去粗取精、醒目易懂。这样的 UI 设计才称得上是有情怀的设计，而“极致”体现在给用户带来的惊喜上。下面看看 iOS 的几个极致的细节设计。

第 1 个：iOS 键盘上每个字母的触控区域的大小是不一样的，它会随着用户输入的频率发生改变，如图 6-1 所示。

第 2 个：为了让文本的使用更加方便，关键信息会自动变为链接，如网址、地址、电话和时间等信息，如图 6-2 所示。

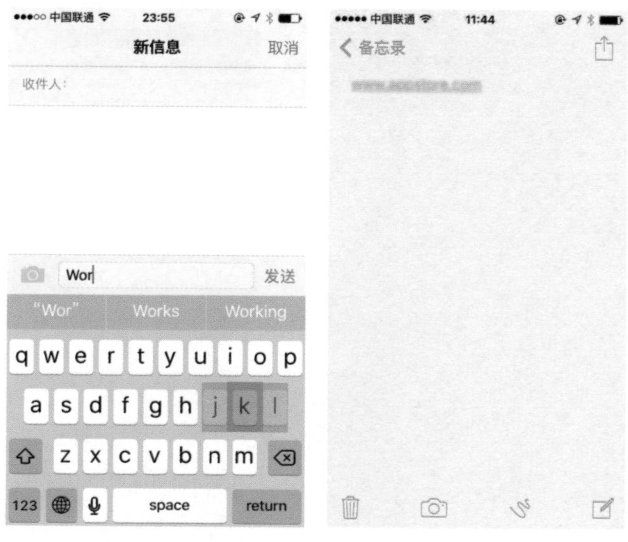

图 6-1 iOS 的键盘　　图 6-2 iOS 的文本

第 3 个：早期的 iOS 6.0 仍采用“拟物化”设计风格，音量滑块的设计高度还原了金属的真实效果，当用户倾斜手机时，音量滑块的反光效果会更明显，如图 6-3 所示。

第 4 个：为了使用户在不同场景中都能方便地操作，iOS 会将信息以多种方式进行展示。例如，在短信中考虑到信息文本过长，用户可能无法第一时间看到信息时间，因此 iOS 中设计了左滑信息文本可以查看对应时间的功能，从而方便用户了解信息时间，如图 6-4 所示。

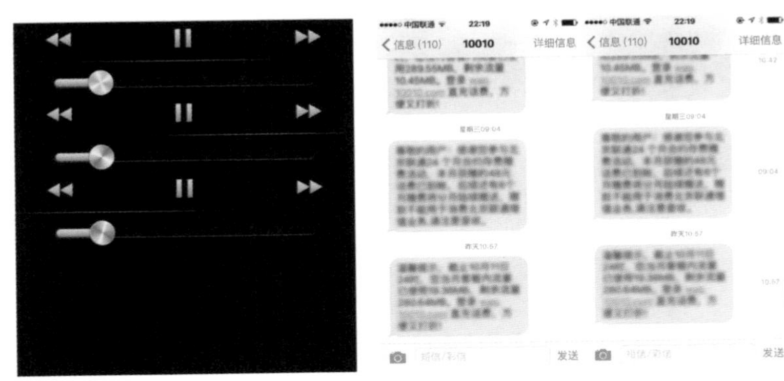

图 6-3 iOS 6.0 的音量滑块

图 6-4 iOS 的短信

下面详细介绍 iOS 的五大设计原则，希望大家能从这些设计原则中找到属于自己的设计方法。

6.1.1 突显内容原则

突显内容原则就是去除多余的元素。在 iOS 的 UI 设计中，经常会利用整个屏幕背景进行设计，这样可以提高信息的聚合度，如图 6-5 所示。

使用半透明效果能加强场景的代入感，让用户知道界面是从哪里打开的，还可以很好地体现出上下层的关联性，如图 6-6 所示。

图 6-5 利用整屏背景进行设计

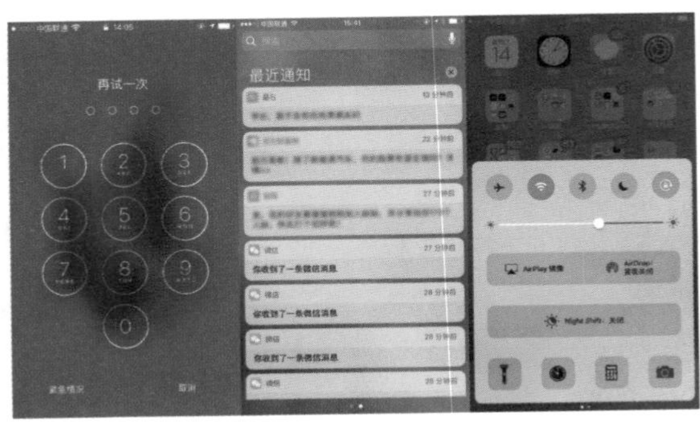

图 6-6 用半透明效果加强场景的代入感

为了满足不同用户阅读信息时的需求，iOS 支持对文本的字号进行设定，从而保证文本的可读性，如图 6-7 所示。

在 iOS 7.0 之后，导航栏中的按钮实现了无框化，只用颜色进行区分，高亮的颜色可以体现文字的可点击性，如图 6-8 所示。

图 6-7 设定文本的字号

图 6-8 无框的按钮

当一个页面中存在很多个按钮时，为了减轻页面的信息压力，页面中的按钮多为具有描边样式的“幽灵按钮”，如图 6-9 所示。

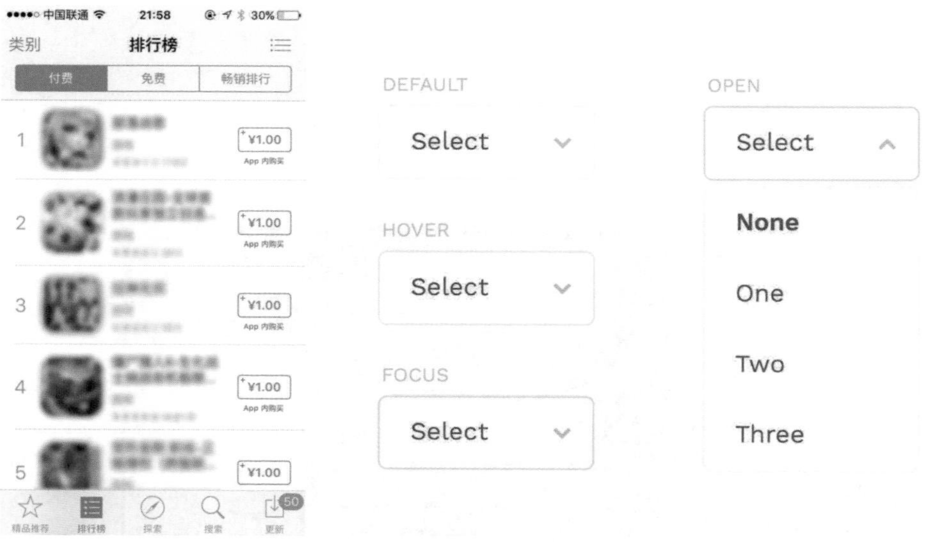

图 6-9 用描边按钮减轻页面的信息压力

6.1.2 统一化原则

统一化原则主要体现在视觉统一和交互统一两个方面。在视觉统一方面，要讲究字体、颜色和元素的统一，标题字号的统一，主色和辅助色的统一等，且它们能够体现出 App 的一致性，相关知识将在后面的内容中进行详细介绍；交互统一是指操作形式的一致性，在一个 App 中，保持交互形式的一致性可以大大减少用户的操作时间。

下面来对比一下锤子手机和苹果手机的时钟设置方式。在锤子手机中，闹钟、秒表和计时器是在不同的位置进行设定的，交互的形式有点击和下拉两种，其视觉表现形式也不相同，对第一次使用的用户来说，它操作起来会比较困难，如图 6-10 所示；而苹果手机更讲究操作的统一性，操作方式全是点击，秒表和计时器都使用点击的方式启动，这样的设计能让用户在最短的时间内找到正确的操作方式，如图 6-11 所示。由此看来，在用户体验方面，交互统一比视觉统一更重要。

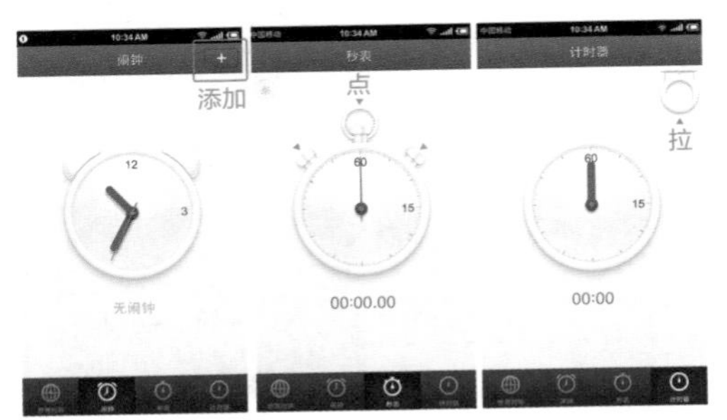

图 6-10 锤子手机闹钟、秒表和计时器的设置

图 6-11 苹果手机闹钟、秒表和计时器的设置

在交互中要遵循“从哪里来回哪里去”的原则，即保持路径的统一性。可以看到在 iOS 中，点击 App 主图标后会基于 App 的 icon 放大展示出 App 的主界面，如图 6-12 所示。当需要返回手机主界面时 App 的 icon 会先缩小再显示出完整的主界面。这样的交互方式能更好地体现出页面与 App 之间的关系。

图 6-12 基于产品的 icon 放大展示主界面

6.1.3 适应化原则

适应化原则包括场景适应和屏幕适应两种。前者指的是使用场景的适应，后者指的是屏幕的适配。苹果手机自带的天气 App，不仅可以通过天气的变化进行自适应匹配，还可以根据时间来区分白天和黑夜，让用户在不同的环境和时间下都能感受到 App 的智能，如图 6-13 所示。很多的阅读类 App 也有日夜切换功能，从而保证用户在夜晚关灯后还能舒服地进行阅读，如图 6-14 所示。

图 6-13 苹果手机自带的天气 App

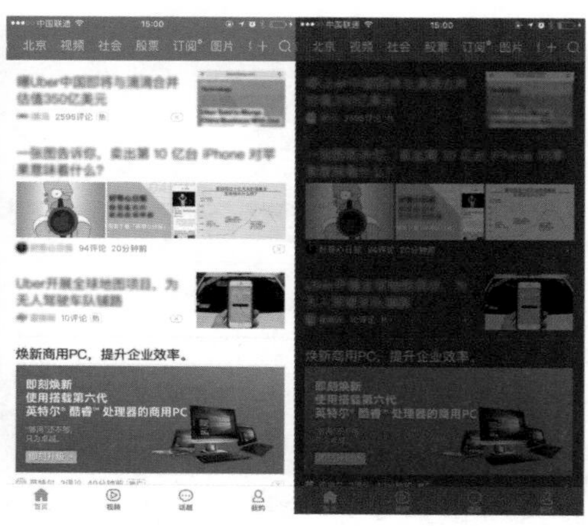

图 6-14 App 的日夜切换功能

有时候可以通过硬件和软件的结合来对场景进行适应。TCL 360 空气净化器的界面通过不同的颜色来表现空气指数，这样可以用直观的方式表现空气的质量，如图 6-15 所示。

与适应化原则中的场景适应相比，屏幕适应更重要。iPad 的界面设计就考虑了横屏和竖屏的效果，设置界面左侧菜单的宽度是保持不变的，而右侧的列表信息会发生适应性变化，这是常见的适配方式，可以有效保证界面在视觉上的统一性，如图 6-16 所示。

图 6-15 TCL 360 空气净化器的界面

图 6-16 屏幕适应

在横屏和竖屏的适配中，经常会出现视觉不平衡的情况，因此可以单独对控件进行适配调整。例如，计时器的时间选择框，为了让竖屏模式下的界面看起来更饱满，对其单独进行了放大设计，让界面看起来更舒服，如图 6-17 所示。

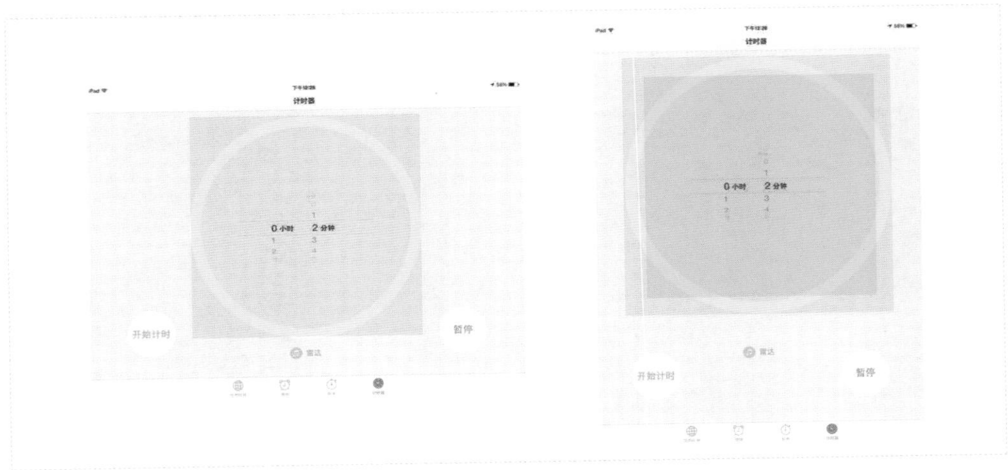

图 6-17 调整计时器的时间选择框

苹果手机有 iPhone 4、iPhone 5、iPhone 6 和 iPhone 6 Plus 等不同的型号，其中 iPhone 4 和 iPhone 5 的屏幕比例不一样。有时候为了让用户在不同的机型上都能看到 App 想要展示的信息，就需要考虑 App 在不同比例的屏幕上的适应效果。例如，在图 6-18 中，直接嵌套后可以看到 iPhone 4 中的界面展示不完整，而单独对 iPhone 4 中的按钮进行缩放处理，让整体功能（底部的两个按钮）在同一个页面中展示完整后，可以大大节省展示空间，如图 6-19 所示。

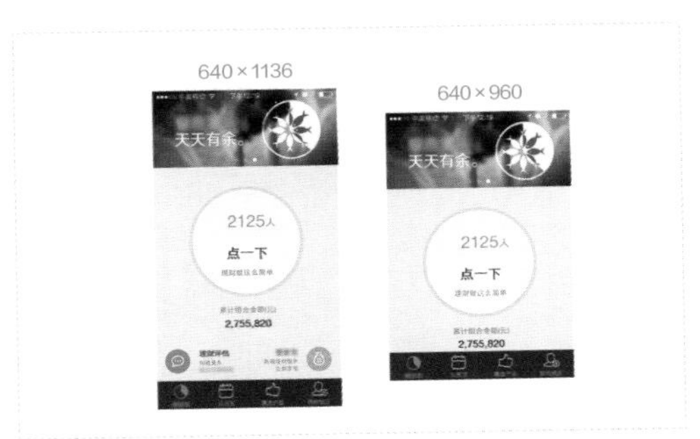

图 6-18 直接嵌套后界面展示不完整

图 6-19 单独对按钮进行缩放后界面展示完整

在进行 UI 设计时，如何只做一套设计图就实现多屏幕的适配呢？下面以 iOS 的界面尺寸为例进行讲解。

苹果手机的分辨率主要分为 3 种，即 640 像素 ×1136 像素、750 像素 ×1334 像素和 1242 像素 ×2208 像素，其中切图的后缀分别为 @2x、@2x 和 @3x，如图 6-20 所示。

在 Photoshop CC 2017 中新建文档时，可以从【画板大小】选项中找到不同 iPhone 机型的分辨率，如图 6-21 所示。一般会使用画板来制作 App 界面，因为在一个画布中可以建立多个画板，这样可以同时处理多个页面，从而保证页面的统一性，同时也方便进行制作，如图 6-22 所示。

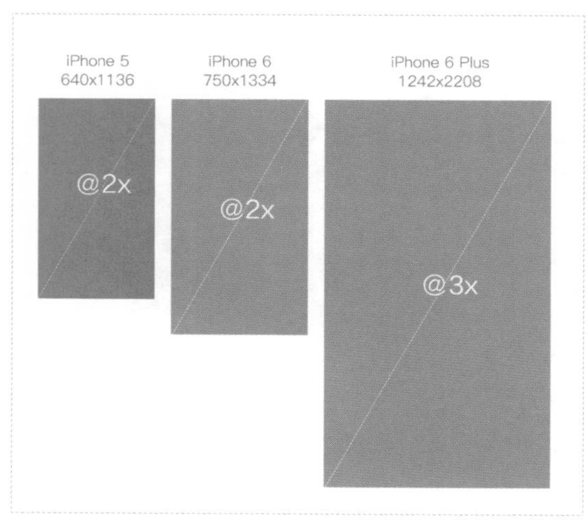

图 6-20 不同苹果手机的分辨率

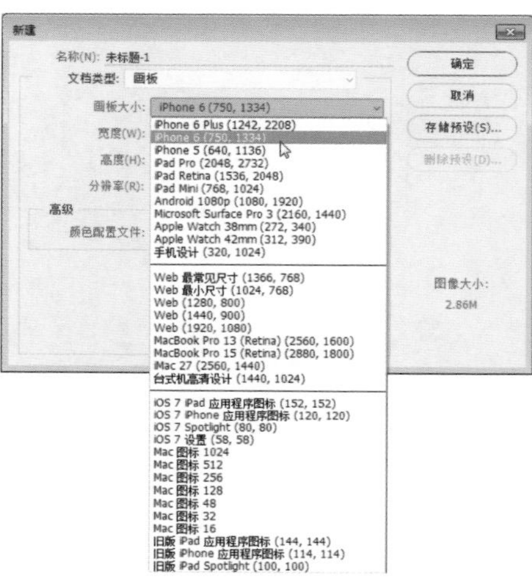

图 6-21 设置 iPhone 分辨率

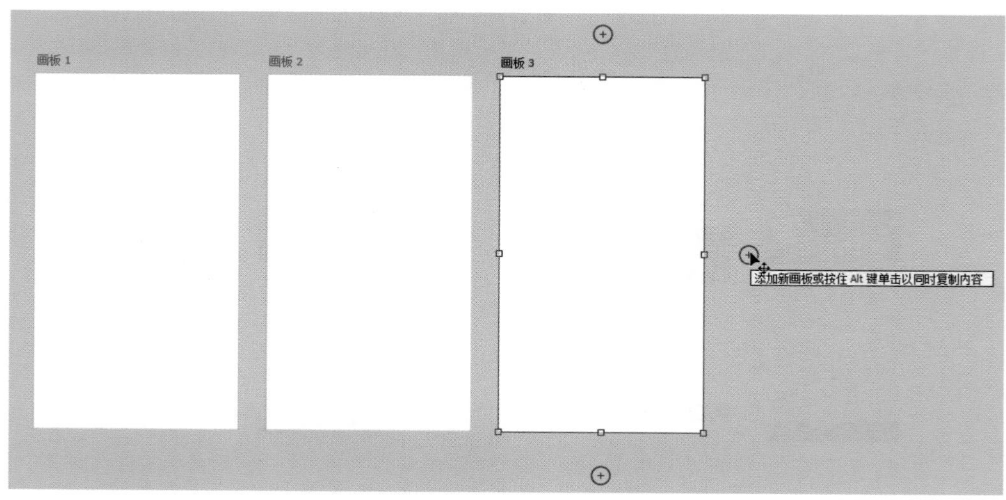

图 6-22 在一个画布中建立多个画板

因为本例效果图的尺寸是 iPhone 6 的尺寸（750 像素 ×1334 像素），所以在设计的过程中要理解界面元素的适配原则。由于 iPhone 5 和 iPhone 6 的屏幕精度是一样的，所以从 iPhone 5 到 iPhone 6 可以进行拉伸适配，但是不同元素的拉伸方式是不同的。iPhone 5 和 iPhone 6 共用一套切图，图 6-23 所示是同一款 App 在不同尺寸的屏幕中的效果。

在将 App 从 iPhone 5 适配到 iPhone 6 时，头像和文字的大小可以保持不变，导航栏可以通过左右拉伸的方式进行适配，如图 6-24 所示；对于文字的适配，可以根据屏幕的宽度将其折行显示，如图 6-25 所示；对于按钮的适配，可以保持按钮的高度不变并进行左右拉伸适配，如图 6-26 所示；对于图片的适配，可以对图片进行等比缩放，如图 6-27 所示。

图 6-23 同一款 App 在不同尺寸的屏幕中的效果

iPhone 5

iPhone 6

图 6-24 导航栏的适配

图 6-25 文字的适配

图 6-26 按钮的适配

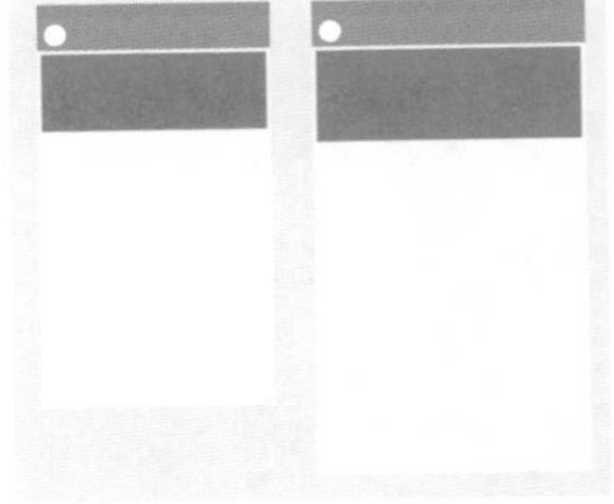

图 6-27 图片的适配

将 App 从 iPhone 6 适配到 iPhone 6 Plus 就更好办了，因为 iPhone 6 Plus 的尺寸是 iPhone 6 的 1.5 倍，所以只需要出一套 @3x 的切图（iPhone 6 切图的 1.5 倍）就可以了。

6.1.4 层级性原则

很多设计师在设计的过程中经常会将页面设计得很丰富，并将每个图标、形状都制作得很精致，但是做完以后发现整个页面杂乱无章，没有焦点，这是因为没有把握好设计的层级。

那什么是设计的层级呢？让用户将视线集中在主要的任务上，有层级的设计能引导用户进行阅读，从而提高阅读效率。用户在阅读信息时通常是按照先竖向再横向，从左到右，从上到下的顺序进行阅读的，所以设计师可以把信息按照这样的顺序进行分级排列，将筛选类型放在上面，然后才是详细的筛选分类，如图 6-28 所示。

在设计时，经常会将主图标放在左边，将描述性文字和按钮放在右边，如图 6-29 所示。

图 6-28 阅读的主次顺序

图 6-29 主图标的设计位置

设计师还可以通过不同色块或者元素的大小来区分按钮的重要性，如图 6-30 所示。

用冷色和暖色也可以区分内容的主次。页面中经常用冷色作为背景，而可点击的按钮则用暖色进行突出显示，如图 6-31 所示。

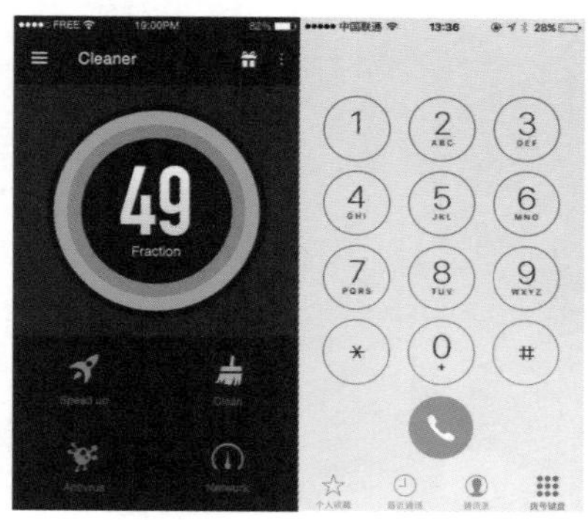

图 6-30 用色块或元素区分按钮

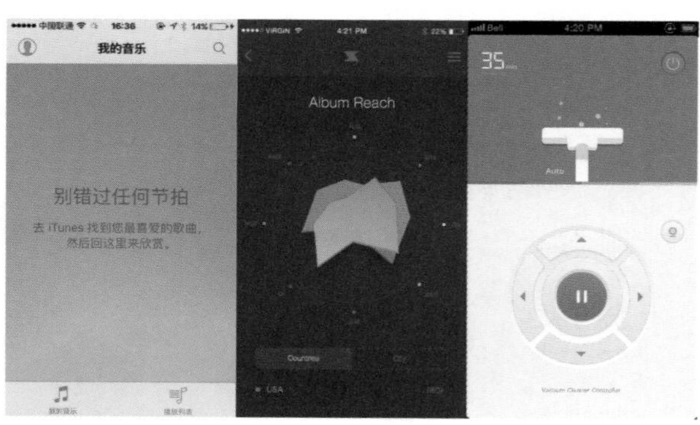

图 6-31 用冷色和暖色区分内容的主次

在 UI 设计中，视觉中心处的图形通常比前景中的图形更靠前，所以在闪屏页的设计中经常把品牌 Logo 或者主图形放在视觉中心的位置，如图 6-32 所示。

图 6-32 主图形应放在闪屏页的视觉中心

6.1.5 易操作性原则

按钮与按钮要保持足够的间距，这样用户操作起来更容易，同时也可以避免误操作。在一般情况下，界面中一排不要超过 5 个按钮，如图 6-33 所示。

图 6-33 按钮之间要留有足够的距离

在浏览页面时，我们经常会遇到一些无信息的页面，如 404 页面、错误页面和空白页面等，这些页面一般会以图文搭配的形式对用户进行提醒，如图 6-34 所示。请注意，在这样的页面中一定要引导用户进行反馈操作，并指引用户重新找到目标。

图 6-34 无信息的页面

在页面中要时刻注明当前的状态、位置，也就是说要用导航栏让用户知道现在正位于什么样的页面或处于什么样的状态，如图 6-35 所示。

图 6-35 注明当前的状态、位置

6.2 iOS 界面尺寸及控件设计规范

对于初学者而言，界面尺寸和控件设计规范是必须要掌握的，这样才能保证制作出来的界面与控件符合设计要求。

6.2.1 界面尺寸

在设计界面前，要先对不同手机的分辨率有所了解，这样才能更好地完成设计。这里介绍苹果手机的 9 种界面尺寸，如图 6-36 所示。在不同分辨率的手机中，控件的规格也不一样。为了保证界面在各类机型中的适配性，通常选择 iPhone 6 的尺寸（750 像素 ×1134 像素）作为设计的界面的输出尺寸。

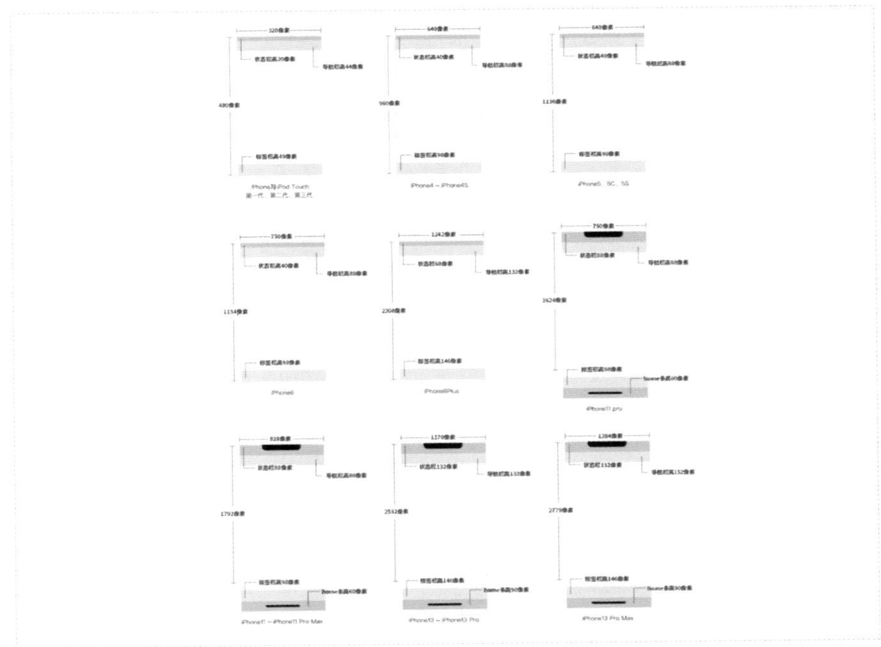

图 6-36 苹果手机的 9 种界面尺寸

iOS 的图标输出尺寸规范如图 6-37 所示。在设计 iOS 图标时，不仅要保证图标在最高分辨率（1024 像素 ×1024 像素）的手机中足够精细，还要保证图标在最低分辨率（29 像素 ×29 像素）的手机中也比较清晰。

图 6-37 iOS 的图标输出尺寸规范

iPad 的界面尺寸分别是 2048 像素 ×1536 像素、2224 像素 ×1668 像素和 2732 像素 ×2048 像素，如图 6-38 所示。通常会以 2048 像素 ×1536 像素这个尺寸为准来设计效果图。在分辨率为 2048 像素 ×1536 像素的 iPad 中，导航栏、状态栏和标签栏的高度与其在 iPhone 6 中的高度一样。

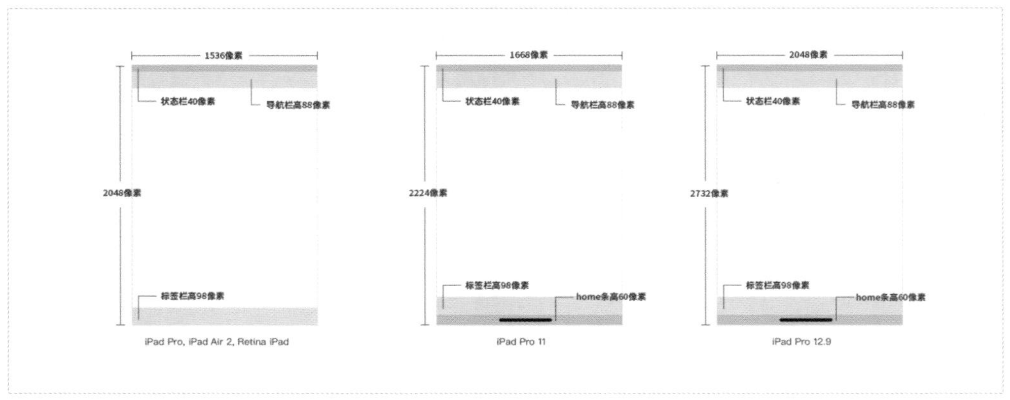

图 6-38 iPad 的界面尺寸

6.2.2 控件设计规范

iOS 界面中包含导航栏、搜索栏、筛选框、标签栏、工具栏、开关和列表栏、提示框、弹出层等控件，以及控件配色和手势交互方式等，这些都有固定的设计规范。

» 导航栏

从 iOS 7 开始，iPhone 的导航栏和状态栏通常会选择统一的颜色。在 iPhone 6 的设计尺寸规范中，导航栏的整体高度为 128 像素，标题字号为 34 像素（字体可以选择性加粗），如果以文字（如“返回”）作为导航栏中按钮的样式，则可以设置其字号为 32 像素。除此之外，还有一种导航栏的标题包含主标题和副标题，主标题的字号为 34 像素、副标题的字号为 24 像素，如图 6-39 所示。

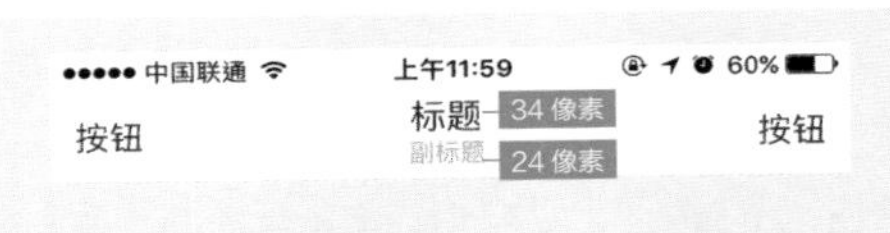

图 6-39 导航栏的设计尺寸规范

» 搜索栏

iPhone 的搜索栏分为普通搜索栏、顶部搜索栏和带按钮的搜索栏 3 种，包含圆角矩形和全圆角矩形两种样式，如图 6-40~ 图 6-42 所示。在通常情况下，普通搜索栏和带按钮的搜索栏需要点击之后才可以进行输入，而顶部搜索栏可以直接进行输入。搜索栏中输入框的背景栏的高度为 88 像素，输入框的高度为 56 像素，输入框内文字的字号为 30 像素，圆角大小为 10 像素。

图 6-40 普通搜索栏

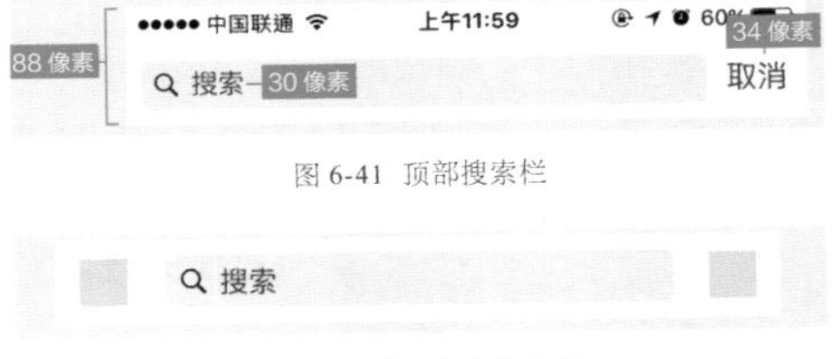

图 6-41 顶部搜索栏

图 6-42 带按钮的搜索栏

» 筛选框

筛选框的背景栏的高度为 88 像素，筛选框的高度为 58 像素，其中文字的字号为 26 像素，如图 6-43 所示。筛选控件在默认情况下具有反白效果，筛选控件被点击后，会填充上颜色。

图 6-43 筛选框的设计尺寸规范

» 标签栏

标签栏一般出现在首页中，用于切换不同页面，切换时标签栏不会消失。标签栏的整体高度为 98 像素，底部按钮文字的字号为 20 像素，图标大小为 48 像素 ×48 像素或 44 像素 ×44 像素，为了保证可点击性，按钮的数量不要超过 5 个，如图 6-44 所示。

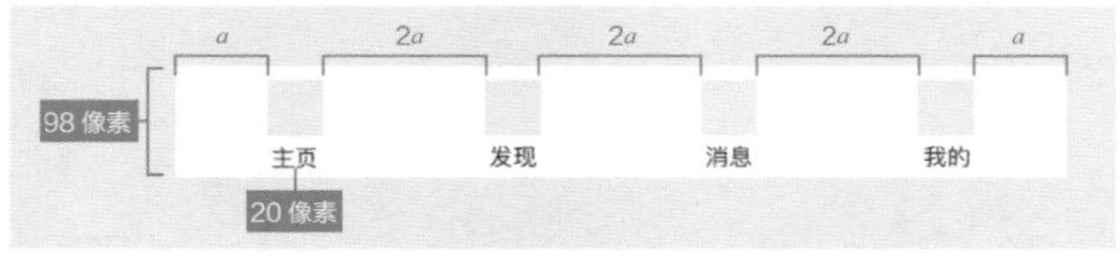

图 6-44 标签栏的设计尺寸规范

» 工具栏

工具栏中的控件主要是用于对页面进行功能性操作的按钮，如编辑、删除等。工具栏可以出现在页面的顶部，也可以出现在页面的底部，其整体高度为 88 像素，功能控件可以是图标，也可以是文字按钮，图标的尺寸为 44 像素 ×44 像素，按钮文字的字号为 32 像素，如图 6-45 所示。

图 6-45 工具栏的设计尺寸规范

» 开关和列表栏

在开关控件中，滑块滑到左边表示关闭，滑到右边表示开启。列表栏的高度为 88 像素，开关控件的高度为 62 像素，列表栏中文字的字号为 34 像素，如图 6-46 所示。

图 6-46 开关的设计尺寸规范

» 提示框

常规提示框的宽度为 540 像素，高度可以随着内容的多少进行变化，主标题的字号为 34 像素，副标题的字号为 26 像素，按钮栏的高度为 88 像素，按钮文字的字号为 34 像素，如图 6-47 所示。由于提示框主要用于提示重要的警告信息，所以不要用得太频繁，否则会导致警告失效，如图 6-48 所示。

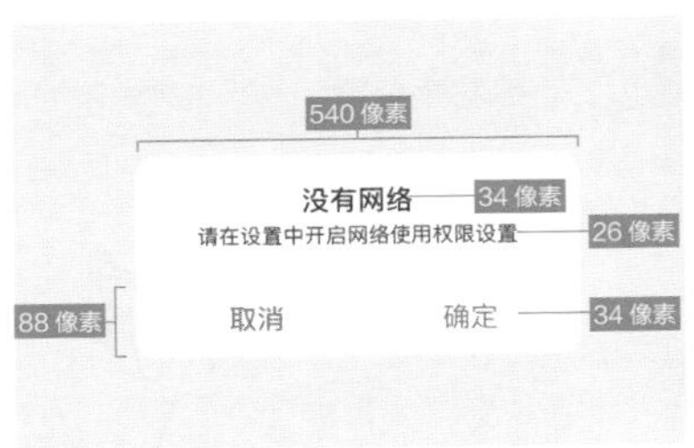

图 6-47 提示框的设计尺寸规范

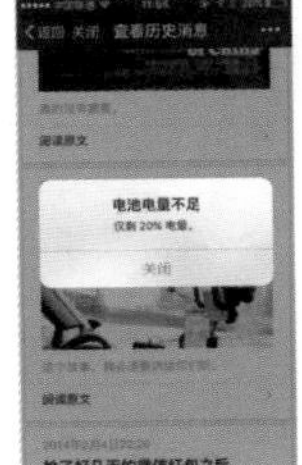

图 6-48 提示框用于提示警告性信息

» 弹出层

弹出层是一种可以展开的菜单选项，以半屏的浮层形式出现在界面中，通常从下往上进行展开，如图 6-49 所示。弹出层中的提示列表的高度为 96 像素，列表中文字的字号为 34 像素，警告性文字可以进行标红处理，如图 6-50 所示。

图 6-49 弹出层

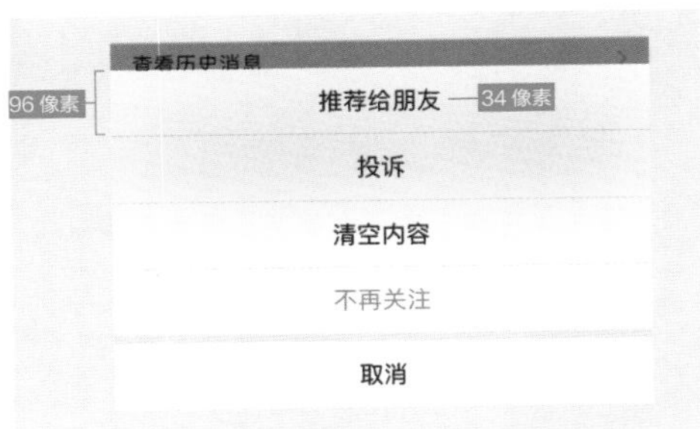

图 6-50 弹出层的设计尺寸规范

» 控件配色

颜色可以在界面中起到传递信息和区分内容层级的作用，图 6-51 所示的 8 种颜色的明暗度基本一致，将这些颜色转换为灰度效果以后，可以发现中间的蓝色是最暗的，如图 6-52 所示。所以蓝色用于界面中可以被用作大多数按钮的颜色，可以点击的文字也能用这种蓝色，剩下的 7 种颜色可以在不同的应用中作为主色使用。

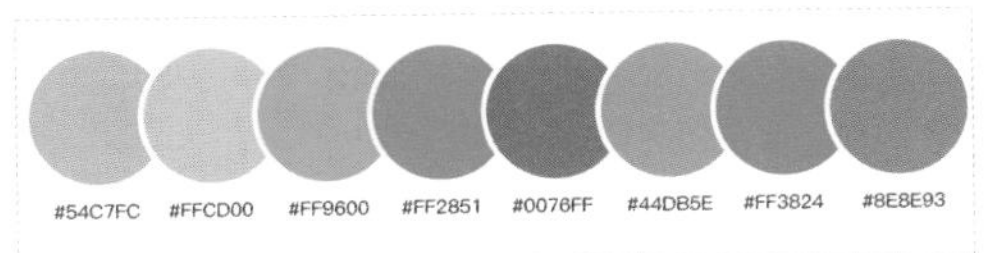

图 6-51 明暗度一致的 8 种颜色

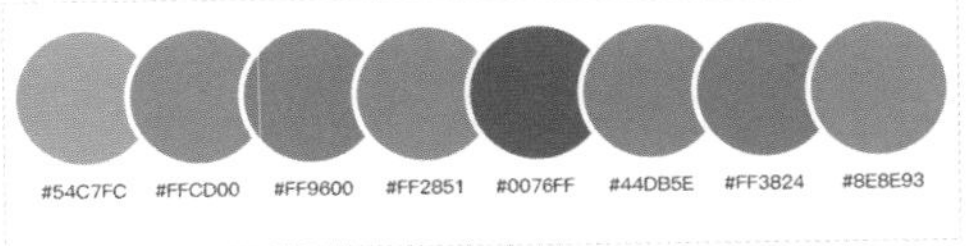

图 6-52 蓝色的暗度最高

» 手势交互方式

移动设备拥有一套独特的手势交互方式。由于这些手势交互方式使用起来很方便，所以智能手机越来越受用户的欢迎。iPhone 主要有 12 种手势交互方式，如图 6-53 所示。

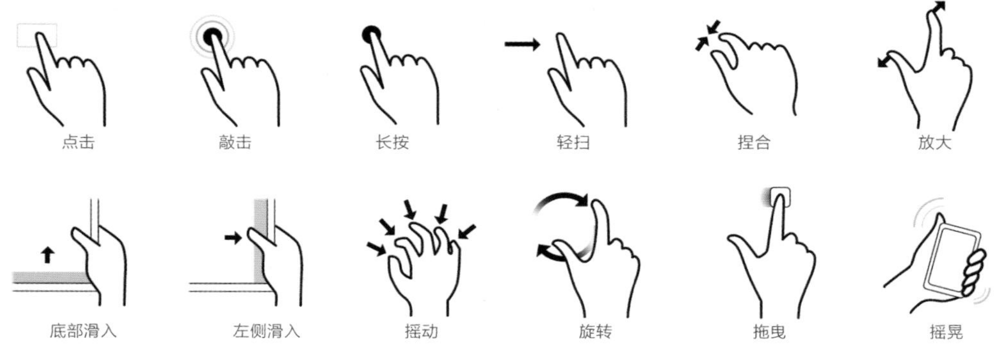

图 6-53 手势交互方式

点击：点选控件或元素。

敲击：通过多次点击在指纹识别器中录入指纹。

长按：对文字进行放大显示或定位光标。

轻扫：左右切换页面。

捏合：收拢双指，对页面进行缩放。

放大：放大查看页面。

底部滑入：唤出系统功能按钮。

左侧滑入：调出侧边栏。

摇动：可以撤销信息的输入。

旋转：对页面进行旋转操作。

拖曳：对控件进行移动。

摇晃：通过晃动启动相关功能，如微信中的“摇一摇”功能。

iOS 的人机交互方式越来越人性化，这不仅大大提高了用户的操作效率，还满足了用户在不同场景下的使用需求。iOS 的互动操作方式有点击、双击、滑动和摇晃等，其中最常用、最便捷的交互方式就是点击，通过点击可以选择一个控件或者元素，这是单手操作中最稳定的操作方式。

除了点击操作外，还可以通过声音进行人机交互。例如，苹果手机的智能语音助手 Siri 和游戏 TOM 猫等都是通过声音进行交互的，如图 6-54 所示。

除了声音交互操作外，还可以通过晃动操作来撤销输入的内容，或者通过“摇一摇”搜索附近的人，如图 6-55 所示。

图 6-54 声音交互操作

图 6-55 晃动与“摇一摇”操作

另外，iOS 还有“扫一扫”功能，通过扫描不仅可以识别二维码，还可以识别或翻译文字，如图 6-56 所示。

图 6-56 “扫一扫”操作

6.3 Android 设计原则及规范

现在 Android 手机的界面样式千差万别，因为各大手机厂商都有自己的一套主题系统，不同品牌的 Android 手机，其主题和交互方式也有很大的区别。本节就对 Android 的 Material Design（Google 公司推出的设计语言，翻译为“质感设计”）进行分解，介绍其中的一些设计规范。Material Design 的设计规范细致入微，有很多设计非常巧妙。要注意一点，虽然我们必须掌握这些设计规范，但是不应该拘泥于设计规范，而要去打破它（实际上，Google 公司的官方应用也没有全部遵循这些设计规范，所以不要被一些条条框框限制住）。

6.3.1 Android的设计原则

Material Design 的核心理念是“还原最真实的用户体验，保留最原始的形态、空间和过渡变化”。Material Design 最重视的就是跨平台的适配性，它通过规范化保证了用户体验的高度一致，这是它最独特的地方。Material Design 的作用是统一与规范，在平台自适配的同时降低开发和学习成本。在图 6-57 中，卡片和导航栏根据不同设备型号进行了有效的适配，Material Design 遵循这一理念，不仅统一了各平台的视觉效果，而且有效地降低了开发成本。

图 6-57 Material Design 的适配效果

» 核心信息载体（魔法纸片）

Material Design 中的“魔法纸片”是最重要的信息载体元素，这种纸片可以层叠、合并或分离，拥有现实中的厚度、惯性和反馈特性，同时拥有液体的一些特性，能够自由伸展或变形，从而改变形状。在处理纸片时，如缩小纸片，纸片中的内容大小保持不变，多张纸片可以拼接成一张，而且纸片可以在任何位置凭空出现，如图 6-58 所示。

图 6-58 魔法纸片

» 层级空间

Material Design 中引入了 Z 轴，元素离底部越远，其投影越重，其中每个元素的基本厚度都为 1dp，如图 6-59 所示。

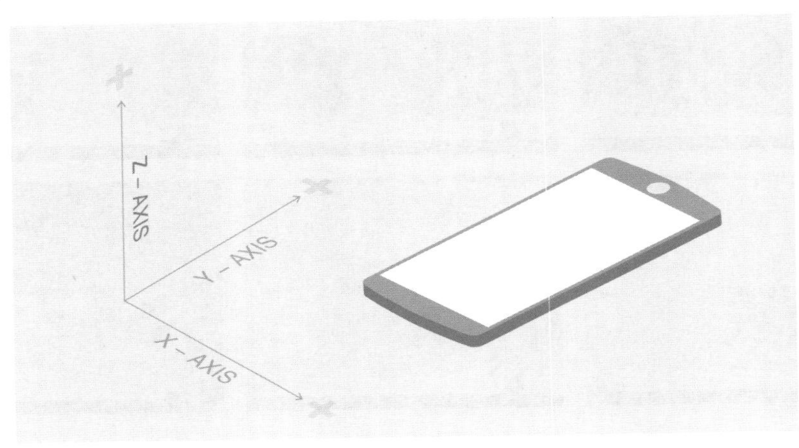

图 6-59 层级空间

» 动画

Material Design 可以还原真实世界中的动画运动轨迹，如加速和减速、急速开始、急速停止等，如图 6-60 所示。强调动画不只是为了装饰界面，更是为了表达界面、元素之间的关系。

Material Design 的动画效果中经常会出现水波效果，该效果可以很好地体现操作的位置与控件之间的关系，如图 6-61 所示。

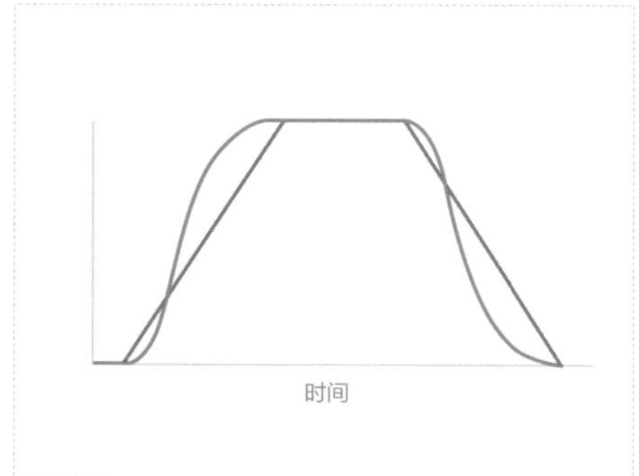

图 6-60 还原真实世界中的动画运动轨迹

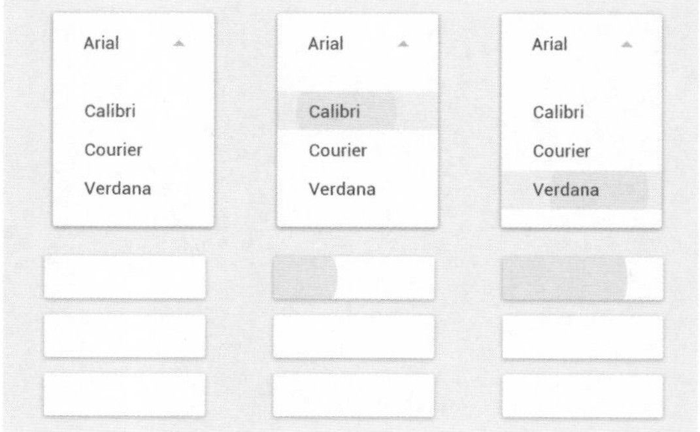

图 6-61 水波效果

Material Design 的转场动画可以强调页面之间的关系和层级。点击图片或按钮后会用由圆心开始放大的动画进行过渡，有效地体现了页面之间的切换关系，如图 6-62 所示。在 Material Design 中，可以运用“父子关系”的过渡方式很好地还原页面之间的层级关系，如图 6-63 所示。

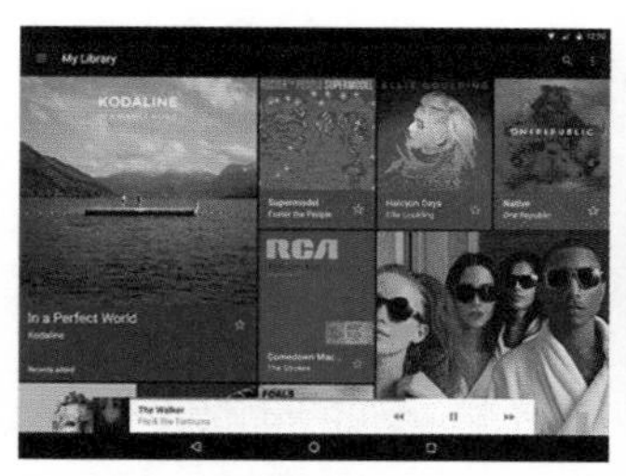

图 6-62 转场动画

父子关系的过渡

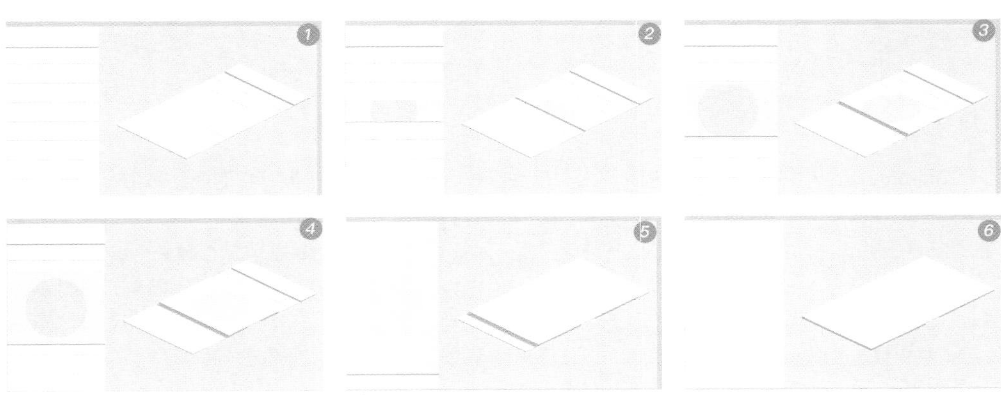

图 6-63 父子关系的过渡

在 Material Design 中，可以巧妙地运用有序的动画来引导用户的阅读视线，这样不仅可以让界面变得生动活泼，还可以加强用户对界面层级的理解，如图 6-64 所示。

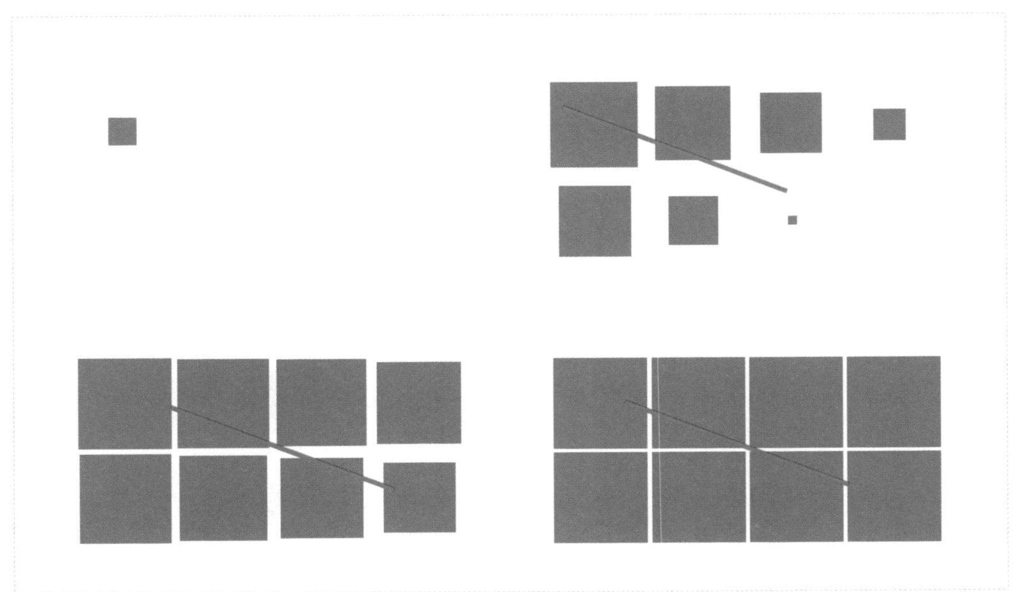

图 6-64 用动画引导用户的阅读视线

6.3.2 Android的控件设计规范

Android 界面中的控件主要包括按钮、卡片、对话框、列表、分割线、菜单、加载、输入框和选择框等。

» 按钮

Android 中的按钮控件分为悬浮型按钮、色块型按钮和图形化按钮等，它们的层级依次递减。悬浮型按钮的配色在界面中比较突出，按钮中的图案比较简明，主要作用是加强用户对按钮的操作，有时为了避免遮挡，按钮会在界面被下拉时自动隐藏，如图 6-65 所示；色块型按钮看起来可点击性很强，使用户产生一种想触碰它的感觉，所以通常放在界面中最重要的位置，以便用户进行操作，如图 6-66 所示；图形化按钮看起来比较“轻”，用在界面中时，在视觉上会给人一种整体化的感受，经常用在按钮比较多或重复按钮比较多的界面中，会让界面更平衡，如图 6-67 所示。

图 6-65 悬浮型按钮

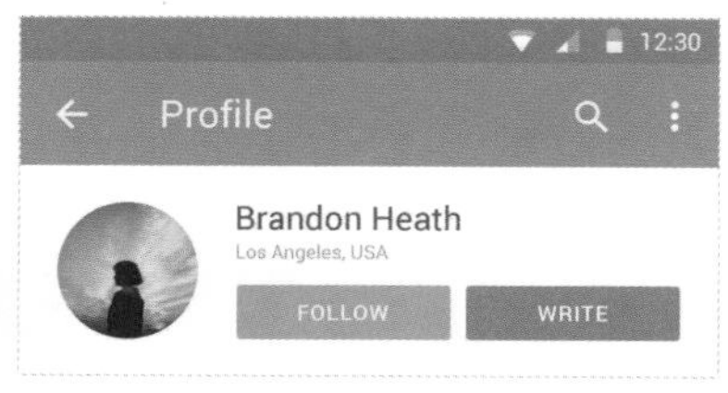

图 6-66 色块型按钮

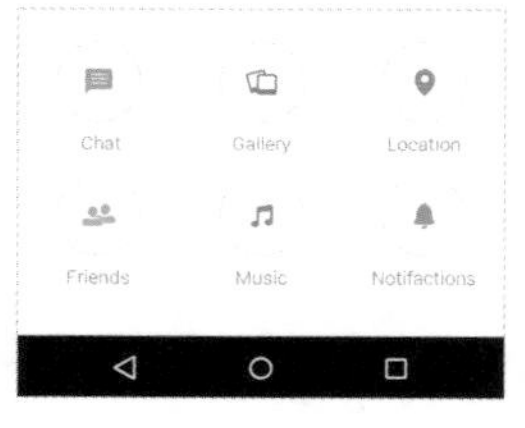

图 6-67 图形化按钮

» 卡片

Android 中的卡片统一设计了 2dp 的圆角，如图 6-68 所示。当界面中需要展现多种内容或内容模块中包含了丰富的操作时，如点赞、滑动和评论等，一般会用到卡片，如图 6-69 所示。

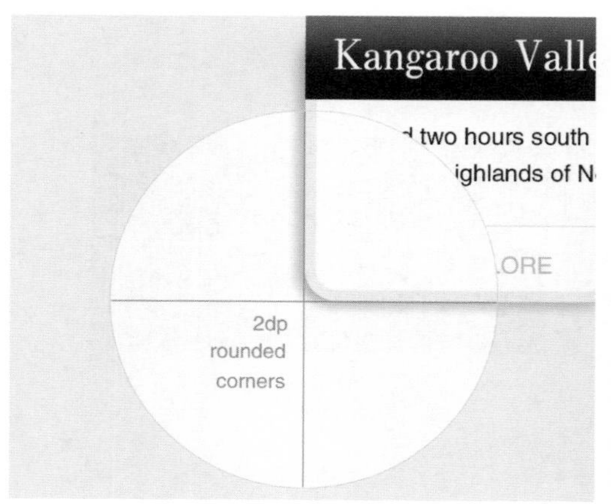

图 6-68 卡片的设计规范

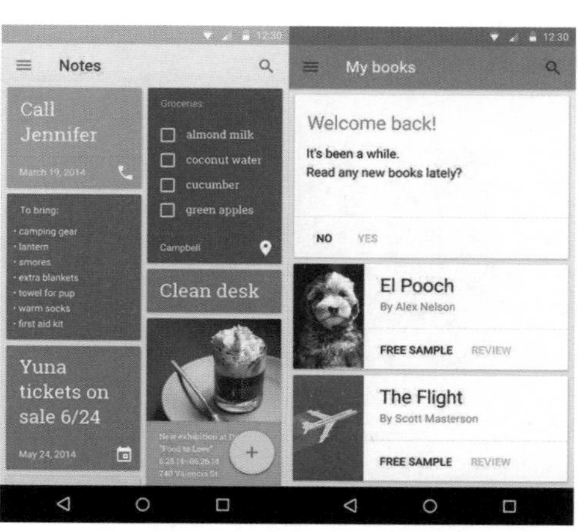

图 6-69 卡片的用途

» 对话框

Android 对话框中的内容由标题、正文和操作按钮组成，对话框四周的留白通常为 24dp，如图 6-70 所示。Android 对话框分为有操作项对话框、无操作项对话框和全屏对话框。

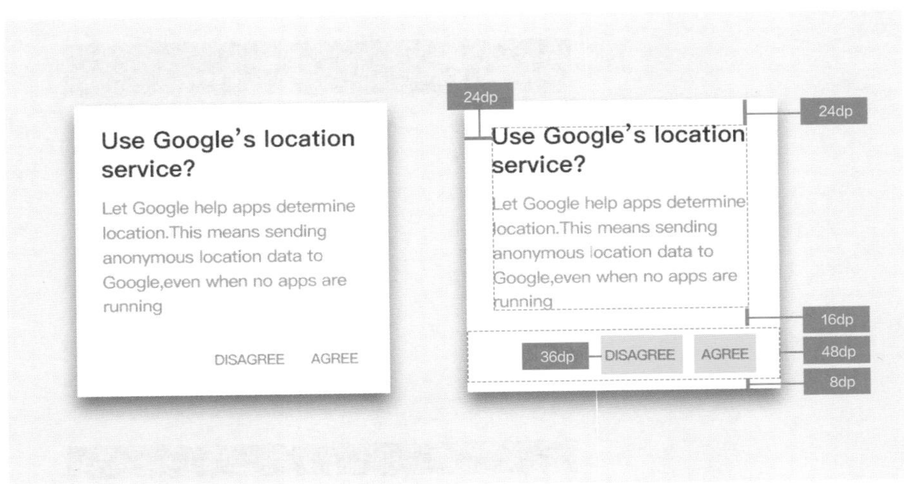

图 6-70 对话框的设计规范

有操作项对话框如图 6-71 所示，在设计时需要注意以下 4 点。

① 点击对话框中的任何区域，都不会关闭对话框。

② 取消操作在对话框的左边。

③ 操作项的文案要具体，不能只写“是”和“否”。

④ 用户完成选择操作后，需要确认操作才会提交。

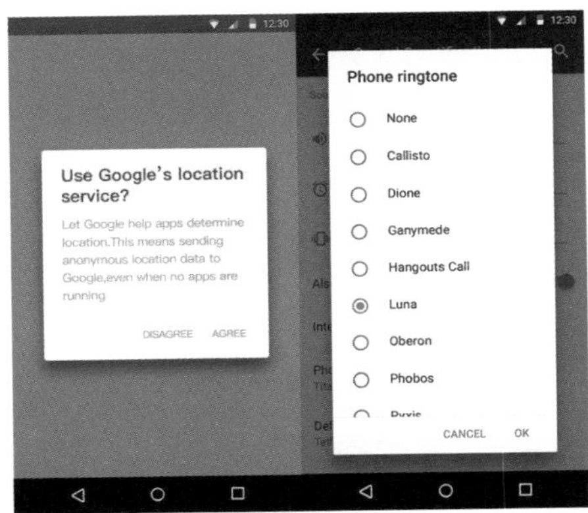

图 6-71 有操作项对话框

无操作项对话框如图 6-72 所示，在设计时需要注意以下两点。

① 点击对话框中的列表项会直接执行相应操作，并关闭对话框。

② 点击对话框外的区域将关闭对话框。

全屏对话框右上角的操作项一般是保存、发送、添加、分享、更新和创建等，这些操作项可以是可点击状态，也可以是不可点击状态，而左上角一般是取消或返回操作项，如图 6-73 所示。

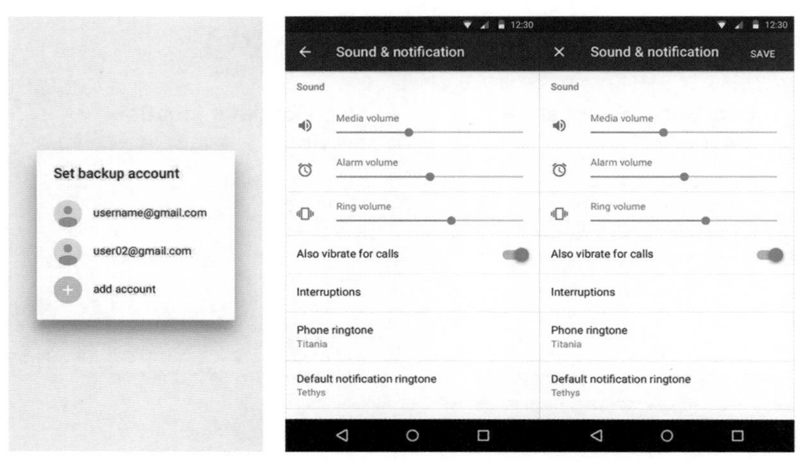

图 6-72 无操作项对话框　　图 6-73 全屏对话框

» 列表

Android列表的主操作在左侧，辅助操作(如勾选复选框、开关和展开相关功能等)在右侧，如图6-74所示。另外，同一列表的操作手势是一致的，如图 6-75 所示。

图 6-74 Android 列表　　图 6-75 同一列表的操作手势应保持一致

» 分割线

Android 的分割线如图 6-76 所示，在设计时需要注意以下 4 点。

① 列表左边如果有头像或图标元素，那么列表与列表的分割线需要与文字对齐，右边留白。

② 列表左边没有元素时，可以将分割线延伸到边界，使用左右无缝隙的分割线。

③ 分割线的颜色不要太深，粗细不要超出一个单位（1dp 或 1 像素），否则容易导致割裂感太强。

④ 在使用通栏分割线进行分割时，对应内容的层级要高于分割线左边有留白的内容。

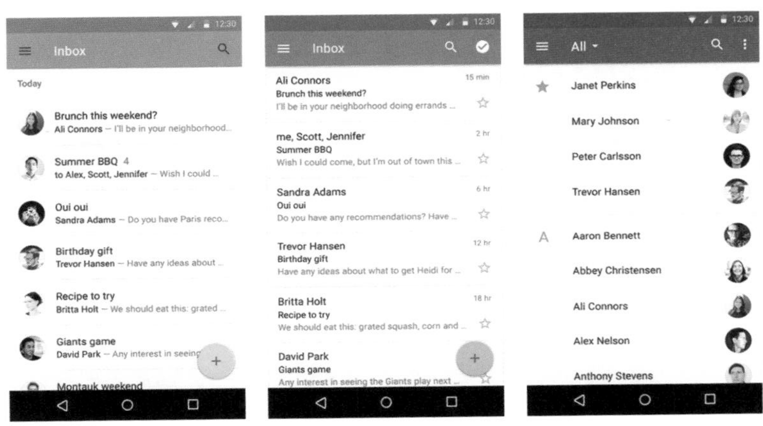

图 6-76 Android 的分割线

» 菜单

点击 Android 的菜单控件后，菜单控件会在当前页面中展开，当前选中的菜单项的背景颜色会变为灰色，如图 6-77 所示。如果可以选择的菜单项比较多，则菜单项会以滚动条的方式进行显示，用户可以通过上下滑动找到合适的菜单项，如图 6-78 所示。

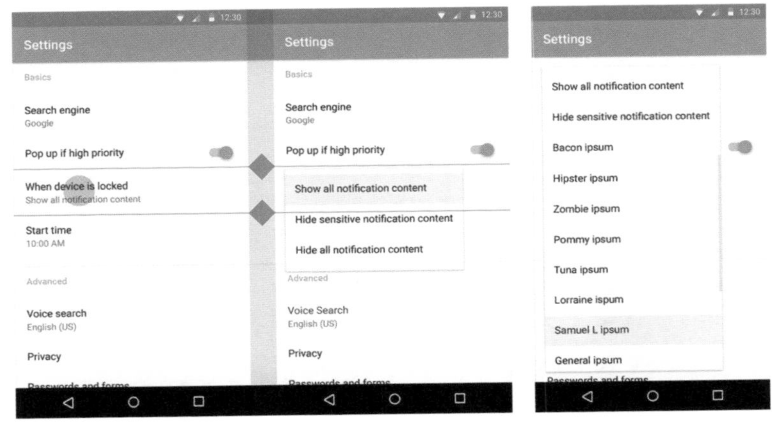

图 6-77 Android 的菜单

图 6-78 以滚动条的方式显示菜单项

» 加载

Android 的加载控件有进度条加载控件和环形加载控件两种。其中进度条加载控件分为已知加载进度条、未知加载进度条、缓冲加载进度条和未知加载查找进度条 4 种，这些加载进度条只出现在卡片的边缘，如图 6-79 所示。

已知加载进度条： 从左往右进行加载，已加载的进度条会填充上颜色，直到加载完为止，如图 6-80 所示。

未知加载进度条： 有色线条从左往右循环位移，直到加载完毕进度条消失为止，如图 6-81 所示。

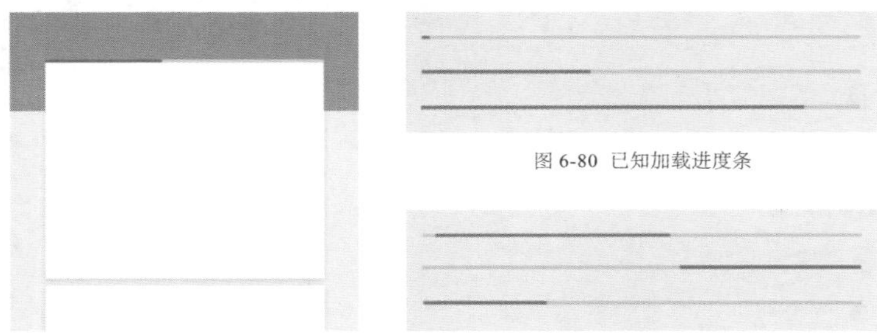

图 6-80 已知加载进度条

图 6-79 加载进度条只出现在卡片边缘

图 6-81 未知加载进度条

缓冲加载进度条： 进度条先从左往右进行预加载，同时进度条会显示为蓝灰色的点状效果，当完整地读取数据后进度条才会进行颜色填充，如图 6-82 所示。

未知加载查找进度条： 这种进度条出现的频率比较低，它有两个加载动画，先是有色线条从右往左循环位移，表示查找数据，查找到数据后再进行颜色加载，同时颜色会从左往右进行填充，如图 6-83 所示。

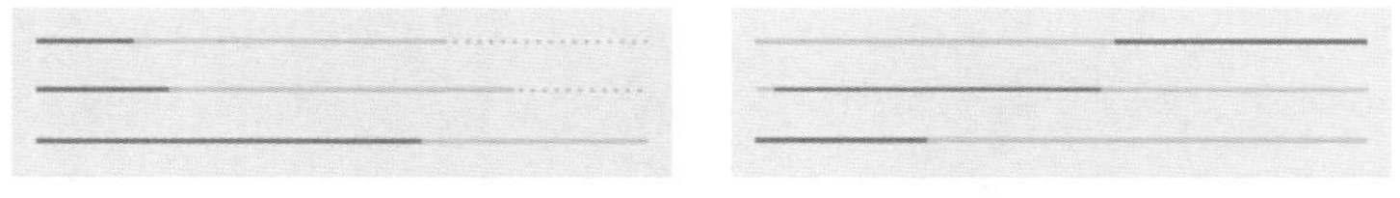

图 6-82 缓冲加载进度条

图 6-83 未知加载查找进度条

环形加载控件不仅可以在页面信息的加载中使用，还可以在悬浮按钮中使用，如图 6-84 所示。环形加载控件分为已知环形加载控件和未知环形加载控件两种，其中已知环形加载控件的效果和已知加载进度条的效果一样，都会进行颜色填充，而未知环形加载控件的圆弧不会闭合，如图 6-85 所示。

图 6-84 加载进度条出现在悬浮按钮上

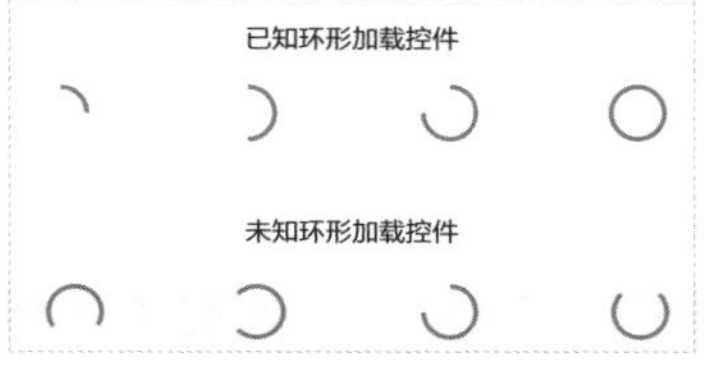

图 6-85 环形加载控件

» 输入框

Android 的输入框通常用横线来设计，粗细为 2dp，如图 6-86 所示。激活后的输入框的横线会高亮显示，没有激活的输入框的横线会显示为灰色。另外，不可点击的输入框的文字及横线都会显示为灰色。

图 6-86 Android 的输入框

» 选择框

在填写信息时会用到选择框控件，如单选控件、多选控件和开关等，如图 6-87 所示。从视觉效果上来看，有颜色的控件表示被选中或打开，灰色的控件表示未被选中或关闭。

图 6-87 Android 的选择框

6.3.3 Android的设计尺寸及单位

在设计界面时，经常会借助栅格系统进行辅助设计，栅格的最小单位为 8dp，如图 6-88 所示。在 Android 系统中，界面大小一般为 1080 像素 ×1920 像素，其中状态栏的高度为 72 像素，导航栏的高度为 168 像素，在导航栏中使用的图标的大小为 64 像素 ×64 像素，而底部栏的高度则为 144 像素，如图 6-89 所示。

图 6-88 栅格系统

图 6-89 常用的界面设计尺寸

在信息流的设计中，左右的间距会保持一致，通常设定为32像素，从而保证有足够的留白，如图6-90所示。信息流中的文本、图片和头像都会依据间距进行左右对齐，以保证页面的规则性。

在1080像素 ×1920像素的设计图中，文字要有主次。因此可把字号分为3个级别，例如，将主文案的字号设置为46像素，描述性文字的字号设置为36像素，再将时间等信息文字的字号设置为30像素，如图6-91所示。

图 6-90 信息流中的左右间距

图 6-91 字号的 3 个级别

界面中经常会出现单行列表，每一行的高度为144像素，每一行中的文字的字号为44像素，如图6-92所示。其中列表项被点击或选中后可以统一将其背景填充为品牌色，再将透明度设置为10%，这样的设计会让用户加深对品牌的印象，从而记住品牌的特点。

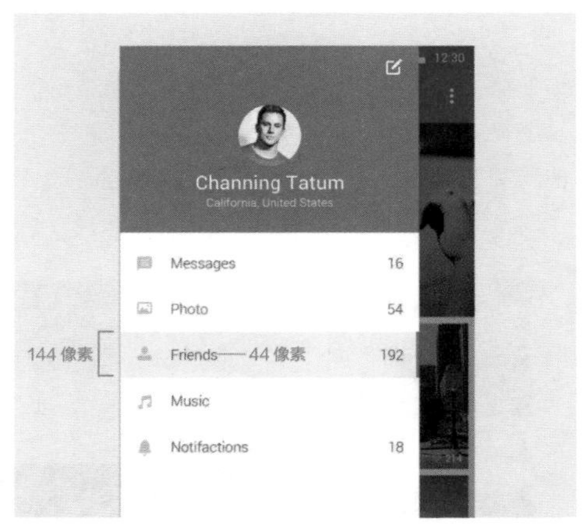

图 6-92 单行列表的尺寸规范

6.4 常用字体规范

很多刚做UI设计的设计师，在拿到设计需求后，不知道如何调整界面中的字号、字体颜色和行间距等。这样不仅浪费时间，而且设计出来的作品很容易被退回来修改甚至需要重新设计。本节介绍UI设计中常用的字体、字号、字体颜色等。

6.4.1 成也字，败也字

刚入行的设计师可能会经常听到前辈们说：“这也太差劲了吧，能统一一下字体吗？”从这么一句简单的话中就可以看出字体在设计中的重要作用，可以这样说：“字体可以成就设计，也可以毁掉设计。”图6-93所示的文本阅读起来是不是很难受？

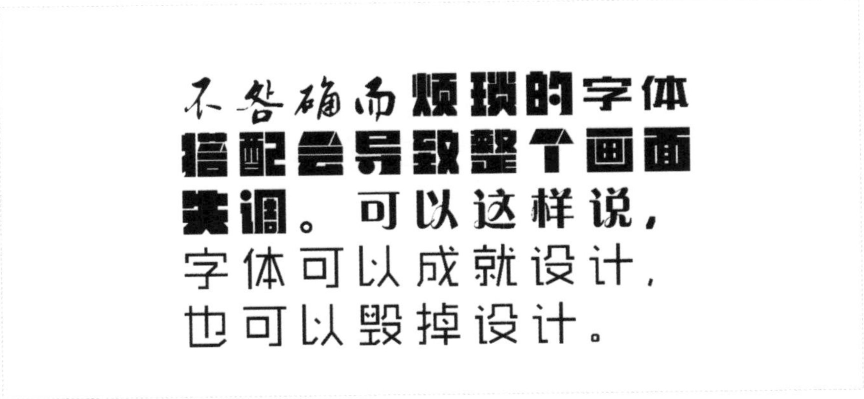

图6-93 字体不统一的文本

分析上图，可以发现图中存在以下3个问题。

① 字体样式太多，看起来杂乱无章。

② 使用的字体不易识别。

③ 字体和内容的气氛不匹配。

那么如何解决这些问题呢？下面给出一些建议。

① 积累设计经验。做的设计越多，经验也就越丰富，选择字体就会变成一件非常简单的事情。

② 了解不同平台的字体规范，用一种字体贯穿全文，可以对标题文字进行放大或者加粗处理。

③ 字体系列用得越多，设计的作品就越不专业。不同系列的字体，其形状和样式也不相同，所以在设计时，最好选择同一系列的字体，以保证字体风格的一致性。

④ 字体与设计氛围要匹配，同时还要注意区分文字与背景的层次。

6.4.2 字不过三

5.2 节讲了“色不过三”，其实在同一个 App 或在同一个设计作品中，用的字体最好也不要超过 3 种。一般来说，每个界面中使用一种或两种字体就够了，重点文案可以通过调整字体的大小和颜色来进行强调。

案例分析

图 6-94 所示的 3 个界面都是通过字体的大小来区分内容的层级关系的，其中“蚂蚁花呗”的 Banner 只用了一种字体就区分出了主标题和副标题。

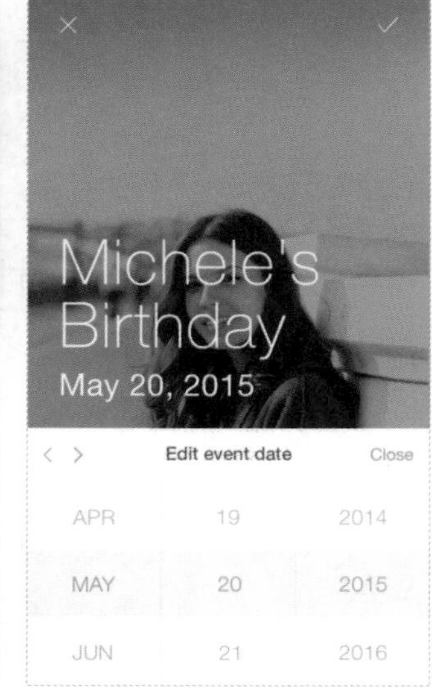

图 6-94 通过字体大小区分内容层级

网页设计也是一样的道理。在页面中只使用一种字体，通过字体大小的对比也能设计出高级的效果，如图 6-95 所示。请记住一句话：“字体用得太多，会显得你不够专业！”

图 6-95 只用一种字体设计网页

6.4.3 文字与背景要分明

图 6-96 所示的两款 Banner 在设计时犯了相同的错误，即文字与背景融合到了一起，导致用户在阅读时很难看清楚重点文字，这样的 Banner 不能达到“广而告之”的效果。

移动界面的设计也是一样的道理，界面中的文字与背景一定要分明，因为易读性和易用性是用户的根本诉求。看图 6-97 的这个界面，用户在光照很强的情况下并不能看清楚界面中的文字。

图 6-96 文字与背景融合的 Banner 设计（反例）

图 6-97 文字与背景融合的移动界面设计（反例）

6.4.4 字体与气氛要匹配

在不同的平台中，界面中使用的字体也不同。移动界面有一些常用的字体，网页也有常用的几种字体。

案例分析

图 6-98 所示的设计因为其字体的风格和整体的设计风格不一致，所以给人的第一感觉就是看不懂，需要仔细看才能看出是女鞋的海报。

图 6-98 字体与内容的气氛不匹配的设计

再来看图 6-99，这个 Banner 采用了比较明快的设计风格，选择了比较刚劲有力的“造字工房劲黑”字体，字体与内容气氛匹配，给用户的代入感很强。

活动 Banner 的气氛非常重要，合适的字体能增强用户的购买欲和点击欲，如图 6-100 所示。

图 6-99 字体与内容气氛匹配的 Banner 设计

图 6-100 字体与内容气氛非常匹配的 Banner 设计

6.4.5 常用字体类型

不同风格的 UI 设计，需要搭配不同的字体。下面介绍 UI 设计中比较常用的字体类型。

» 平稳型字体

平稳型字体有很多，如微软雅黑、冬青黑体、苹方字体、华文细黑和方正正中黑等，这些字体在 UI 设计中都比较常用，如图 6-101 所示。

某款 App 的欢迎页使用了比较平稳的“方正正中黑”字体，页面的整体设计风格直接明了，如图 6-102 所示。

另外，方正兰亭系列字体也是看起来比较稳重的字体，而且还很有科技感和时尚感，是网页中常用的字体，如图 6-103 所示。

微软雅黑
冬青黑体
苹方字体
华文细黑
方正正中黑

图 6-101 平稳型字体

图 6-102 “方正正中黑”字体的运用

方正兰亭超细
方正兰亭纤黑
方正兰亭黑简
方正兰亭中黑
方正兰亭粗黑

图 6-103 方正兰亭系列字体

图 6-104 所示的网页用到了“方正兰亭超细”字体，整个页面显得高端大气。另外，方正兰亭系列字体非常适合用在科技类网页中，可以显得网页稳重而富有科技感，如图 6-105 所示。

图 6-104 “方正兰亭超细”字体的运用

图 6-105 方正兰亭系列字体用在科技类网页中

» 刚劲有力型字体

刚劲有力型字体也有很多，如张海山锐线、张海山锐谐、华康俪金黑、造字工房版黑和造字工房劲黑等，如图 6-106 所示。

张海山系列字体在界面中非常好用，它的特点是清晰明了、年轻有力，如图 6-107 所示。“华康俪金黑”字体给人一种大气的感觉，设计出来的效果也很不错，如图 6-108 所示。

张海山锐线
张海山锐谐
华康俪金黑
造字工房版黑
造字工房劲黑

图 6-106 刚劲有力型字体

图 6-107 张海山系列字体的运用

图 6-108 “华康俪金黑”字体的运用

» 可爱型字体

与平稳型字体和刚劲有力型字体相比，可爱型字体就更多了，如方正经黑、方正稚艺、华康海报、腾翔金砖、汉仪小麦、汉仪悠然、汉仪跳跳和汉仪黑荔枝等，如图 6-109 所示。

方正经黑	汉仪小麦
方正稚艺	汉仪悠然
华康海报	汉仪跳跳
腾翔金砖	汉仪黑荔枝

图 6-109 可爱型字体

图 6-110 是使用“方正经黑”字体设计的 Banner，看起来很可爱；图 6-111 是“汉仪小麦”字体用在插画中的效果，与可爱的插画搭配得非常好；图 6-112 是“华康海报”字体用在引导页中的效果（该字体也经常用在专题页中），整个页面非常活泼可爱，有利于激发用户往下探索的欲望；图 6-113 是设计师利用“腾翔金砖”字体（这款字体在 Banner 中很常见）的原型将美食元素融入整个设计中，让 Banner 显得生动活泼，大大激发了食客的食欲。注意，这几款字体如果用于商业活动中，则大部分都是需要收费的，请大家合法使用字体。

图 6-110 “方正经黑”字体用在 Banner 中

图 6-111 “汉仪小麦”字体用在插画中(白茶作品)

图 6-112 “华康海报”字体用在引导页中

图 6-113 “腾翔金砖”字体用在 Banner 中

另外，可以利用在线毛笔字生成器生成毛笔字，然后将其保存下来使用（建议保存为背景透明的PNG格式），非常方便快捷，如图 6-114 所示。

图 6-114 在线生成毛笔字

6.4.6 界面字体规范

UI 设计中必不可少的就是字体的排版与运用，而作为一名设计师，务必要非常清楚字号与文字颜色在界面中的使用方式，以保证整个 App 界面中字体的统一性。明确字体规范有利于设计师处理页面的层级关系和功能关系。

» 系统字体

从 iOS 9 开始，iPhone 开始使用全新的系统字体“苹方”，它支持简体中文。“苹方”系列字体具有很强的现代感，而且清晰易读。为了加强层次感，“苹方”系列字体有着从细到粗的变化效果，如图 6-115 所示。在设计 iOS 界面时，要注意字号的选择。一般情况下，长文本的字号为 26 像素 ~34 像素，短文本的字号 28 像素 ~32 像素，注释文本的字号为 24 像素 ~28 像素。

Android 系统默认使用 Roboto 系列字体和 Noto 系列字体。Roboto 系列字体有 6 种字样，分别是 Thin、Light、Regular、Medium、Bold 和 Black，如图 6-116 所示；Noto 系列字体有 7 种字样，分别是 ExtraLight、Light、Normal、Regular、Medium、Bold 和 Heavy，如图 6-117 所示。

图 6-115 “苹方”系列字体

图 6-116 Roboto 系列字体

图 6-117 Noto 系列字体

» 常见的字号规范

每个 App 都由多个页面组成，这些页面需要高度一致，包括颜色、间距和字号等。统一的字号是 App 设计中最基础的一个标准。所以了解不同文本的字号规范，才能够设计出符合需求的 App。

因为设计稿的尺寸一般为 iPhone 6 的尺寸，所以要先了解一下 iPhone 6 中的字号规范。其中导航栏中主标题的字号为 34 像素或 36 像素。苹果手机默认的标题字号为 34 像素，有些 App 也会用 36 像素，以加强页面的层级关系，如微信导航栏中标题的字号就是36像素，这样的标题十分醒目，如图6-118 所示。

图 6-118 导航栏中标题的字号规范

iOS 界面中的字体通常为“苹方粗体”，其中主文字号为 32 像素~34 像素，副文字号为 24 像素~28 像素，最小字号不小于 20 像素。阅读类 App 则更注重文本的可读性，其中标题会选择较大的字号，如 34 像素，正文字号通常为 32 像素，如图 6-119 所示。

在列表类页面中，标题的字号为 34 像素，副标题的字号为 28 像素，消息和时间类文字的字号为 24 像素，如图 6-120 所示。

图 6-119 标题与正文的字号规范

图 6-120 列表类页面的字号规范

提示性文字的字号一般为 26 像素，因为既希望用户阅读这样的文字，但又不能让其太过抢眼，如图 6-121 所示。

页面中大按钮上的文字的字号一般为 34 像素，这样既可以拉开按钮间的层次，又可以加强按钮的引导性，如图 6-122 所示。

图 6-121 提示性文字的字号规范

图 6-122 大按钮上的文字的字号规范

要特别注意一点，在选择字号时一定要选择偶数的字号，因为在开发界面时，字号有时需要除以 2。网页中的字号最小为 12 像素，正文的字号通常为 14 像素或 16 像素，更大的字号还有 18 像素、20 像素、26 像素和 30 像素等。

6.4.7 常用字体颜色

界面中的文字分为 3 个层级，即主文、副文和提示文字等。在白色背景下，字体的颜色层次为灰色（#999999）、深灰色（#666666）和深黑色（#333333），如图 6-123 所示。

另外，界面中还经常用到浅灰色（#eeeeee）的背景，这种背景下的分割线可以采用颜色值为 #e5e5e5 或 #cccccc 的灰色，前者浅一些，后者深一些，如图 6-124 所示。当然，这些色值并不固定的，可以根据不同的设计风格进行不同的深浅搭配。

图 6-123 白色背景下的字体颜色层次

图 6-124 浅灰色背景下的分割线颜色

在设计时，可以对字体进行变形以达到宣传的目的，这就需要设计师对字体设计有一定的了解。总之，设计要有规范、有体系。使用规范化的设计不仅对产品的延续有帮助，还可以保证产品的独特性和一致性。所以，大家在设计初期就要找到设计风格和规范，这样设计出来的界面才统一，在需要变化时调整起来也相对要轻松很多。

6.5 制定一套设计规范

在进行 UI 设计时，由于时间有限且需要与不同人员频繁对接，如果没有一套明确的设计规范，就容易出现各种视觉错误。因此，在设计 1.0 版本时就要将设计规范制定出来，否则随着版本的不断更新，视觉错误会越来越严重。

制定设计规范不仅可以提高工作效率，更重要的是能够提高团队的协作能力。若一个 App 的界面不能做到统一、规范，那后续所产生的一系列问题是相当严重的。总的来说，制定一套设计规范有以下 3 点好处。

① 便于协作。若多位设计师同时负责一个项目，统一的设计规范能让项目组中的每一位设计师更好地理解设计的表现规则。

② 统一化。统一的设计规范能让 App 在不同平台上具有一致的视觉效果。

③ 标准化。没有统一的设计规范的团队，设计出来的 App 会给用户带来不好的体验。因为每位设计师都有自己的标准，所以不同设计师设计出来的界面不一样。

要制定一套设计规范，可以从以下 8 个方面入手，如图 6-125 所示。

① 色彩规范，将主色、辅助色、点睛色及色彩的使用场景罗列出来。

② 按钮控件规范，包括按钮的状态与尺寸等。

③ 分割线规范，包括分割线的颜色及使用场景。

④ 头像规范，包括头像的大小及使用场景。

⑤ 其他控件与聊天气泡规范，包括多种控件与聊天气泡的设计规范。

⑥ 文字字号规范，包括字号及使用场景。

⑦ 间距规范，包括行间距和字间距等。

⑧ 图标规范，包括图标的大小、使用场景及绘制规范等。

设计规范

色彩规范 | 按钮控件规范 | 分割线规范 | 头像规范 | 其他控件与聊天气泡规范 | 文字字号规范 | 间距规范 | 图标规范

图 6-125 制定设计规范的方向

6.5.1 色彩规范

界面的风格确定后，需要确定界面的色彩规范。将主要的色彩罗列出来，如主色、点睛色和辅助色，设计界面时可以围绕这些颜色进行设计，这样设计出来的界面不会出现颜色偏差，如图 6-126 所示。

什么是色彩组件呢？如何去定义色彩组件呢？图 6-127 是一个色彩组件的多种状态，阅读类 App 有日间阅读模式和夜间阅读模式，为了让两个模式下的颜色对应，需要 4 种状态的颜色（日间阅读模式的颜色和日间阅读点击后的颜色，夜间阅读模式的颜色和夜间阅读模式点击后的颜色）。为组件设定一个名称，如 s1、s2、s3，这些名称可以自己定义，只要能区分控件就行，如图 6-128 所示。

图 6-126 确定主要的色彩

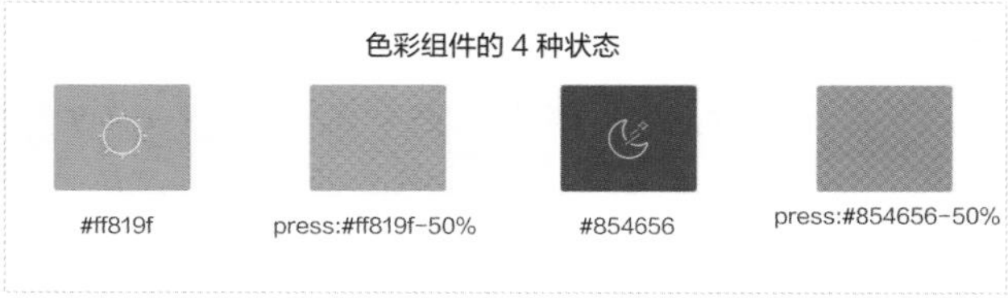

色彩组件的 4 种状态

#ff819f

press:#ff819f-50%

#854656

press:#854656-50%

图 6-127 色彩组件

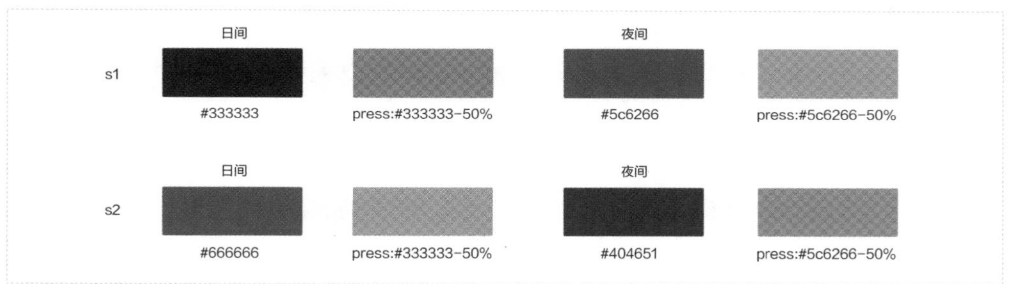

图 6-128 定义组件名称

然后需要将界面中的所有颜色罗列出来，如字体颜色、线条颜色和块面颜色，如图 6-129 所示。注意，需要将颜色效果、颜色值和颜色代号都标注清楚，这样有助于设计师进行协同合作。

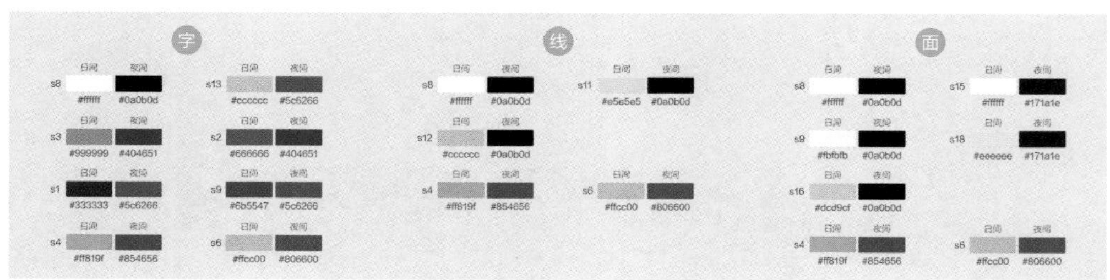

图 6-129 罗列界面中的颜色

6.5.2 按钮控件规范

在移动界面的设计中，按钮有3种状态：Normal（常态正常）状态、Pressed（点击）状态和Disable（不可用）状态。在通常情况下，按钮的点击效果是按钮的透明度变为50%后的效果，不可用按钮一般是灰色（颜色值为#ccccccc）的，如图6-130所示。在同一款App中，按钮有不同的大小，将所有的按钮罗列出来，为它们制定相应的设计规范，如尺寸、字号、描边宽度（通常为1像素）、圆角大小（通常为8像素）等，这样可以保证设计的一致性，如图6-131所示。

图6-130 按钮状态

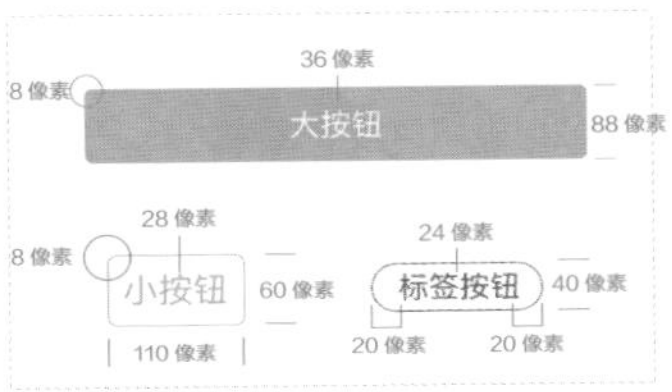

图6-131 按钮的设计规范

6.5.3 分割线规范

在制定分割线规范时，需要注意分割线的使用场景。在白色背景下，分割线的颜色是#e5e5e5，粗细为1像素，如图6-132所示；在灰色背景下，分割线的颜色为比较深的灰色#cccccc，如图6-133所示。

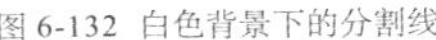

图6-132 白色背景下的分割线

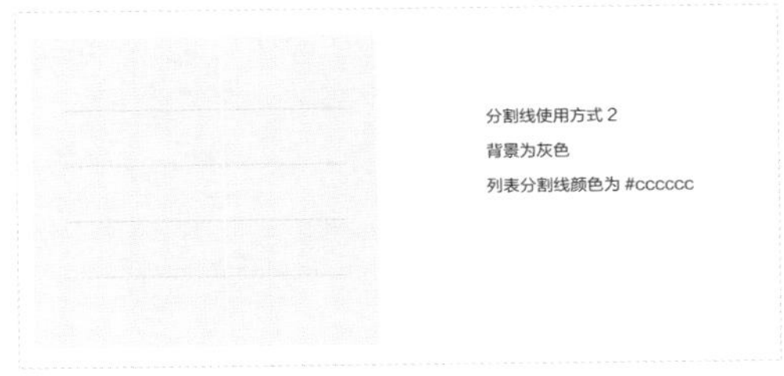

图6-133 灰色背景下的分割线

6.5.4 头像规范

在设计头像时，经常会用到矩形（多为圆角矩形）和圆形两种表现形式，如图6-134所示。为了保持App的一致性，头像的设计风格也应该统一。在这两种表现形式中，圆形更容易聚焦，同时也更加饱满，二者的区别如下。

① 矩形头像的边缘看起来比较明显，容易对用户的视线造成干扰；而圆形更容易将用户的视线集中。

② 矩形的对角线比较长，用户的视线会跟着延伸出去；而圆形的直径都是一样的，不会让用户的视线转移，这样能减少观看时间。

社交类 App 中要用到头像的场景比较多，而不同场景中的头像有不同的大小规范。例如，个人中心页中的头像大小为 120 像素 ×120 像素，个人资料页中的头像大小为 96 像素 ×96 像素，消息列表中的头像大小为 72 像素 ×72 像素，详情页 / 导航栏中的头像大小为 60 像素 ×60 像素，问答列表中的头像大小为 40 像素 ×40 像素，如图 6-135 所示。

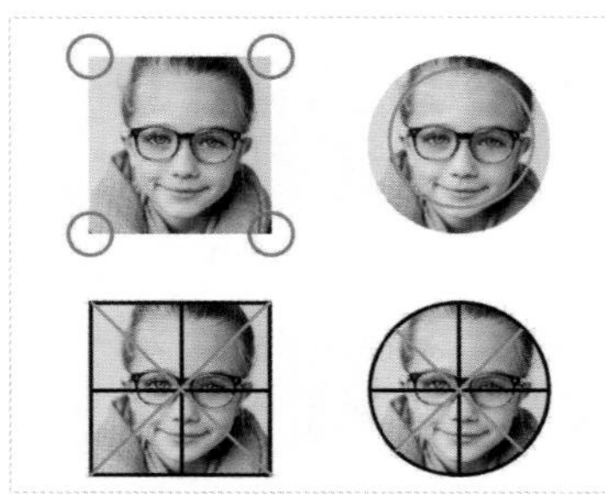

图 6-134 头像的表现形式

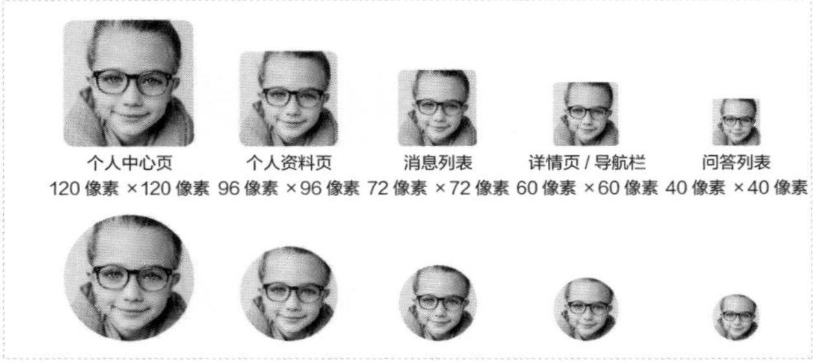

个人中心页 120 像素 ×120 像素
个人资料页 96 像素 ×96 像素
消息列表 72 像素 ×72 像素
详情页 / 导航栏 60 像素 ×60 像素
问答列表 40 像素 ×40 像素

图 6-135 不同场景中的头像大小规范

6.5.5 其他控件与聊天气泡规范

App 中经常会出现提示框，提示框主要分为带按钮的提示框、不带按钮的提示框、进度条提示框和加载提示框，这些提示框的设计规范如图 6-136 所示。按钮提示框可以包含单个按钮和多个按钮，在有多个按钮的情况下一定要区分它们的主次，引导用户完成操作。在提示框的设计中，主标题的字号为 34 像素，副标题的字号为 26 像素，文字的左右间距均为 30 像素。

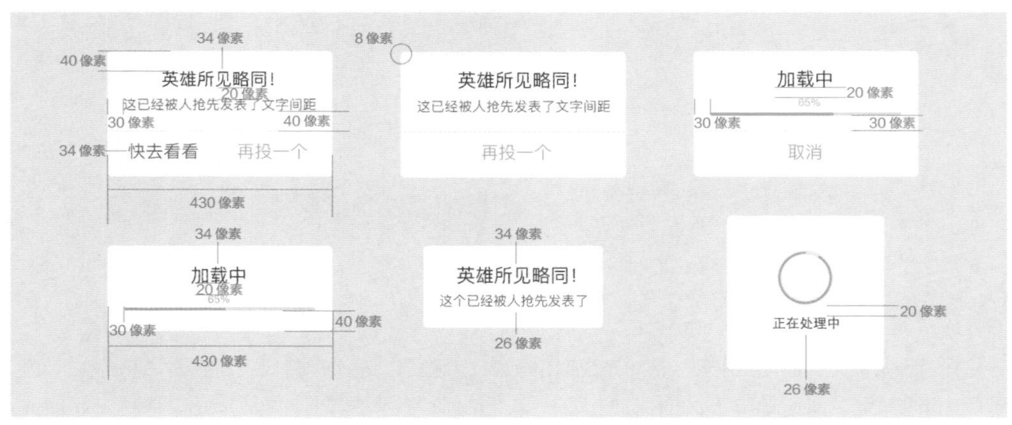

图 6-136 提示框的设计规范

搜索框也需要进行规范，如“搜索”文字的字号、颜色及已输入的文字的颜色等，将这些都标注出来，以便进行统一设计，如图 6-137 所示。

在一个 App 中，输入框的类型有多种，如导航输入框、评论输入框等，必要时需要规范可输入多行文字的输入框的效果，如最多显示多少个文字及文字的左右间距是多少等，如图 6-138 所示。

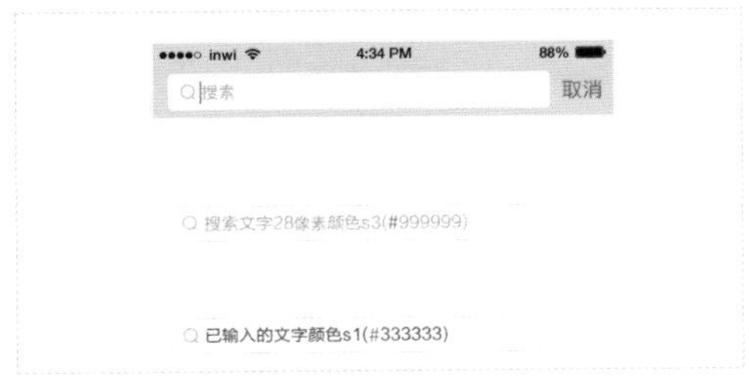

图 6-137 搜索框的设计规范

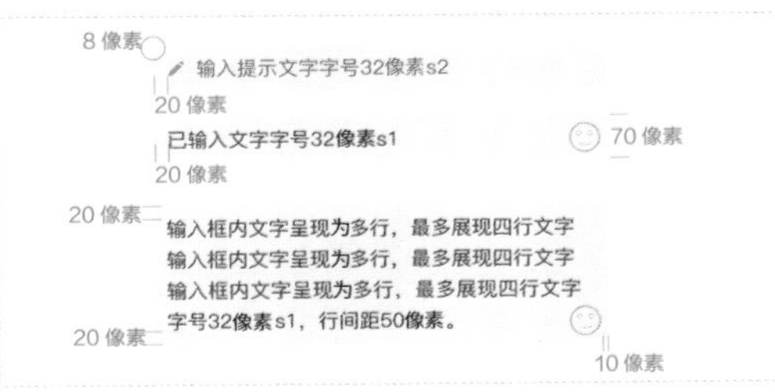

图 6-138 输入框的设计规范

消息对话框会涉及文字的发送和图片的发送，文字的发送会出现多种状态，即自己说的话、他人说的话（气泡效果），以及发送成功、发送中和发送失败的效果样式，这些发送样式及效果的设计规范如图 6-139 所示。同样，图片的发送也有这几种状态，在发送图片时可以用百分比的方式进行展现，设计规范如图 6-140 所示。

图 6-139 文字聊天气泡的设计规范

图 6-140 图片聊天气泡的设计规范

6.5.6 文字字号规范

不同的信息有不同的字号要求，重要信息的字号较大，次要信息的字号较小。遵循文字规范可以更好地体现文字的主次关系，并且能让页面中的信息更加一致。在阅读类 App 中，按钮或导航栏的文字的字号通常为 36 像素或 34 像素，评论文字的字号为 32 像素，昵称的字号为 28 像素，描述性文字的字号为 24 像素，最小字号不小于 20 像素，如图 6-141 所示。

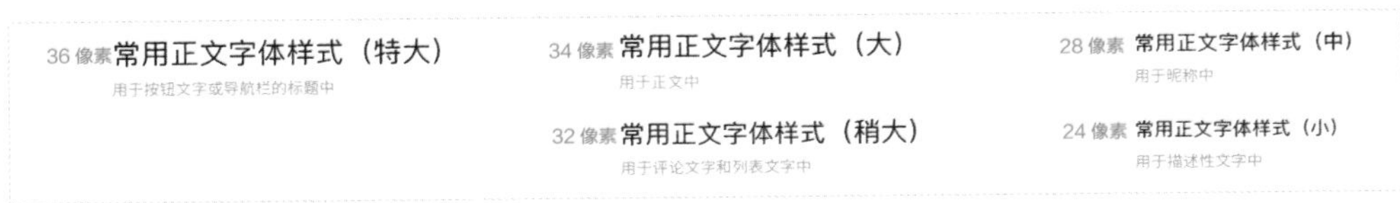

图 6-141 文字字号规范

6.5.7 间距规范

不同字号的文本的行间距不同，在字号为 34 像素的文本中，行间距通常为 20 像素；而在字号为 32 像素的文本中，行间距通常为 18 像素，如图 6-142 所示。

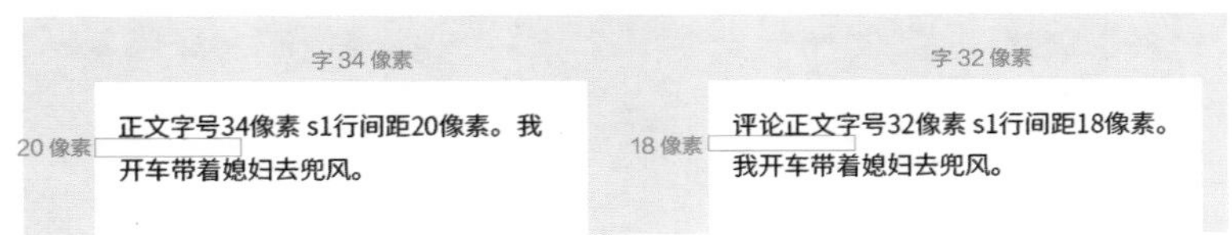

图 6-142 常见的文本行间距

为了让界面看起来舒服、统一，通常会制定一个间距规范，从而保证界面内容的规整性和易读性。在移动界面的设计中，一般会设置上、下、左、右间距为 30 像素，如果想要更多的留白可以增大间距，但最大不要超过 40 像素，不然会降低界面的使用率，浪费空间，如图 6-143 和图 6-144 所示。

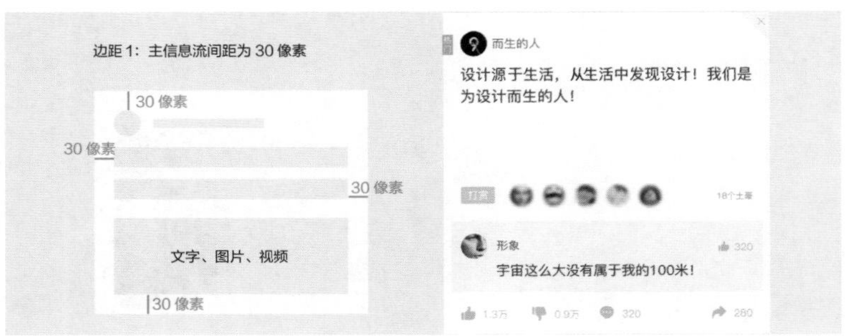

图 6-143 间距规范 1

图 6-144 间距规范 2

在导航栏的设计中，需要统一所有导航栏的左、右间距，并保持绝对一致，如图 6-145 所示。

图 6-145 导航栏

6.5.8 图标规范

在同一款 App 中，经常会出现各种各样的图标，而不同页面中的图标的大小要求也不同。从操作的角度可以将图标分为两种：可点击图标和描述性图标。可点击图标的最小点击范围不要小于 40 像素 ×40 像素。图 6-146 中的图标有 3 种尺寸，分别是 48 像素 ×48 像素、32 像素 ×32 像素和 24 像素 ×24 像素。48 像素 ×48 像素的图标具有独立的可操作性，点击之后可以跳转到其他页面或进行反馈；而 24 像素 ×24 像素的图标主要用在描述性文字中，用来加强文字的易读性，并不具备独立的可操作性。

图 6-146 图标的常用尺寸

在上面 3 种尺寸的图标中，48 像素 ×48 像素的图标最常用，通常会用在菜单栏和导航栏中，如图 6-147 所示。另外，为了保证图标尺寸的一致性，在分享页面中会将图标中图形的尺寸统一设定为 48 像素 ×48 像素，这样页面的一致性才会更高，如图 6-148 所示。

图 6-147 菜单栏和导航栏的图标规范

图 6-148 分享页面的图标规范

6.6 实战：设计毛笔字风格的登录页

本例将设计一个毛笔字风格的登录页。在很多 UI 设计和海报设计中，如果想要增强画面的视觉冲击力，可以用毛笔字来实现。毛笔字体可以从字库或在线毛笔字生成器中获取。

界面配色

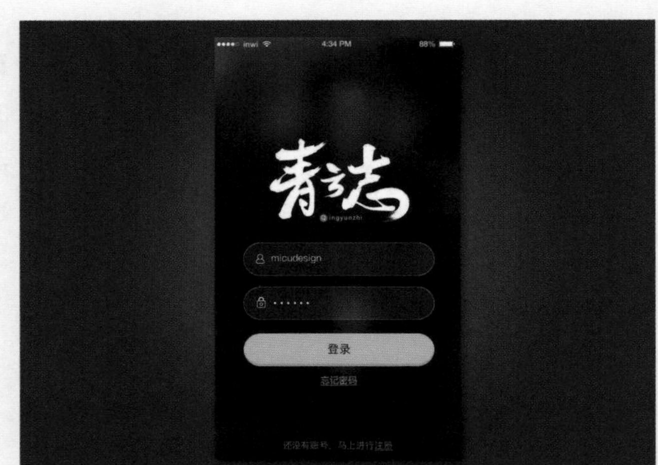

6.6.1 制作基础字体

01 打开一个在线毛笔字生成器，然后单击【毛笔字在线生成器】标签，在参数控制区中选择【10. 方正包装体】字体，并设置分辨率为【300 像素】，输入文字“青云志”，最后单击【开始转换】按钮开始转换进行转换，如图 6-149 所示。

图 6-149 生成毛笔字

02 在生成的毛笔字上单击鼠标右键，然后在弹出的菜单中选择【复制图片】命令，如图 6-150 所示。

03 启动 Illustrator CC 2017，按【Ctrl+N】组合键新建一个文档，然后按【Ctrl+V】组合键将复制的图片粘贴到画布中。选择【选择工具】，选择图片，在选项栏中单击【图像描摹】按钮，然后单击【扩展】按钮，将图片转换成矢量形状，如图 6-151 所示。

04 选择【魔棒工具】，然后单击白色区域，按【Delete】键删除白色区域，只保留文字形状，如图 6-152 所示。

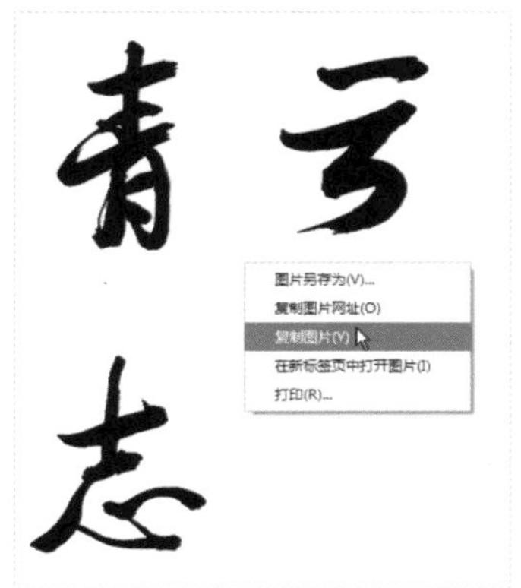

图 6-150 复制毛笔字图片

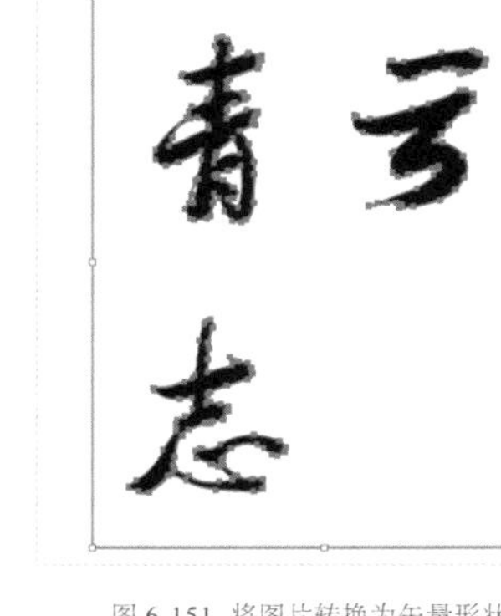

图 6-151 将图片转换为矢量形状

图 6-152 删除白色区域

05 此时 3 个字是一个整体，为了方便对单个文字进行调整，需要进行解组操作。选择文字，然后在文字上单击鼠标右键，在弹出的菜单中选择【取消编组】命令，如图 6-153 所示。

06 选择【选择工具】，对单个文字的位置和大小进行调整，为了让文字的排列更错落有致，可以将“云”字调整得小一些，调整完成后的效果如图 6-154 所示。

图 6-153 解组文字

图 6-154 调整文字

6.6.2 用笔刷设计细节

01 基础文字制作完成以后，下面开始对“青”字的笔画细节进行调整。按【F5】键打开【画笔】面板，执行【打开画笔库 > 矢量包 > 颓废画笔矢量包】命令，打开【颓废画笔矢量包】面板（该面板中有很多“颓废”风格的笔刷），如图 6-155 和图 6-156 所示。

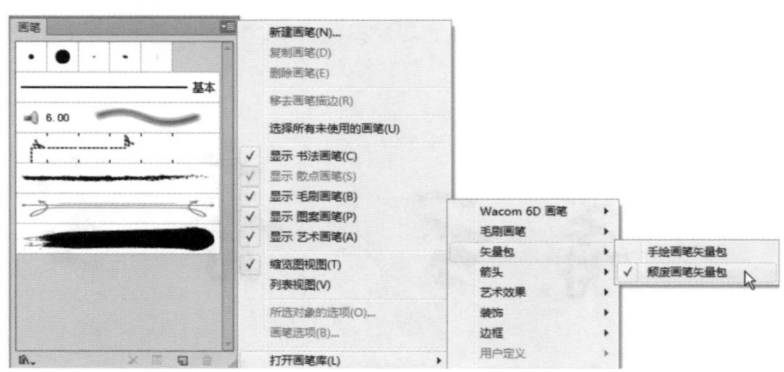

图 6-155 执行命令

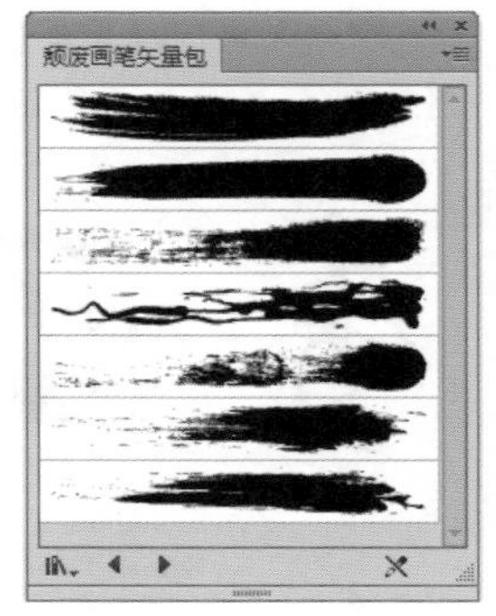

图 6-156 “颓废”风格的笔刷

02 选择【钢笔工具】，根据“青”字第一笔的造型绘制路径，然后为路径选择第 2 种颓废笔刷，如图 6-157 所示。在选项栏中将【描边】的宽度设置为【1pt】（注意，只开启【描边】功能，将【形状】功能关闭），如图 6-158 所示。

03 为了增加细节，可以继续使用【钢笔工具】绘制一条路径（在绘制时要注意路径与笔画是否协调），将【描边】的宽度设置为【0.5pt】，如图 6-159 所示。多路径调整笔画是比较常用的方法，其关键在于路径与笔画是否协调。

图 6-157 调整第一笔

图 6-158 设置描边宽度

图 6-159 添加路径

04 用相同的方法完善“青”字的细节，完成后的效果如图 6-160 所示。注意，在调整左下方的笔画时，要先用【橡皮擦工具】擦掉多余的笔画形状，然后重新绘制路径，如图 6-161 所示。

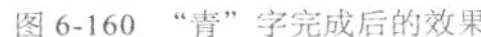

图 6-160 “青”字完成后的效果

图 6-161 擦除多余形状

05 关于“云”字的设计，只需要擦掉第一笔，然后打开本例的“大合集 .ai”笔刷素材文件，从中选一个适合替代第一笔的笔刷素材即可，如图 6-162 和图 6-163 所示。

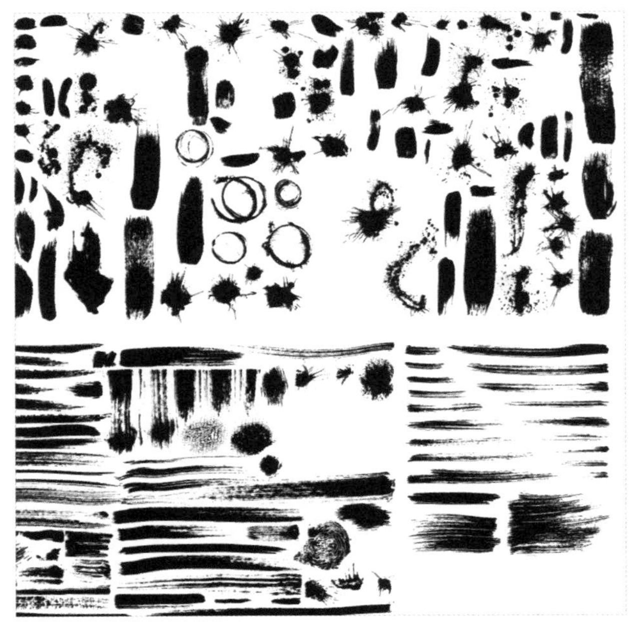

图 6-162 笔刷素材

图 6-163 “云”字完成后的效果

06 调整“志”字的笔画细节。“志”字的笔画调整除了最后一笔以外，其他调整与“青”字的调整方法基本相同，因此下面只介绍最后一笔的调整方法。“志”字的完成效果如图 6-164 所示。

07 在“大合集 .ai”笔刷素材文件中选择一个较长的笔刷，将其拖到【画笔】面板中，如图 6-165 所示。在弹出的【新建画笔】对话框中选择【艺术画笔（A）】选项，如图 6-166 所示。在弹出的【艺术画笔选项】对话框中单击【确定】按钮，完成艺术画笔的新建操作，如图 6-167 所示。

图 6-164 “志”字的完成效果

图 6-165 将笔刷素材拖入【画笔】面板

图 6-166 【新建画笔】对话框

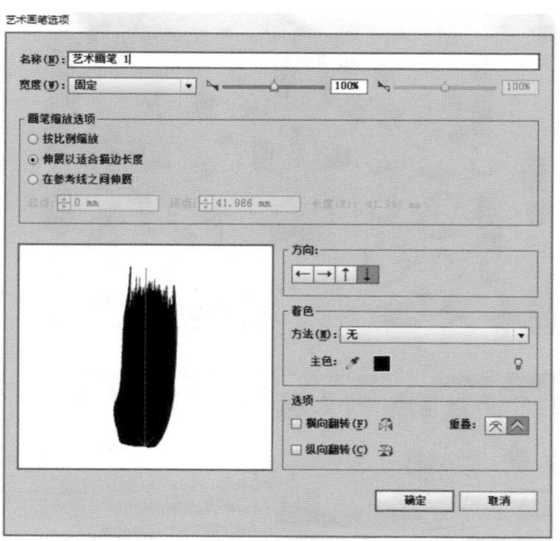

图 6-167 【艺术画笔选项】对话框

08 选择【钢笔工具】，勾画出笔画的路径，如图 6-168 所示。然后在【画笔】面板中单击前面定义好的艺术画笔，在选项栏中设置【描边】的宽度为【1pt】，如图 6-169 所示，整体效果如图 6-170 所示。

图 6-168 勾画路径

图 6-169 设置描边宽度

图 6-170 整体效果

09 选择【选择工具】，框选所有对象，然后执行【对象 > 扩展外观】菜单命令，将所有路径转换成形状，如图 6-171 所示，效果如图 6-172 所示。

图 6-171 执行命令

图 6-172 扩展外观后的效果

10 在扩展外观后，绘制的路径笔画会生成白色形状，这时可以选择【魔棒工具】，选择黑色形状，如图 6-173 所示。按【Ctrl+X】组合键将黑色形状剪切出来，选择【选择工具】，框选所有无用的形状，并按【Delete】键将它们删除，如图 6-174 所示。注意，删除完无用的形状后，记得按【Ctrl+V】组合键粘贴黑色形状。

图 6-173 选择黑色形状

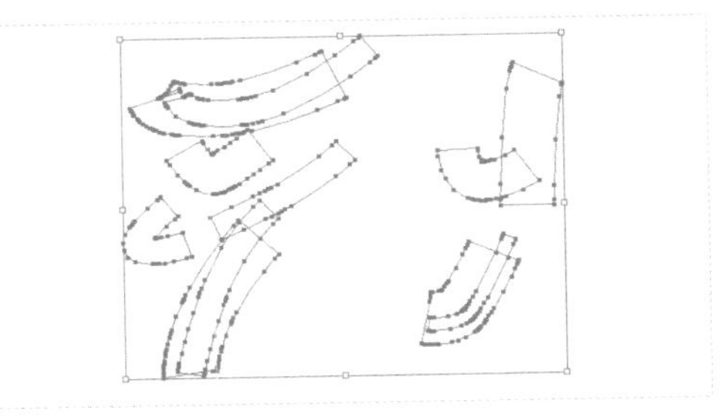
图 6-174 删除无用的形状

11 清理完多余的形状后，使用【选择工具】框选所有形状，执行【窗口 > 路径查找器】菜单命令，调出【路径查找器】面板，然后单击【联集】按钮，将所有形状合并为一个整体，如图 6-175 所示，最终效果如图 6-176 所示。

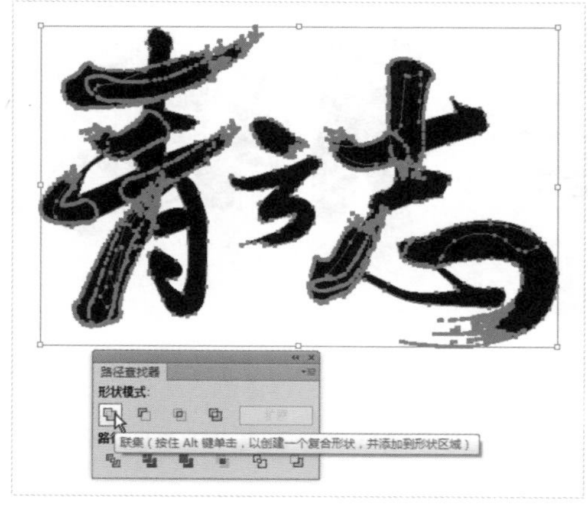

图 6-175　合并形状

图 6-176　毛笔字的最终效果

12 毛笔字设计完成以后，就可以直接将其拖到相应的页面中，图 6-177 所示是页面的最终效果。

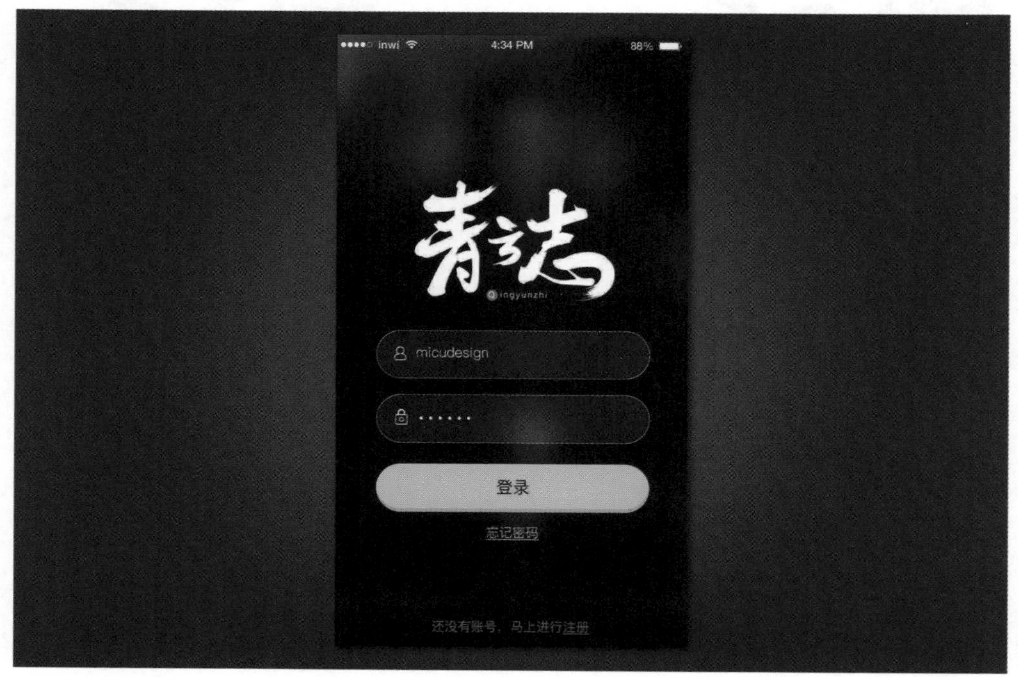

图 6-177　页面的最终效果

第7章 切图与标注

7.1 高效切图

在 UI 设计中，切图是必须要经过的环节。做好切图，能让程序员在开发过程中减少误判。很多设计师设计的效果图非常漂亮，但是开发出来的界面与效果图完全不同，造成这个问题的大部分原因就是切图做得不够规范。

为了降低设计成本并保证界面在多个平台上的一致性，很多设计师都会以 iOS 为基准制作一套交互设计稿，然后将其应用到 iOS 和 Android 两个平台中。为了高效地完成切图和标注，一般设计师在设计时会制作一套“iOS 的效果图 + 标注 + 切图”原型图。这样做的目的是减少人力成本。

原型图的作用是给程序员做参考，使其知道每个模块的位置。原型图并不需要各元素的大小和颜色值非常准确。而高保真效果图是在评审 UI 设计时需要提交的，有了效果图便能够更好地进行三方（产品、研发和 UI 人员）沟通，完整的界面效果图确定后，程序员就可以开始界面的开发了。在原型图设计阶段，设计师并没有必要出两个平台的界面设计图，标注及切图的作用是给程序员提供一个准确的规范，程序员会根据标注的尺寸进行开发，并将界面中的切图按照标注的大小嵌套进去。那么问题来了，在 Android 系统中如何使用以 iOS 为基准的切图和标注呢？又如何进行界面的适配呢？

7.1.1 iPhone屏幕与Android手机屏幕的关系

iPhone 6 和 iPhone 6 Plus 面世后，用户慢慢开始习惯使用大屏手机。因此，设计师多以 iPhone 6 的尺寸（750 像素 ×1334 像素）为标准来设计效果图，然后将其适配到 iPhone 6 Plus（1242 像素 ×2208 像素）。而 Android 主流的 xhdpi 的分辨率是 720 像素 ×1280 像素，xxhdpi 的分辨率是 1080 像素 ×1920 像素，通过尺寸关系可以看出 iPhone 6 与 xhdpi 的 Android 手机的屏幕分辨率基本相同，如图 7-1 所示，所以这两个尺寸的界面可以共用一套切图和标注。其中 iPhone 6 与 iPhone 6 Plus 的屏幕分辨率约是 1.5 倍的关系，而 xhdpi 的 Android 手机屏幕分辨率与 xxhdpi 的 Android 手机屏幕分辨率也是 1.5 倍的关系，所以 iPhone 6 Plus 和 xxhdpi 的 Android 手机也可以共用一套切图和标准，如图 7-2 所示。

图 7-1 iPhone 6 与 xhdpi 的 Android 手机的屏幕分辨率基本相同

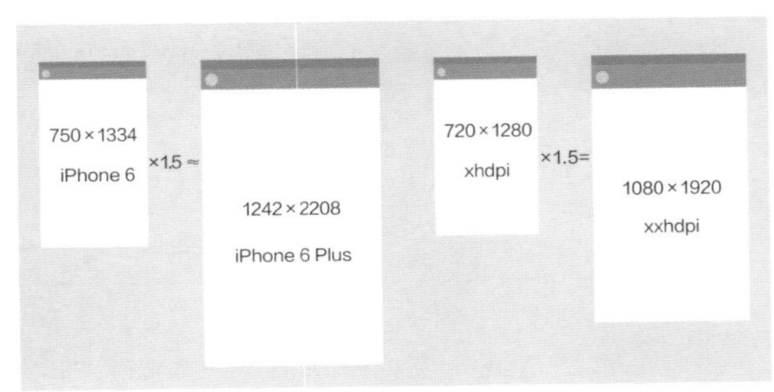

图 7-2 不同机型的关系

7.1.2 Android的常用单位

设计师在与 Android 开发人员沟通时，所提到的单位并非“像素”，而是一个被称为 dp 的单位，因为开发人员是不会用到像素这个单位的。但是设计师标注时都是用的像素，那么开发人员是如何使用这些标注的呢？这就需要了解 Android 的常用单位。

in：表示“英寸”，指手机屏幕的实际物理尺寸，也就是屏幕对角线的测量尺寸，如图 7-3 所示。

像素：表示“像素”，是 UI 设计中的最常用的单位之一，如手机屏幕的长度为 m 像素，宽度为 n 像素，那么手机屏幕的分辨率就是 $m \times n$，如图 7-4 所示。

dpi：表示“屏幕密度”，指的是一定尺寸范围内显示的像素数量，该值越大，屏幕就越清晰，如图 7-5 所示。

图 7-3 手机的屏幕大小

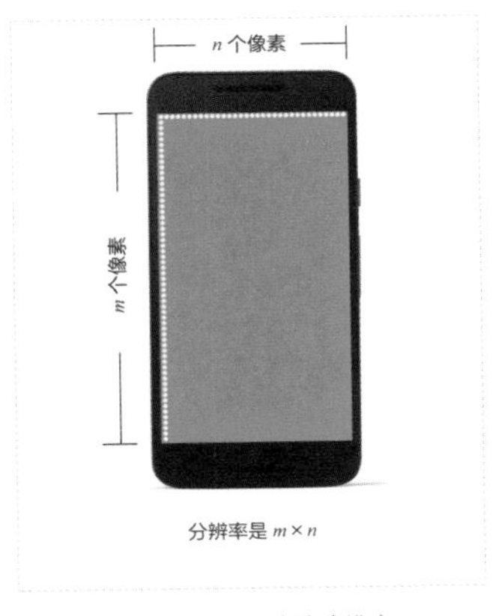

图 7-4 手机屏幕的分辨率

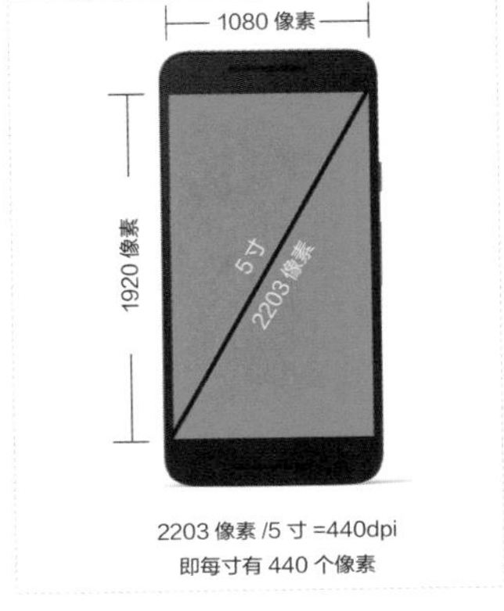

图 7-5 屏幕密度

dp：长度单位，表示“设备独立像素”，是 Android 开发人员经常使用的单位。在一般情况下，非文字对象的尺寸用 dp 作为单位。

每部 Android 手机的屏幕都有一个初始的固定密度，分别是 160dpi、240dpi、320dpi 和 480dpi 等，称为“系统密度”。在 Android 系统中，像素和 dp 的换算方式如表 7-1 所示。

表 7-1 像素和 dp 的换算方式

名称	分辨率（像素）	密度值（dpi）	比例（像素 /dp）
mdpi	320×480	160	1
hdpi	480×800	240	1.5
xhdpi	720×1280	320	2.25
xxhdpi	1080×1920	480	3.375

一般在同时为 Android 手机和 iPhone 出效果图时，可以先设计一套效果图，然后根据换算比例进行适配。将比例设置为整数，这样更容易进行换算，上表中的比例可以像下面这样表示。

1 倍： 1dp=1 像素（mdpi）。

1.5 倍： 1dp=1.5 像素（hdpi）。

2 倍： 1dp=2 像素（xhdpi）。

3 倍： 1dp=3 像素（xxhdpi）。

所以在出图时可以以 iPhone 6 的尺寸为基准，尺寸 750 像素 ×1334 像素对应的就是 Android 手机的尺寸 720 像素 ×1280 像素，标注时的单位为像素，Android 开发人员会除以 2 将像素换算成 dp 进行开发。也就是说，如果标注的是 300 像素，那么开发时使用的就是 150dp，即 300 像素 =150dp。

经过上面的分析可以发现，一套效果图和两套切图就可以满足 Android 和 iOS 开发人员的需求。因为小屏幕手机正逐渐被淘汰，所以在切图时不用考虑尺寸为 320 像素 ×480 像素和 480 像素 ×800 像素的手机。

7.1.3 通用切图法

通常制作好的切图和标注会输出为 3 个文件夹，分别是 Android 切图文件夹、iOS 切图文件夹和 mark（标注）文件夹，如图 7-6 所示。

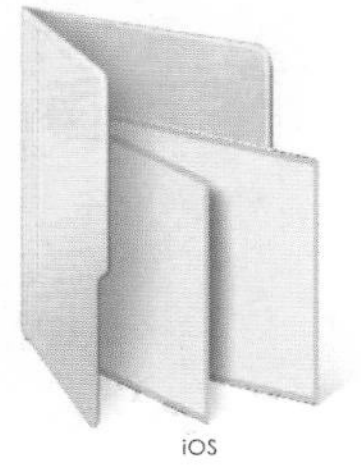

图 7-6 输出的文件夹

在 iOS 中，所有的切图都会放在一个文件夹下。iPhone 4/5/6 用的是 2 倍的切图，iPhone 6 Plus 用的是 3 倍的切图。在 2 倍图和 3 倍图中，需要在名称后加上 @2x 和 @3x，如图 7-7 所示。为了区分同一个图标的不同状态的名称，如点击和不可点击状态的名称，可以在点击状态的名称中添加 _press，在不可点击状态的名称中添加 _disabled，如图 7-8 和图 7-9 所示。

图 7-7 切图的名称

图 7-8 可点击状态的名称

图 7-9 不可点击状态的名称

这里罗列一下常见控件及常见状态的名称，如表 7-2 和表 7-3 所示。

表 7-2 常见控件的名称

控件	命名	控件	命名
图标	icon	图片	img
背景	bg	列表	list
菜单	menu	栏	bar
工具栏	toolbar	标签栏	tabbar

表 7-3 常见状态的名称

状态	命名	状态	命名
默认	normal	单击（按下）	press
选中	selected	不可点击（置灰）	disabled

在 Android 切图文件夹中，不用修改切图名称，但是需要分开整理不同分辨率的切图，如图 7-10 所示。

下面介绍 iOS 和 Android 通用的切图方法。

在开始切图之前，要先区分好哪些是图标，哪些是模块样式。一般模块样式的背景效果不需要进行切图，只需要标注好控件的颜色和尺寸信息即可。文字也不用切图，只需要标注好字号及颜色即可。而不规则的图形或图标是需要切图的。由于在制作过程中，需要切图的图标比较多，因此在切图前可以先整理一下 PSD 文件，将每个图标的图层名称修改为英文，并且区分好它们点击前与点击后的名称，如图 7-11 所示。

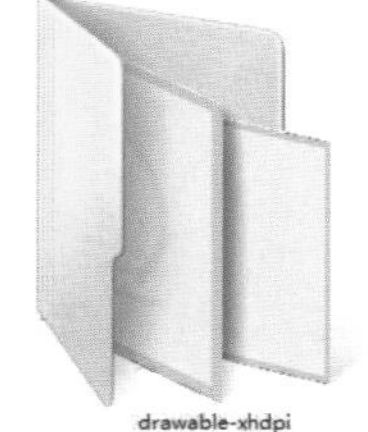

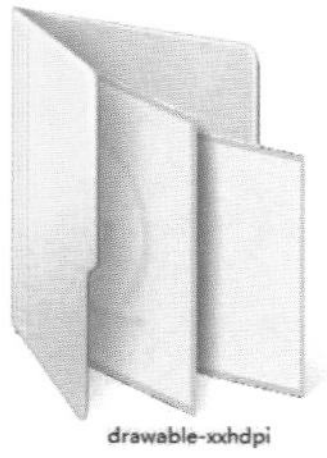

图 7-10 分开整理不同分辨率的 Android 切图

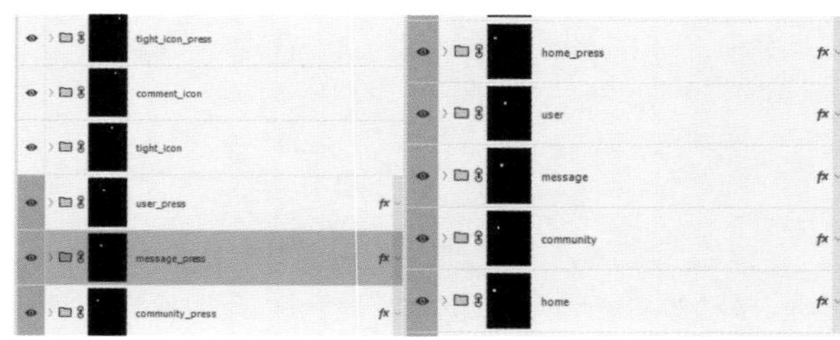

图 7-11 整理 PSD 文件

整理好图标文件之后，在图层名称上单击鼠标右键，在弹出的菜单中选择【导出为】命令，然后在弹出的【导出为】对话框中进行设置。由于设计图的尺寸是750像素 ×1334像素，也就是2倍尺寸大小，所以将【后缀】设置为【@2x】，如图7-12和图7-13所示。

将2倍切图全部导出以后，继续导出3倍切图，也就是用于iPhone 6 Plus的切图。在导出时将【大小】设置为原始大小的1.5倍，【后缀】设置为【@3x】，如图7-14所示。

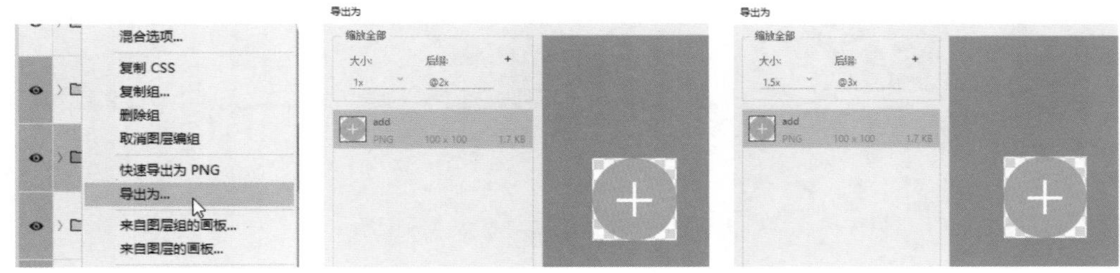

图7-12 导出图层　　图7-13 导出2倍切图　　图7-14 导出3倍切图

7.1.4 Android的“点九”切图法

Android的切图方法与iOS有一些区别。iOS使用的是十进制，Android使用的是十六进制，iOS可以通过系统功能绘制圆角和阴影，而Android则更倾向于用扩展名为“.9.png”的切图。“点九”是Android应用开发中的一种特殊图片形式，如icon@2x.9.png。

为了减少图片在包里的存储空间，经常会对图片进行拉伸，以实现图片在多种分辨率下的完美显示。但是图片被普通拉伸后可能会变模糊，圆角的大小也会随着拉伸而发生改变。在普通拉伸和非等比拉伸的情况下，圆角会发生变形，而使用“点九”切图法可以保留图片的质感和圆角的形状，如图7-15所示。

图7-15 不同拉伸效果

可以这样理解，“点九”切图法就相当于把一张PNG图片分成了9个部分（九宫格），分别为4个角、4条边和一个中间区域，而4个角是不会被拉伸的。

下面介绍“点九”切图的方法。

» 安装工具

安装 Java 程序 jdk-6u20-windows-i586，然后打开 Android 模拟器 Draw 9-patch，预加载完成后会弹出工具窗口，如图 7-16 所示。

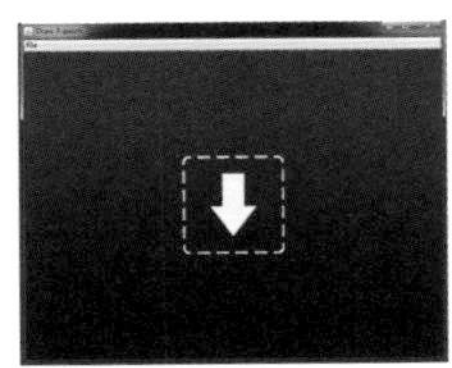

图 7-16 Draw 9-patch 模拟器

» 导入内容

将需要编辑的 PNG 图片拖入【Draw 9-patch】窗口中，自动进入编辑模式，此时图片边缘仍处于普通的模糊状态，如图 7-17 所示。开始绘制“点九”，图片四周有宽为 1 像素的透明区域，在此区域内绘制黑线，右边和底部的黑线对应显示内容的区域，左边和顶部的黑线表示可以进行拉伸的区域，如图 7-18 所示。

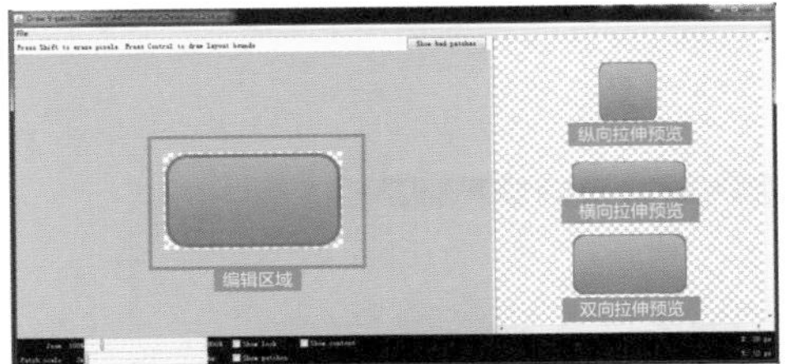

图 7-17 进入编辑模式

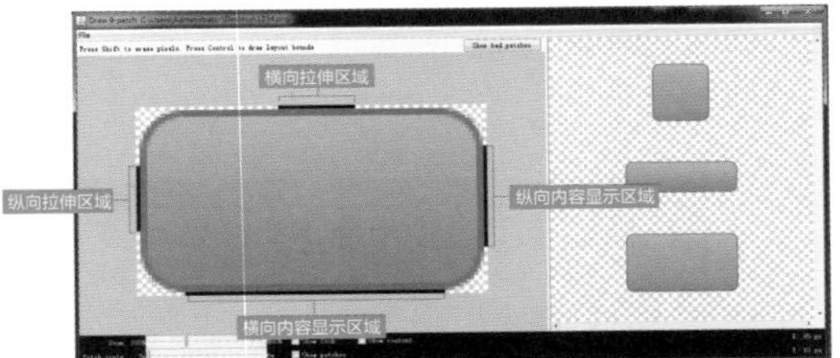

图 7-18 绘制黑线

如果在绘制过程中将黑线绘制多了，可以按住【Shift】键，单击将对应的黑线删掉；或者按住鼠标左键并左右拖曳黑线，将其缩短或拉长。如果要查看完整的绘制效果，可以勾选窗口底部的 3 个复选框，如图 7-19 所示。

如果遇到不规则的图片，也无须紧张，因为“点九”切图法可以灵活拉伸不规则的图片，如图 7-20 所示。

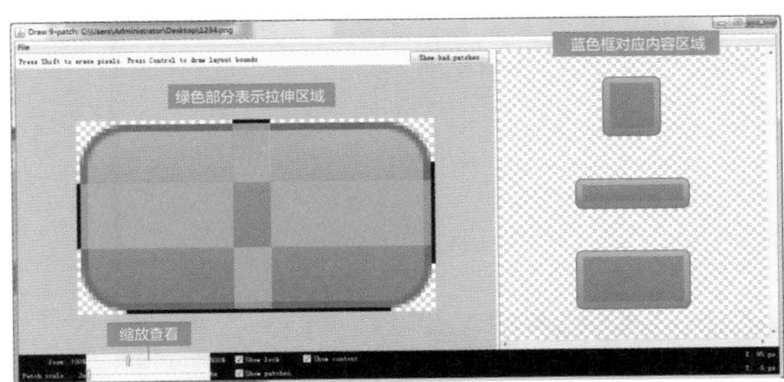

图 7-19 查看完整的绘制效果

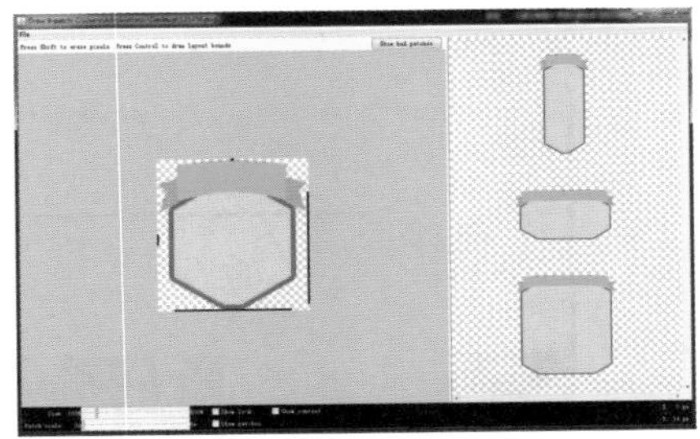

图 7-20 灵活拉伸不规则的图片

在设计的过程中可能会碰到图 7-21 所示的气泡图片，这种气泡图片又该如何处理呢？

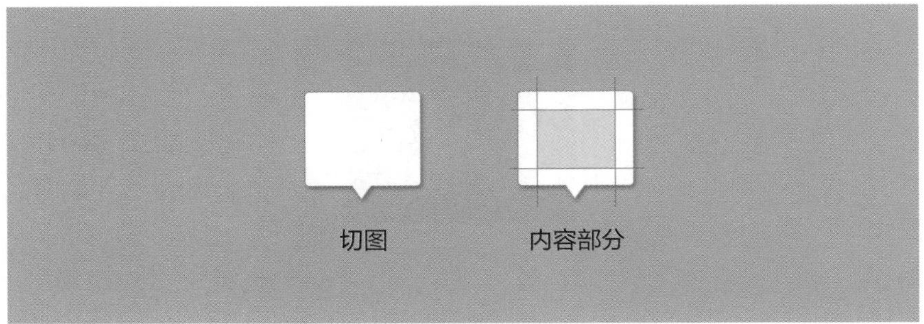

图 7-21　气泡图片

气泡切图与其他切图不同的地方就是横向拉伸区域的中间有三角形区域，所以应该在需要拉伸的位置分别绘制黑线。在图 7-22 中可以看到因为三角形区域是不能被拉伸的，所以顶部的黑线是分段绘制的。为了保证三角形区域在气泡切图底边的居中位置，需要分段绘制相同的横向拉伸的区域，如图 7-22 所示。

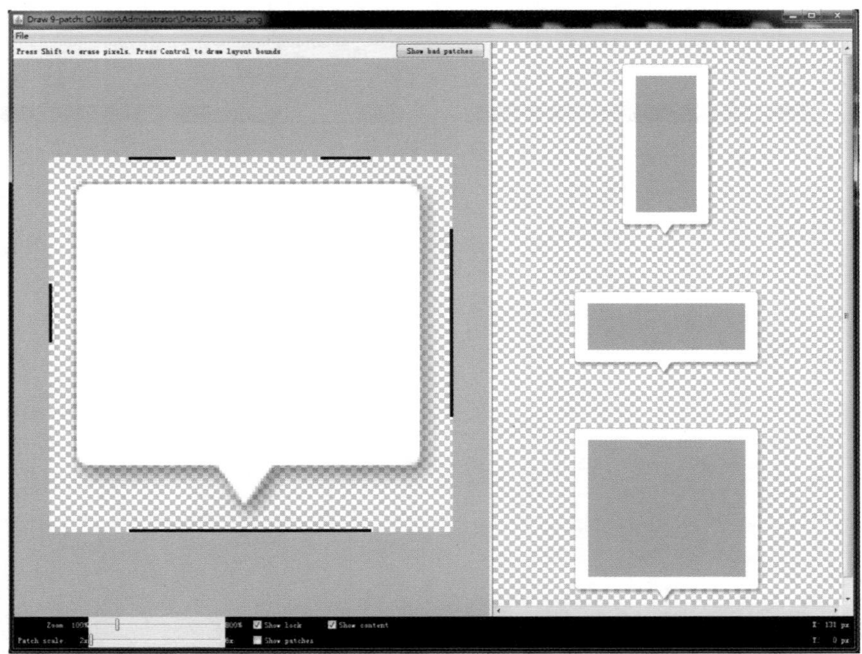

图 7-22　气泡切图

7.2 界面标注

在工作中，为了保证程序员在开发时能高度实现界面效果，需要对设计出来的界面进行精确的尺寸标记。如果程序员开发出来的界面与设计师设计出来的界面差别很大，原因之一就是没有建立一套完整、精确的界面标注规范。

7.2.1 标注软件

为了能让程序员看明白界面标注，需要先与其进行沟通，在沟通的基础上建立设计规范、标注规范等，尽最大努力将每一个细节都标注到界面上，让程序员一目了然。先推荐两款标注软件MarkMan（马克鳗）和PxCook（像素大厨），如图7-23和图7-24所示，直接登录它们的官网就可以进行下载。使用这两款标注软件中的任意一款都可以准确完成界面的标注，包括间距、大小、颜色和字号等。

图 7-23 马克鳗

图 7-24 像素大厨

7.2.2 标注规范

有些设计师标注的界面信息如图 7-25 所示，标注的信息太多，且杂乱无章。如果将这样的标注直接给程序员看，程序员将很难看懂。

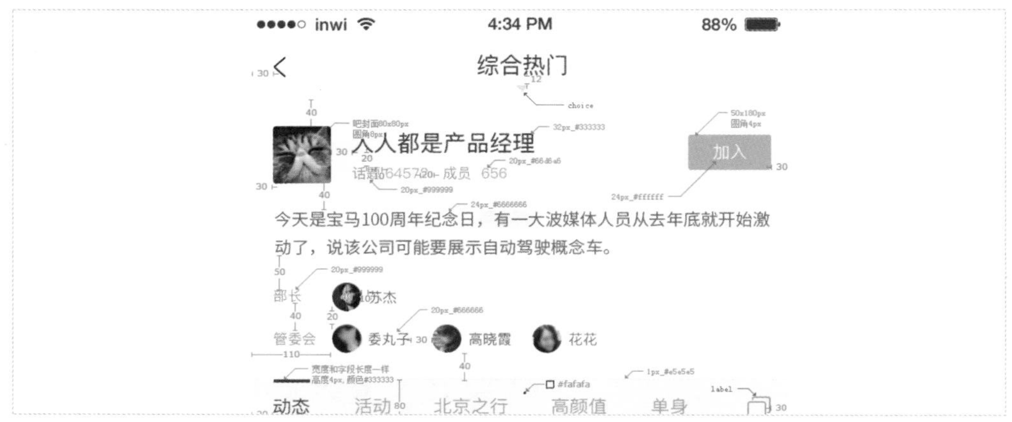

图 7-25 杂乱无章的标注

图 7-25 中虽然仔细标注了每个元素的大小和颜色值等，但没有任何的视觉逻辑，更没有将视觉信息清晰、准确地展示给程序员。程序员在处理界面构架时都是一块一块地进行排布与划分的，最后实现视觉上的样式还原。所以，设计师应该按照类型去标注，先标注每个模块的间距、字体颜色和字号，然后标注布局和样式等。为了让标注变得有条理，设计师可以通过 3 张标注图来展示界面，即框架标注图、控件布局图和样式描述图，如图 7-26 所示。

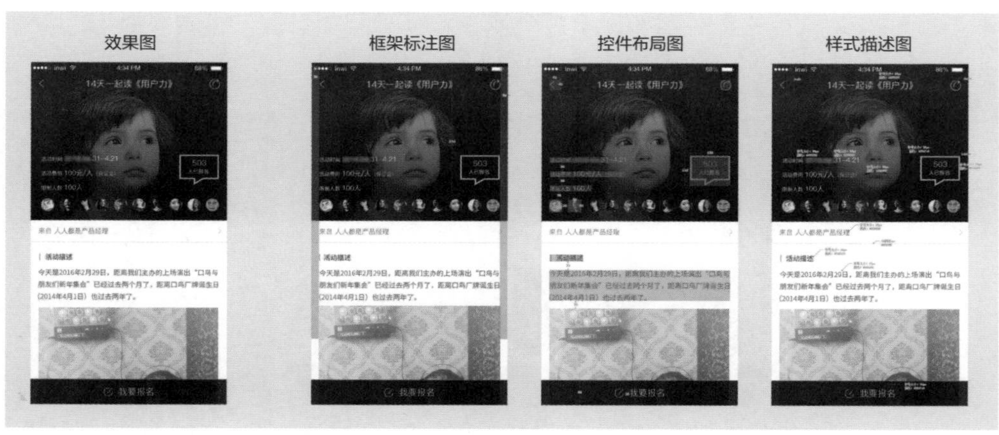

图 7-26 通过 3 张标注图来展示界面

框架标注图：主要标注出界面的左右间距、内部间距和宽度等。

控件布局图：标注行间距与段落间距，以及按钮与按钮的间距等。注意，主要标注小块元素的大小与间距。

样式描述图：标注文字的大小、颜色、透明度、圆角和图标切图的名称等。

在程序员开发界面之前，设计师会和程序员进行沟通，将 App 的常用设计规范梳理出来。为了加强组件的可复用性，通常会将按钮控件的样式单独拎出来进行标注，如图 7-27 所示。另外，还会把可复用的组件标注出来，并且细分到每个状态，如图 7-28 所示。这些设计规范都会共享在公司的服务器上，以便设计师和程序员进行调用。

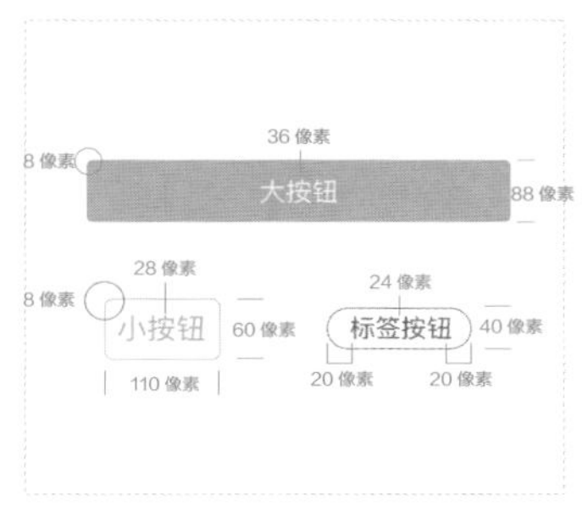

图 7-27 按钮控件标注

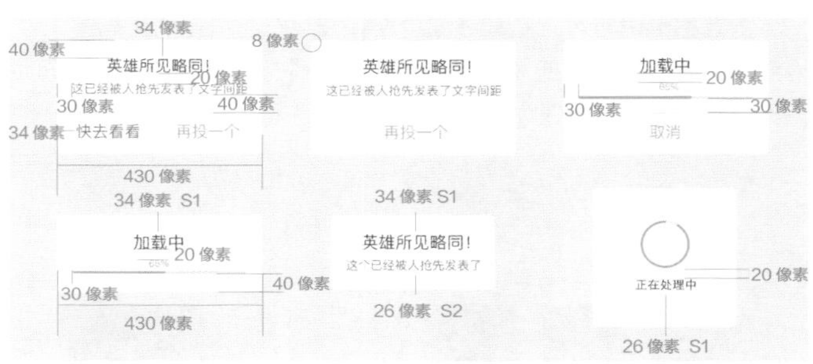

图 7-28 组件标注

在标注时需要精确测量间距等值，如两个按钮的间距。不同的适配方式有不同的标注方法，不是所有的地方都需要进行标注。如果只标注中间的距离，那么适配的效果是基于中心进行对齐的，并不会对两个控件进行等比拉伸，如图 7-29 所示；如果只标注了左右两边的距离，那么呈现的适配效果就是左右顶边对齐的，如图 7-30 所示；如果左右间距和按钮大小都标注了，那么适配时就会出现问题，这种标注是错误的，如图 7-31 所示。

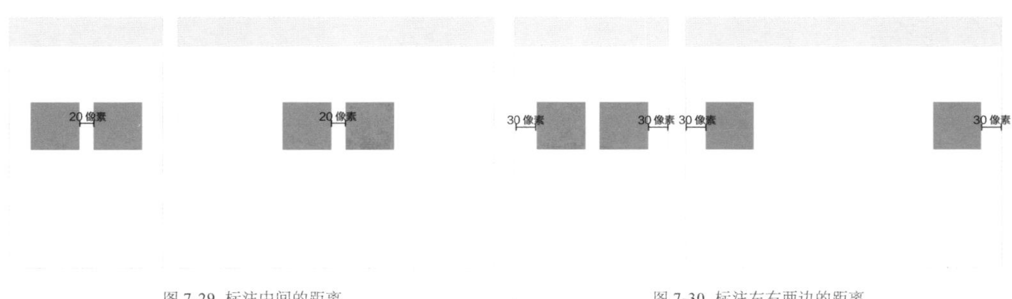

图 7-29 标注中间的距离

图 7-30 标注左右两边的距离

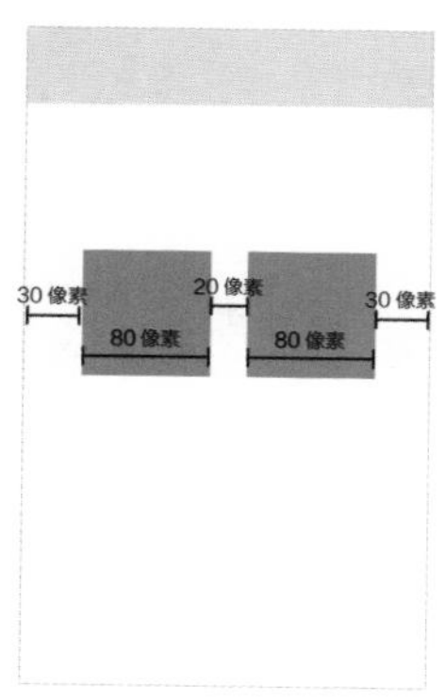

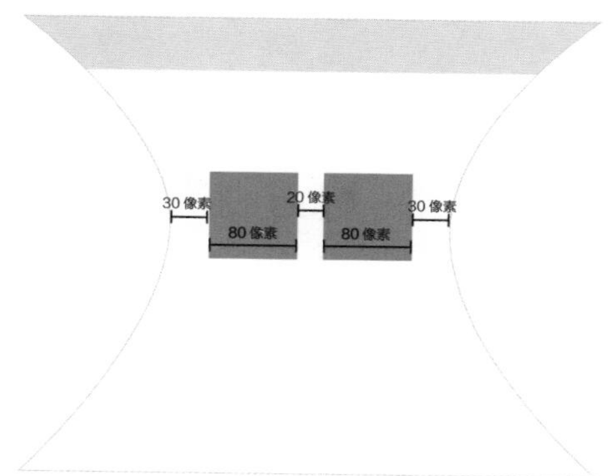

图 7-31 错误的标注

要让图形进行等比适配，就需要标注按钮与间距的比例关系，如图 7-32 所示。在通常情况下，因为设计过程中的适配操作更多的是对图形进行等比拉伸，保持间距不变，所以只标注控件与控件的间距即可，这样不仅能保证间距的统一性，还可以对图形进行适配，如图 7-33 所示。

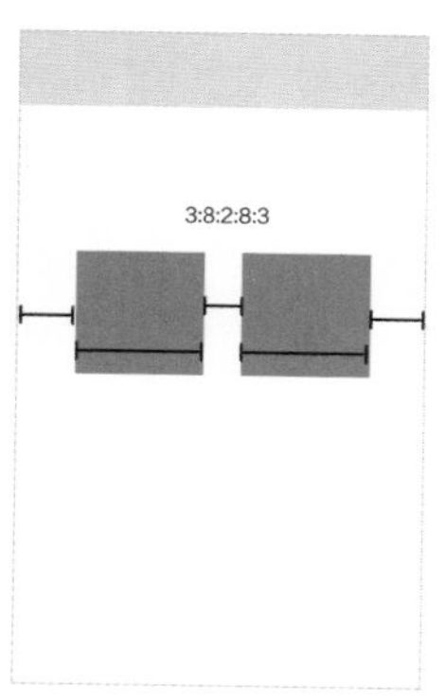

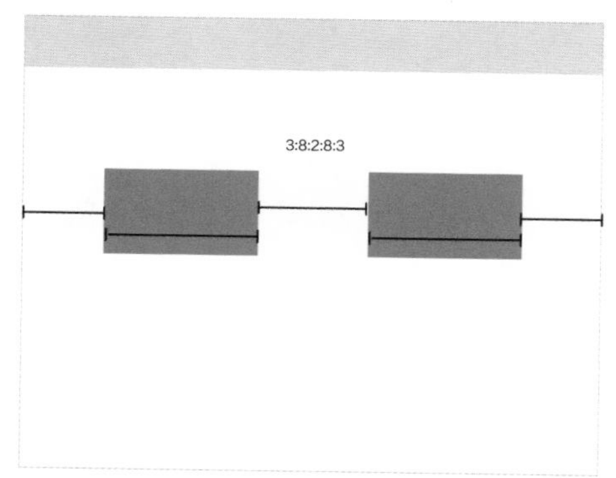

图 7-32 等比例标注

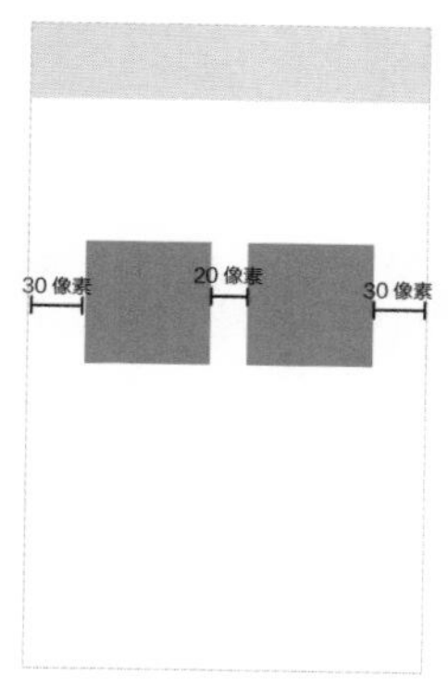

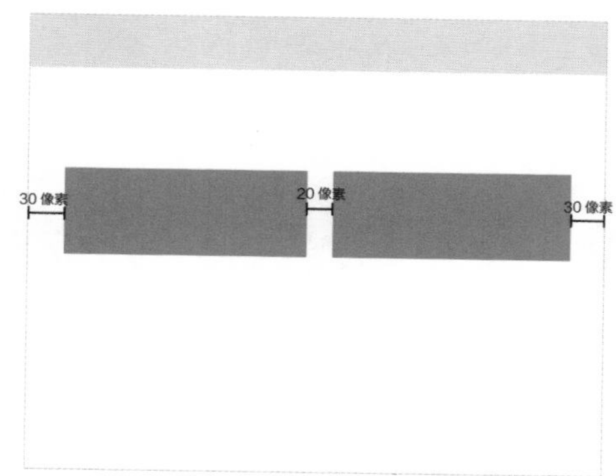

图 7-33 标注控件与控件的间距

7.3 实战：为一款首页界面切图

切图是整个开发流程中必不可少的一个环节，设计师需要将切图文件整理好并交给开发人员。在一个界面中，要分清楚哪些对象需要切图，哪些对象需要先区分状态，然后再进入切图环节。切图时，要分别输出 iOS 切图和 Android 切图，它们的切图方式基本一样，但也有一些不同之处，如分类方式和切图的命名方式。本例就以一个比较典型的首页界面为例来教大家如何进行切图。

7.3.1 切图分析

启动 Photoshop CC 2017，打开本例的“首页切图 .psd”文件，这是一个首页界面，如图 7-34 所示。先分析一下这个界面中的图形，界面中有些图形是可以拉伸或者直接用代码写出来的，如色块、线条、圆形和矩形等图形；除此之外，还有一些不规则的图形和图片，如界面顶部的 Banner 图和图标等，这些是不可以直接用代码写出来的，只能通过切图来实现。

图 7-34 首页界面

先来看看界面顶部，如图 7-35 所示。这里包含图标、文字和一张 Banner 图（图上的文字与图是一个整体），其中图标和 Banner 图是需要进行切图的，文字只需要标注字体、字号和颜色值等，同时还要标注这些元素的尺寸、位置及间距等。

图 7-35 界面顶部

然后来看看界面的中间区域，如图 7-36 所示。该区域包含 4 个圆角矩形、4 个图标和一些文字。如果只是单纯的圆角矩形，是不用切图的，但是这些圆角矩形上还有渐变和投影效果，虽然可以直接进行开发，但是开发成本很高，因此最好进行切图；图标毫无疑问需要进行切图；文字不需要切图，只需要标注字体、字号和颜色值等。注意，这些元素都需要标注尺寸、位置及间距。

最后来看看界面的下部，如图 7-37 所示。该区域包含文字、图标、圆形、矩形和一些分割线。其中图标是需要切图的；文字只需要标注字体、字号和颜色值等；圆形和矩形可以直接进行开发，因此只需要标注尺寸和颜色值；分割线也可以直接进行开发，只需要标注描边的宽度值及线条的长度值和颜色值。注意，这些元素都需要标注尺寸、位置及间距。

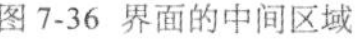
图 7-36 界面的中间区域

图 7-37 界面下部

现在虽然分析出了界面中的哪些对象需要进行切图，但这还不够，还要分清楚哪些对象只是用来展示（传达信息）的，哪些对象需要区分选中与未选中状态。下面就以底部标签栏（所有 App 都会涉及标签栏的切图）中的一组图标为例来介绍如何在 Photoshop 中进行切图操作。

7.3.2 iOS切图

iOS 的切图分为两种规格：一种用在 iPhone 6 中，另外一种用在 iPhone 6 Plus 或 iPhone 7 Plus 中。

01 **对图标进行归纳整理**。按【Ctrl+N】组合键新建一个文档（能放下标签栏中的图标即可），然后用灰色填充【背景】图层，选择【移动工具】，将底部标签栏中的图标拖入该文档中，如图 7-38 所示。

图 7-38 新建文档并拖入图标

02 由于标签栏中的图标分为选中与未选中两种状态，因此需要复制一份图标，如图 7-39 所示。然后将上面的一组图标做成未选中的状态，将下面的一组图标做成选中的状态，如图 7-40 所示。

图 7-39 复制图标

图 7-40 区分图标状态

03 **对图标进行重命名**。切图的图标需要用英文进行命名，因为在开发时无法使用中文，如未选中状态的首页图标可以命名为 home，选中状态的首页图标可以命名为 home_press，如图 7-41 所示。这里为了能让大家看明白，只将选中状态图标的“选中”用英文 press 区分出来，如图 7-42 所示。

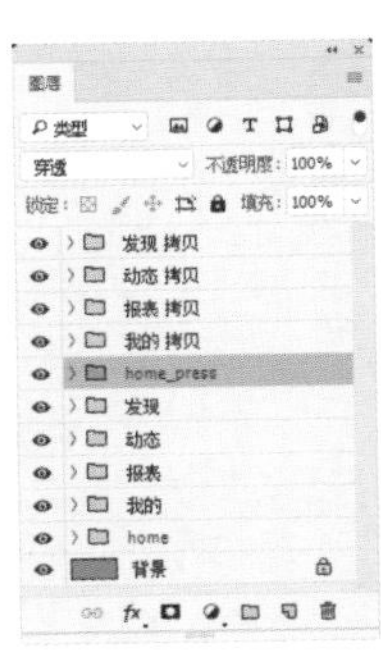

图 7-41 命名规范

图 7-42 区分图标名称

04 **导出图标**。在【图层】面板中选择所有图层组（导出一个图标只需要选择一个图层组，以此类推），然后在任意一个图层组的名称上单击鼠标右键，在弹出的菜单中选择【导出为】命令，如图 7-43 所示。打开【导出为】对话框，对话框的左侧显示了图标的尺寸，可以发现图标的尺寸不一致，在对话框中间可以预览要导出的图标，在对话框右侧可以对图标的参数进行设定，如图 7-44 所示。

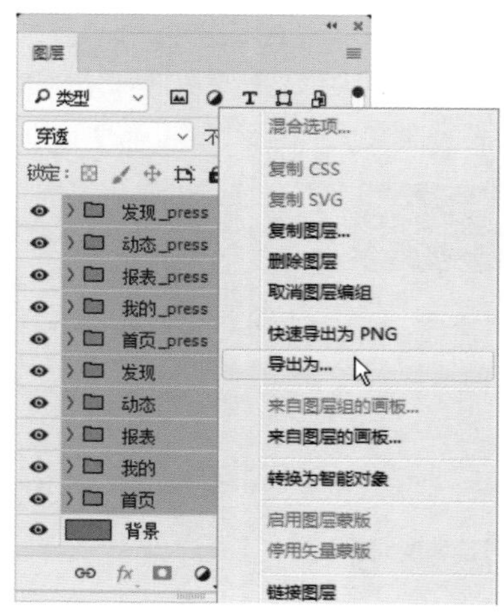

图 7-43 选择【导出为】命令

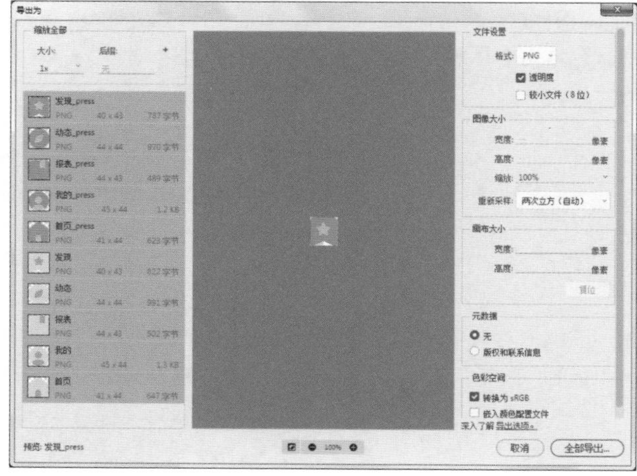

图 7-44 【导出为】对话框

05 由于底部标签栏中的图标尺寸均为 44 像素 ×44 像素，因此先在对话框左侧全选图标，在右侧将【图像大小】栏中的【宽度】和【高度】都设置为 44 像素。虽然有些图标会产生留白，但只要保证尺寸一致就行；接着将【格式】设置为【PNG】，最后在对话框左侧将【大小】设置为【1x】（x 表示“倍”）、【后缀】设置为【@2x】（@2x 表示切图用在 iPhone 6 中）。这就设定好了 iPhone 6 的图标尺寸，如图 7-45 所示。设定好后单击【全部导出】按钮（全部导出...）进行导出，导出完成后在对应文件夹中即可看到切图文件，如图 7-46 所示。

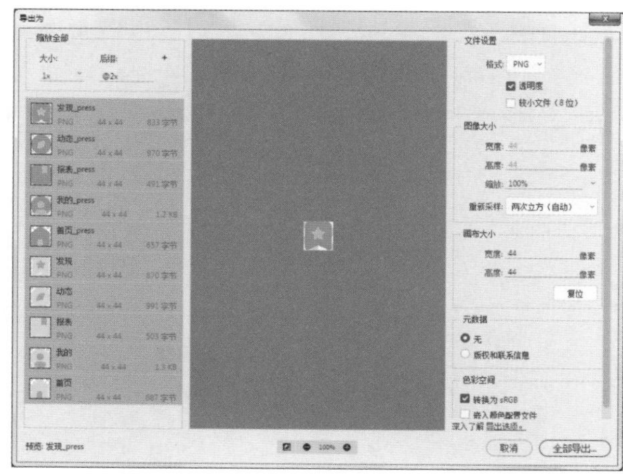

图 7-45 设置 iPhone 6 的切图选项

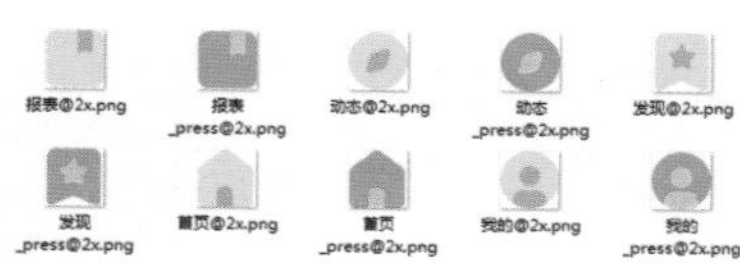

图 7-46 导出的 iPhone 6 切图

06 重新打开【导出为】对话框，在对话框左侧将【大小】设置为【1.5x】、【后缀】设置为【@3x】（@3x 表示切图用在 iPhone 6 Plus 或 iPhone 7 Plus 中），其他设置与 iPhone 6 的一致，如图 7-47 所示，导出的切图文件如图 7-48 所示。iOS 的切图文件没有必要分别放在两个文件夹中，可以直接将两种尺寸的切图放在同一个文件夹中。

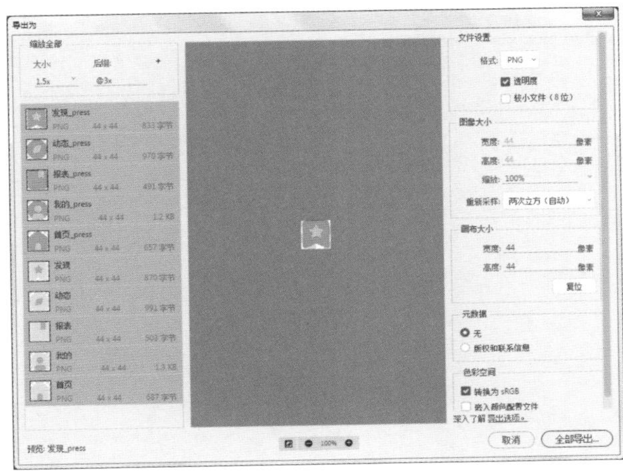

图 7-47 设置 iPhone 6 Plus 的切图选项

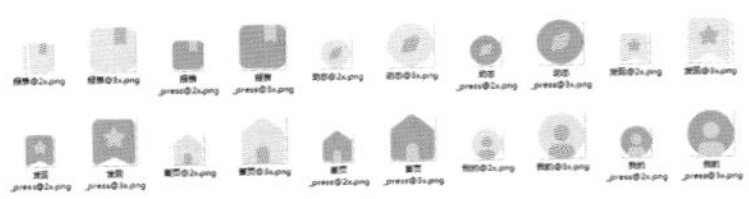

图 7-48 导出的 iPhone 6 Plus 切图

7.3.3 Android切图

Android 的切图方式与 iOS 相同，只是 Android 切图的命名方式不一样，且两种切图需要分别放在两个文件夹中，即 xhdpi 文件夹和 xxhdpi 文件夹。

01 新建一个 Android 文件夹，然后在该文件夹中新建一个 xhdpi 文件夹和一个 xxhdpi 文件夹，如图 7-49 所示，xhdpi 文件夹用于存放“超清”的切图，xxhdpi 文件夹用于存放“超超清”的切图。

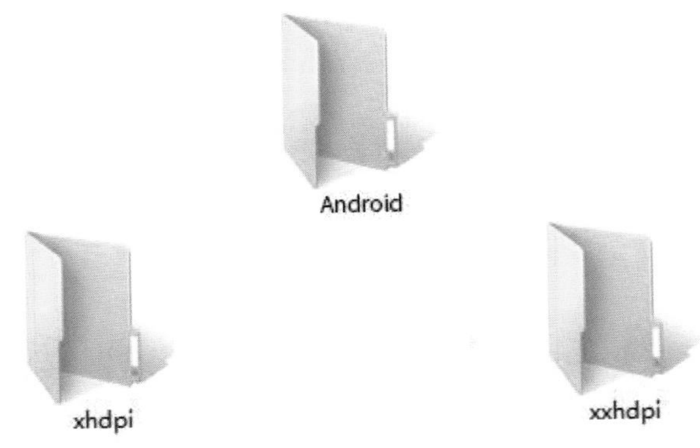

图 7-49 新建文件夹

02 超清切图与 iOS 中后缀为 @2x 的切图尺寸相同，因此可以直接将后缀为 @2x 的切图复制并粘贴到 xhdpi 文件夹中，然后将后缀 @2x 全部去掉，只保留文件名，原因是 Android 切图文件不需要后缀，如图 7-50 所示。

图 7-50 Android 的超清切图

03 超超清切图与 iOS 中后缀为 @3x 的切图尺寸相同，因此可以直接将后缀为 @3x 的切图复制并粘贴到 xxhdpi 文件夹中，然后将后缀 @3x 全部去掉，只保留文件名，如图 7-51 所示。

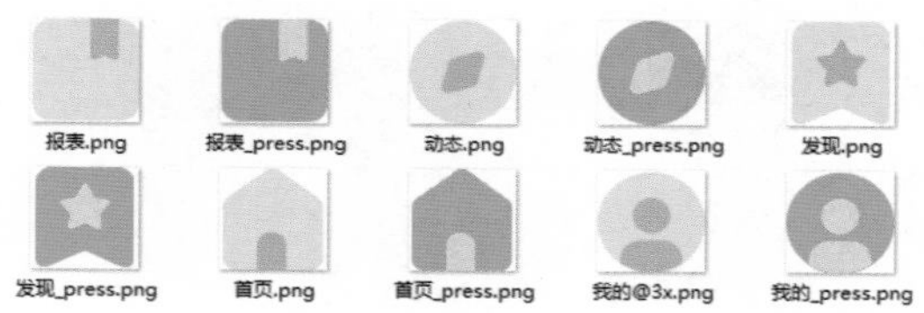

图 7-51 Android 的超超清切图

当然，也可以在 Photoshop 中进行 Android 切图，将后缀去掉，其他设置与 iOS 的一样，最后将导出的两种切图放在两个不同的文件夹中。

第8章 图标设计

8.1 图标创意

无论是软件标识类图标还是功能标识类图标，都需要讲究“创意”。当设计师拿到一个图标项目时，可以从卡通形象化、关键词图形化和文字直观化这 3 个方向来思考创意点，在进行创意设计时必须遵循简洁性和易识别性两大基本原则。优秀的图标不仅拥有自己的特色，还能清晰地传达信息，以最简洁的图形体现最明确的主题。

8.1.1 卡通形象化

大多数 App 都会为自己打造一个卡通形象，通过卡通形象来激发用户的兴趣。例如，用户一看到企鹅图标就会想到 QQ，看到黑猫与红色背景的组合图标就会想到天猫，看到黄色的狮子图标就会想到苏宁，如图 8-1 所示。

图 8-1 卡通形象化图标

8.1.2 关键词图形化

利用功能关键词设计一个能体现 App 特点的图标，是图标设计中非常重要的一个创意点。这种类型的图标在设计时需要注意图形的简洁性与独特性，不要添加过多细节，因为如果图形过于复杂，那它在小尺寸的场景中可能无法被看清楚。例如，微信和 QQ 音乐的图标都很简洁，但这些图标的每个轮廓、每个弧度和每个转角都进行了精细的打磨，最终才得到了被大众认可的图形化图标，如图 8-2 所示。

图 8-2 关键词图形化图标

8.1.3 文字直观化

利用 App 名称中的关键字进行设计是图标设计中的又一大创意点。因为将文字直接设计成图标既直接明了，又令人印象深刻。有很多 App 会用英文名称的首字母或中文名称中的第一个字来设计主图标，当用户看到这样的图标时，就能立刻识别出这是哪个 App，如图 8-3 所示。

图 8-3 文字直观化图标

案例分析

无论设计什么图标，选择适合 App 本身特点的设计方式尤为重要。设计图标时，不仅要注意图形的简洁性，还要注意颜色的合理搭配，一般最好只用 1~2 种主色调。功能性图标最重要的设计原则就是易识别性，只有易识别的图标才能让用户记住。下面以一个为汽车加油的 App 的图标设计为例来介绍如何从关键词中寻找到合适的创意表现方式。

这个 App 的名称是“车到加油”。拿到这个项目时，先想到的就是这是一款加油服务类 App，然后对其关键词进行提取。提取出的关键词有加油、车轮、方向盘、油箱和仪表等，如图 8-4 所示。

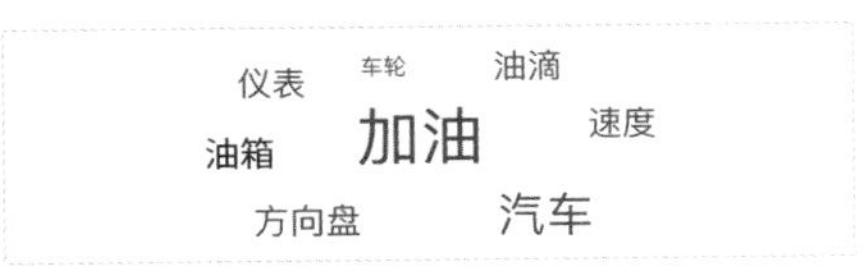

图 8-4 提取的关键词

将以上关键词通过视觉设计表达出来，然后对设计进行筛选，定出了 3 个大的方向，如图 8-5 所示。经过筛选，将第一个设计稿定为了最终的设计稿，因为这个图标体现了汽车加油的过程，易识别性强。

这个图标的创意点源于“铁青蛙”玩具，为铁青蛙上发条就相当于为汽车加油，如图 8-6 所示。这个设计既让用户感受到了趣味性，又让 App 具有了独特的气质。另外，在图形的设计上减少了多余而琐碎的元素，让整个图标足够醒目，主色调也只使用了能体现加油站特色的红色，从而提高用户对 App 的认知度。

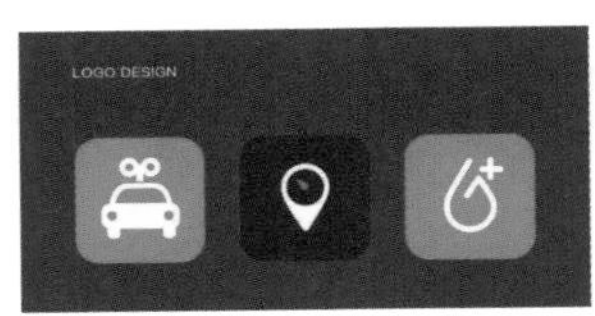

图 8-5 筛选视觉设计

图 8-6 设计灵感的来源

8.2 图标类型

从表达形式来讲，图标分为像素图标、拟物化图标、扁平化图标、线性图标和立体图标。无论是什么类型的图标，其表现方式一定要具备统一性和识别性。图标的常规制作思路是：先从 App 的功能信息中提炼出图形语言，然后对细节进行刻画。

8.2.1 像素图标

像素图标是一种以像素为基本单位制作的图标（属于位图），也可以称为“像素画”。生活中随处都可以见到由点阵式小灯组成的荧光屏，如图 8-7 所示。这种荧光屏具有一个明显的特征，就是轮廓非常清晰，像素图标的原理其实与点阵荧光屏的原理是相同的。

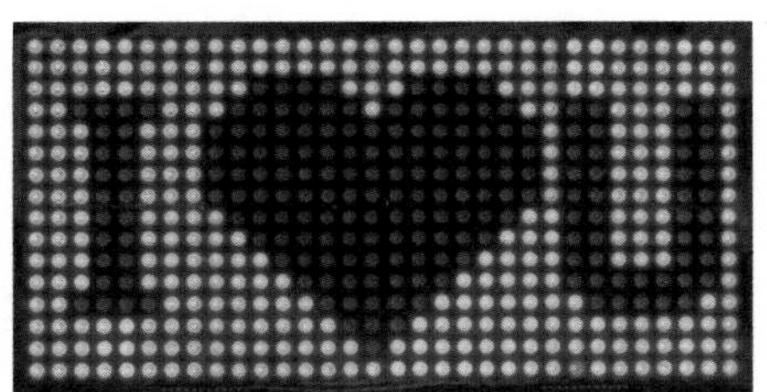

图 8-7 点阵荧光屏

以前像素图标主要运用在网页设计中，现在则更多地运用在一些智能设备上，如手表、电子硬件等。像素图标的设计比较简约，易读性也比较好，所以很多时候会用于代替复杂的图形或信息，如图 8-8 所示。在制作像素图标时需要注意像素的清晰度。

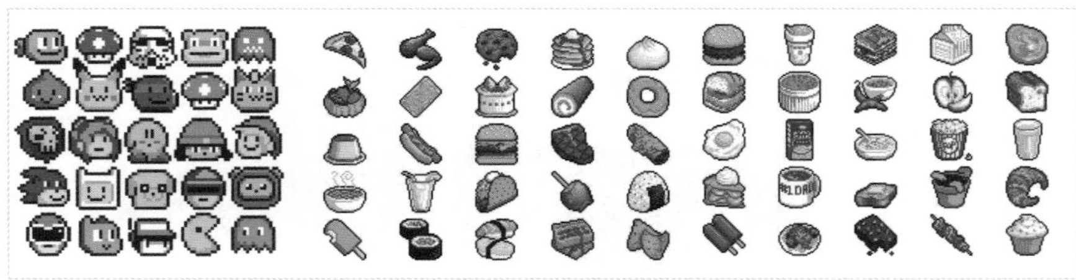

图 8-8 像素图标

案例分析

这里分析一下在 Photoshop 中绘制像素圆和像素直线的方法。像素图标主要使用【铅笔工具】来绘制，当然还会用到一些辅助工具，如图 8-9 所示。

新建一个 20 像素 × 20 像素的画布，将【分辨率】设置为 72 像素 / 英寸（1 英寸≈2.54 厘米），如图 8-10 所示。先将画布的显示比例放大到 1000%，然后将【铅笔工具】的笔尖设置为方形笔尖、将笔尖的【大小】设置为 1 像素、【不透明度】设置为 100%。

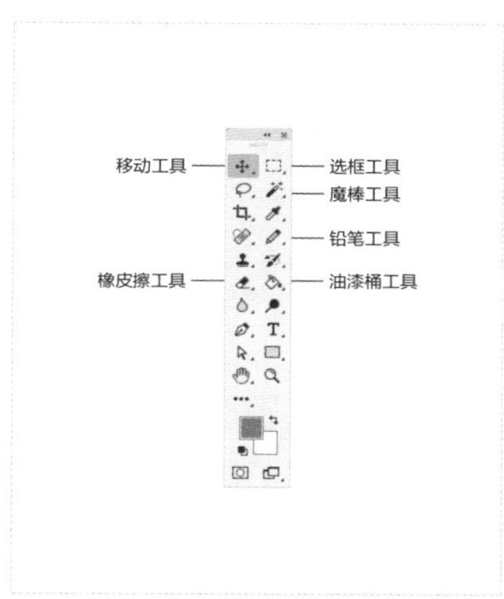

图 8-9 绘制像素图标要用到的工具

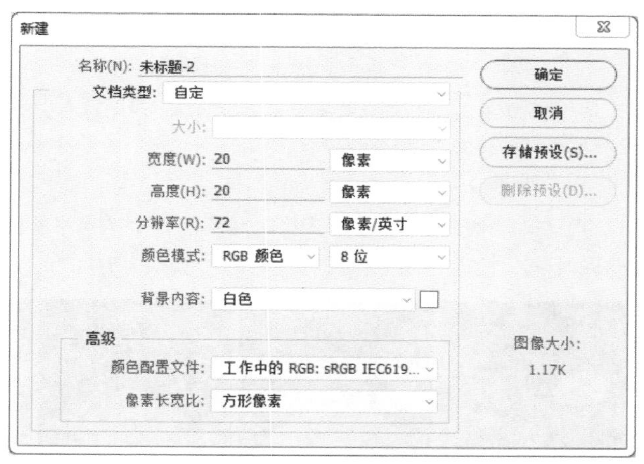

图 8-10 新建画布

设置好【铅笔工具】的基本参数以后，就可以开始绘制像素了。见图 8-11，左图演示了标准圆的像素绘制方法，右图演示了非标准圆的像素绘制方法。在绘制时一定要注意点阵之间的关系。画标准圆时要用 1-2-3 的像素节奏来形成圆弧，如图 8-12 所示。除了圆形以外，不同角度的直线也有不同的绘制规律，如图 8-13 所示。

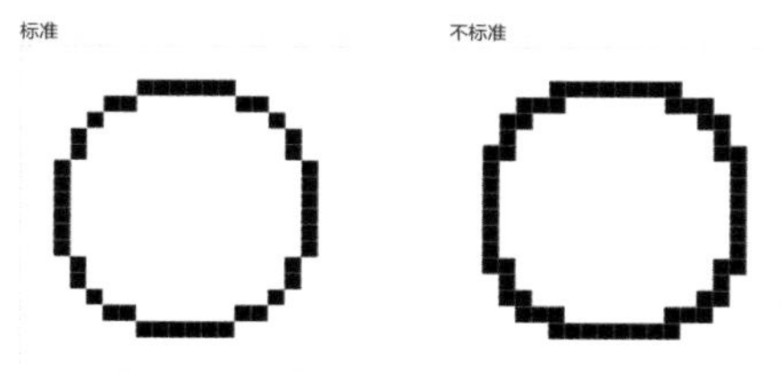

图 8-11 标准圆与非标准圆

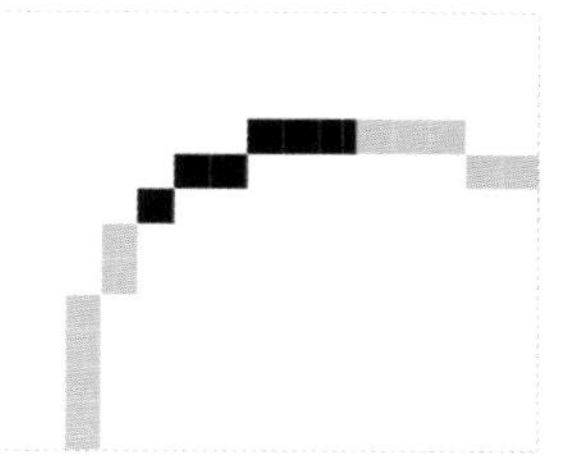

图 8-12 标准圆的绘制方法

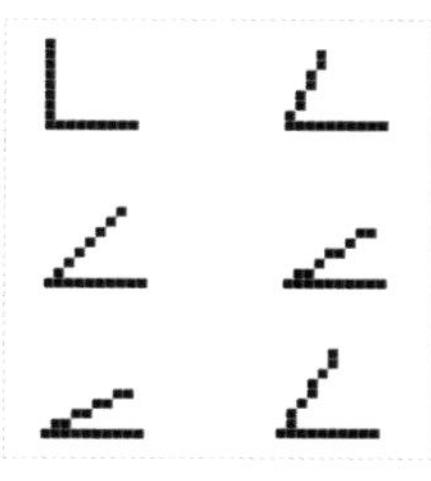

图 8-13 直线的绘制方法

8.2.2 拟物化图标

拟物化图标在 iOS 6 中应用广泛，这类图标的材质、光影等非常逼真。iOS 6 有一个非常优秀的设计细节，那就是滑杆上的圆形按钮，如图 8-14 所示。这个按钮的质感不仅像金属材质，而且在手机倾斜时还会像真正的金属一样改变光泽。这是拟物化设计的最高境界，最大限度地还原真实环境。

图 8-14 拟物化图标

拟物化图标的最大优势就是可识别性很强，可以让人一眼看明白其表达的意思，如图 8-15 所示。虽然拟物化图标的可识别性很强，但是它有一个致命的缺点，就是这种图标不太适用于展示界面的整体功能，而且制作成本很高，需要花大量的时间来设计其阴影和质感。

在将拟物化设计转换为扁平化设计的过程中，为了平衡设计效率与视觉效果，演变出了一种“微质感化”的设计，也就是用尽可能少的样式来表现图标的质感，如图 8-16 所示。

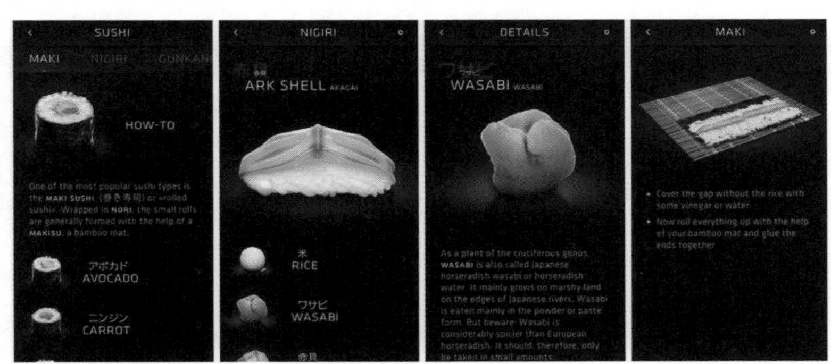

图 8-15 可识别性很强的拟物化图标

图 8-16 微质感化的设计

8.2.3 扁平化图标

现在的 UI 设计越来越注重简洁性，扁平化图标变成了界面图标的主导形式。扁平化图标看似简单，但是对初学者而言，要把控好图标的形状还是比较困难的，如果把控不好，就会导致设计出来的图标不够美观或是不能直接表达出图标对应的功能。另外，扁平化图标还需要将关键形状刻画到结构上，这也很考验设计师的能力，如图 8-17 所示。

因为扁平化图标造型简单、易识别，所以经常被用在界面中。在绘制这类图标时一定要注意外观的统一性和可识别性。很多新手设计师会在网上下载图标素材，然后将它们东拼西凑成一套图标，这不仅会降低界面的档次，而且很难统一图标的整体风格。图 8-18 所示的图标单看都没有问题，但是放在一起后看起来就很凌乱了，风格不统一是图标设计中的一大忌讳。

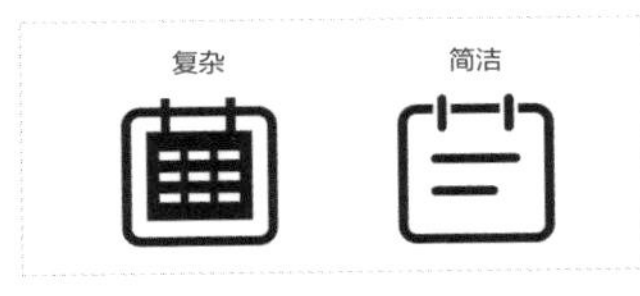

图 8-17 将复杂图标简化为简洁图标

图 8-18 风格不统一的图标

扁平化图标分为面式图标和线式图标两种。面式图标需要注意形状的圆角和黑白比例，在绘制时一定要把握好形状的轮廓，如图 8-19 所示；线式图标需要统一线条的宽度及线段的连接方式等，如图 8-20 所示。

图 8-19 面式图标

图 8-20 线式图标

面式图标由于填充面积比较大，所以整体显得比较饱满，视觉平衡度也比较高。而线式图标的优势是比较有设计感，在视觉上显得更轻盈，同时拓展性也比较好。iOS 中经常会用面式（正）和线式（负）图标来表示选中和未选中状态，如图 8-21 所示。

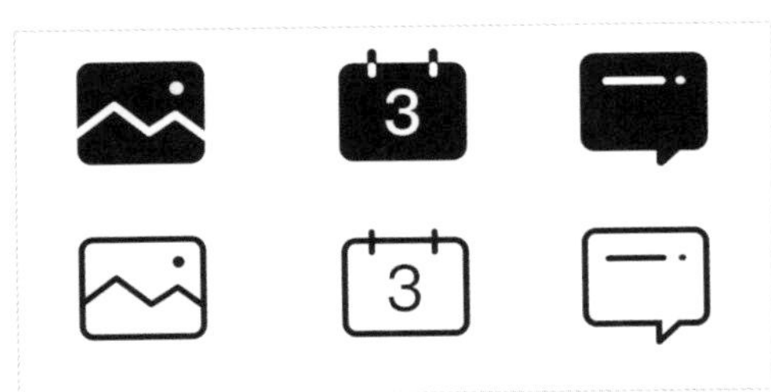

图 8-21 用面式和线式图标表示选中和未选中状态

案例分析

下面分析如何在一套扁平化图标中做到设计的统一性。

先从形体方面入手。统一形体可以从以下 3 个方面进行考虑，如图 8-22 所示。

① 统一每个图标的黑白比例。保证每个图标的黑白填充比例一致，从而统一所有图标的黑白节奏。

② 统一每个图标的风格。扁平化图标有面式和线式两种，在设计时要保证图标类型、风格的一致性。

③ 统一每个图标的细节。例如，统一每个图标的圆角大小和留白宽度等。

图 8-22 统一形体

做到形体的统一后，可以用多种颜色来丰富图标。在处理有颜色的图标时，不仅要加强图标的层次感，更要统一图标的颜色风格，如图 8-23 所示。

图 8-23 统一图标的颜色风格

最后要把握好图标的节奏平衡和视差平衡。在图标的内部要注意元素之间的比例，可以按黄金比例分割，也可以平均分割。可以参考 iOS 的图标设计规范，先绘制好内部结构线，再分配各元素的比例，如图 8-24 所示。如果觉得 iOS 的结构线太复杂，也可以靠经验来判断图标的节奏平衡和视差平衡。因为人眼存在视差，所以在设计时可以暂时抛开一些条条框框，对人眼看到的真实情况做出判断后再进行调整，如图 8-25 所示。

图 8-24 iOS 图标的内部结构线

图 8-25 节奏平衡和视差平衡

8.2.4 线性图标

由于现在的图标设计风格越来越简洁，因此产生了线性图标，界面底部的标签栏、导航功能按钮和分类按钮经常使用线性图标来表示，如图 8-26 所示。

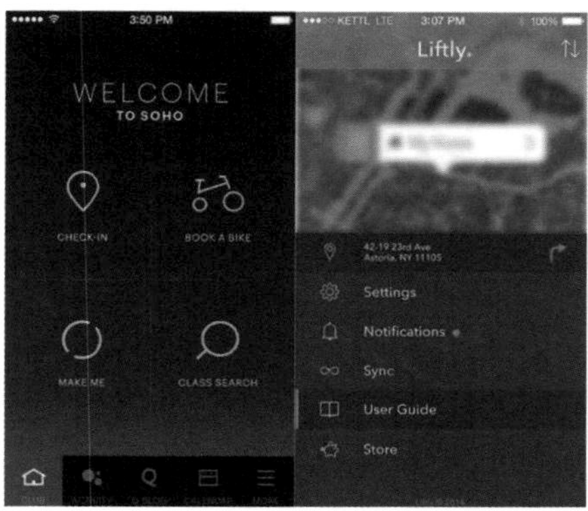

图 8-26 线性图标

案例分析

下面介绍线性图标的一些重要绘制技巧。绘制线性图标前，要先了解它们的特点。线性图标的线条很简单，图形的含义很明确，描边宽度一般为 2 像素，有时也会将描边宽度增大到 3 像素，如图 8-27 和图 8-28 所示。

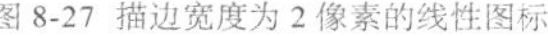

图 8-27 描边宽度为 2 像素的线性图标

图 8-28 描边宽度为 3 像素的线性图标

线性图标的绘制难点是如何快速完成绘制。大家可能会想到用 Illustrator 来绘制线性图标，但是在 Illustrator 中绘制好线性图标以后，一般还需要在 Photoshop 中对其进行优化。而在 Photoshop 中打开 Illustrator 图形后，图形边缘很可能会出现问题，同时各像素也可能无法对齐。基于此，建议大家优先考虑用 Photoshop 来绘制线性图标。

使用 Photoshop 绘制线性图标有一个前提，那就是能够熟练使用形状工具的填充和描边功能，以及熟练掌握钢笔工具和锚点调整工具的使用方法，其中最重要的就是描边功能。下面介绍使用 Photoshop 绘制线性图标时经常遇到的一些描边问题。注意，以下所讲技巧仅针对 Photoshop CS6 及更高的版本。

» 如何让描边效果更圆滑

描边效果可以使用“描边”图层样式或路径的“描边”功能来实现，但是建议直接使用后者。在图8-29中，左图是用“描边”图层样式制作的描边效果，边缘处出现了严重的分块效果；而右图是用路径的“描边”功能制作的，描边效果很完美。这是因为二者采用的描边技术完全不同。

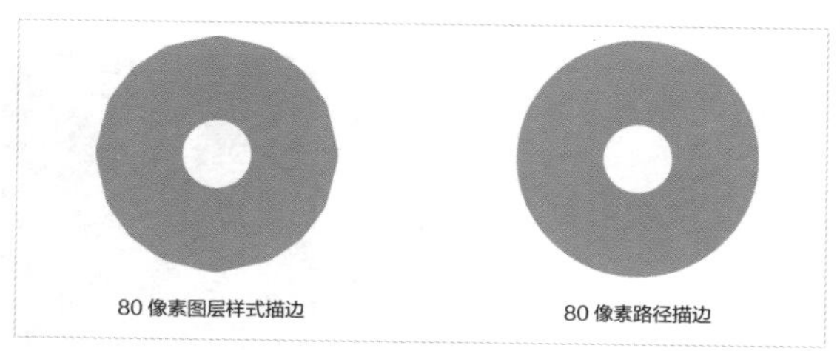

图 8-29 图层样式描边与路径描边

» 如何制作多种描边效果

使用“描边”图层样式只能实现圆角的描边效果，而使用路径的“描边”功能不仅可以实现圆角的描边效果，还可以制作出直角和倒角效果，如图 8-30 和图 8-31 所示。基于此，如果要制作角点描边效果，推荐使用路径的“描边”功能来完成，这样可以减少很多工作量。

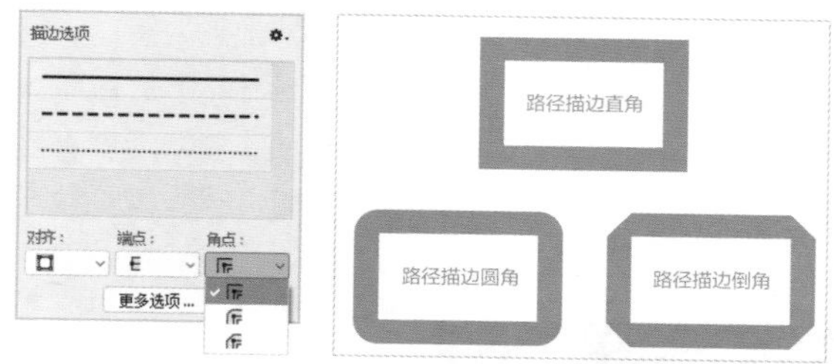

图 8-30 路径描边的【角点】选项　　图 8-31 路径的角点描边效果

» 如何对开放路径进行描边

在绘制线性图标时，经常会遇到开放的路径，如果用图层样式对这种路径进行描边，就会生成一个封闭的形状，而路径的“描边”功能支持开放描边，如图 8-32 所示。因此，如果要对开放路径进行描边，推荐使用路径的“描边”功能来完成。

图 8-32 开放路径的描边效果对比

8.2.5 立体图标

很多界面需要体现出空间感，于是就有了立体图标。立体图标的层次感很强，并且很耐看，经常出现在网页和专题页面中，如图 8-33 所示。立体图标并非真实的 3D 图标，而是通过明暗面的划分来营造立体感的，很考验设计师对图形透视结构的把控能力。

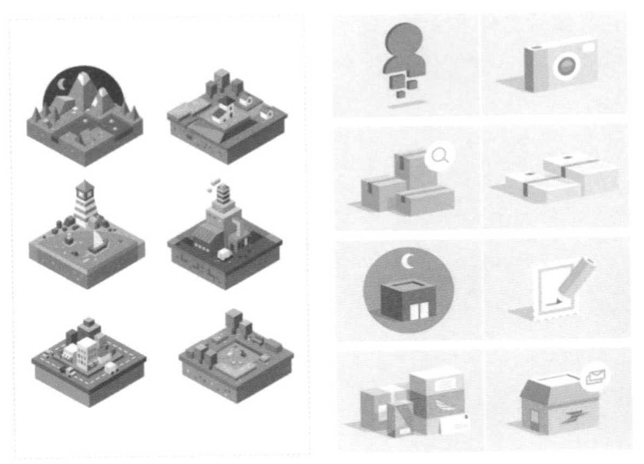

图 8-33 立体图标

案例分析

立体图标看似很复杂，但是只要掌握了透视原理，立体图标的制作就很简单了。下面以一个长方体为例介绍如何制作透视辅助线，同时介绍立方体的绘制方法。

01 新建一个 900 像素 ×900 像素的文件，然后选择【钢笔工具】，将绘图模式设置为【形状】，按住【Shift】键绘制一条【描边】宽度为【1 像素】的直线，如图 8-34 所示。

02 按住【Shift+Alt】组合键对直线进行复制，重复多次，直到密度合适为止，如图 8-35 所示。选择【移动工具】，选择所有的直线图层，在选项栏中单击【垂直居中分布】按钮，使它们在垂直方向上平均分布，如图 8-36 所示。操作完成后按【Ctrl+G】组合键对所有直线进行编组处理。

图 8-34 绘制直线　图 8-35 复制直线　图 8-36 垂直居中分布直线

03 按【Ctrl+J】组合键对图层组进行复制，然后按【Ctrl+T】组合键进入自由变换模式，将其旋转90°，制作出网格，如图 8-37 所示。

04 同时选择两个图层组，然后按【Ctrl+T】组合键进入自由变换模式，将其旋转 45°，使其变成菱形网格，如图 8-38 所示。

05 按【Ctrl+T】组合键进入自由变换模式，然后在选项栏中设置【H】（垂直缩放比例）为【75%】，这样就制作出了透视网格，如图 8-39 所示。

图 8-37 制作网格　　图 8-38 菱形网格　　图 8-39 透视网格

06 选择【矩形工具】，绘制一个矩形（关闭【描边】功能），如图 8-40 所示。利用自由变换功能将矩形旋转 45°，如图 8-41 所示。按住【Ctrl】键对矩形进行调整，使其与网格线重合，如图 8-42 所示。

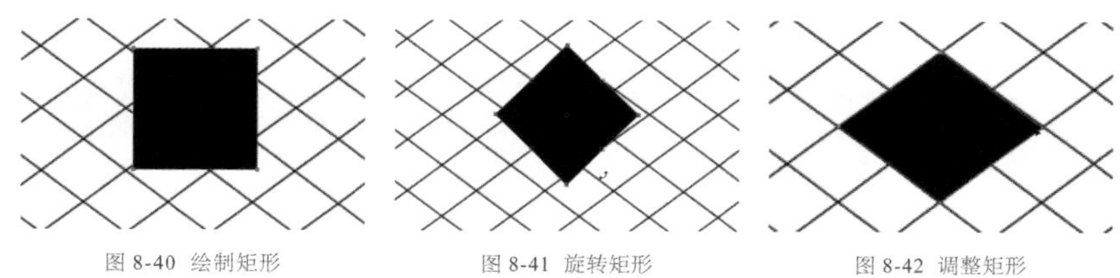

图 8-40 绘制矩形　　图 8-41 旋转矩形　　图 8-42 调整矩形

07 选择【钢笔工具】，根据透视网格绘制出立方体的两个侧面，如图 8-43 和图 8-44 所示。

08 调整立方体的颜色。假设光源在左上方，那么顶面的光照最强，左侧面次之，右侧面最暗，如图 8-45 所示。到此，立方体绘制完成，圆柱体和长方体等透视对象的绘制方法与立方体一样。

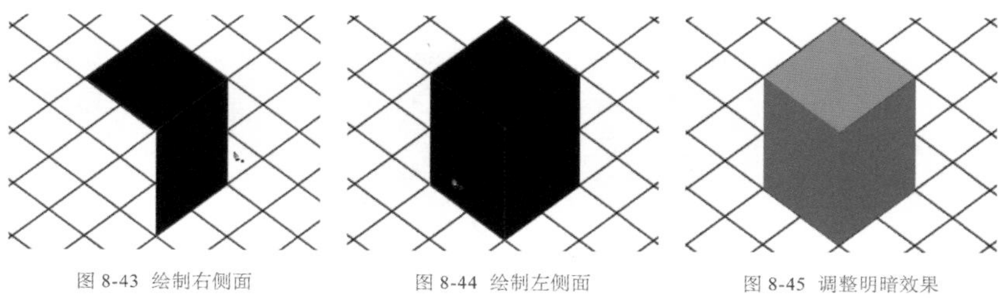

图 8-43 绘制右侧面　　图 8-44 绘制左侧面　　图 8-45 调整明暗效果

8.3 实战：绘制功能图标

功能图标是指独立 App 中或独立产品中的整体图标，菜单栏中的图标、类别图标、导视性图标等都属于功能图标。功能图标最重要的特点是统一性。很多初学者一遇到需要统一整个 App 的图标时就容易犯错，要么是图标大小不一致，要么是图标的重心不一致。本例就以一套线性图标为例介绍绘制统一功能图标的方法。

8.3.1 功能图标的设计规范

功能图标的统一性主要体现在大小统一、风格统一和层级统一上。先来看看大小统一。很多初学者认为在大小统一的方框内绘制图标就能保证图标大小的一致性，其实并不是这样的。虽然图 8-46 所示的 3 个图标都是在大小相同的方框内绘制的，但是它们给人的感觉却是大小不一的。

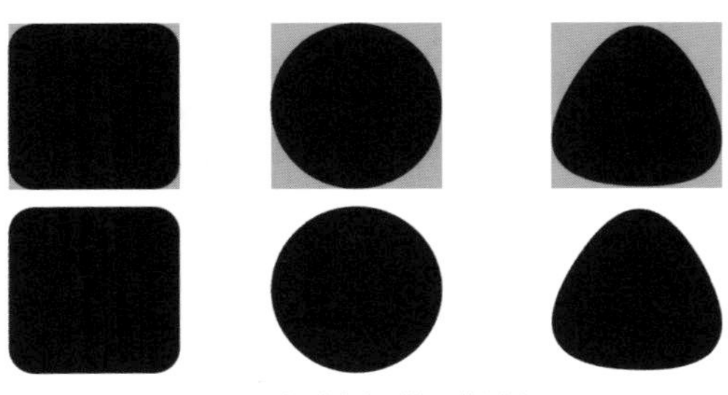

图 8-46 视觉大小不统一的图标

明明这几个图标是在大小一致的方框内设计的，为什么看起来不一样大呢？下面通过 Google 图标的绘制规范帮助大家理解这个问题。在 Google 图标的设计规范图中可以看到正方形、圆形和长方形的绘制规范，如图 8-47 所示。正方形的边长设定为介于长方形的宽度和圆形的直径中间，而长方形的长度和圆形的直径一致，如图 8-48 所示。

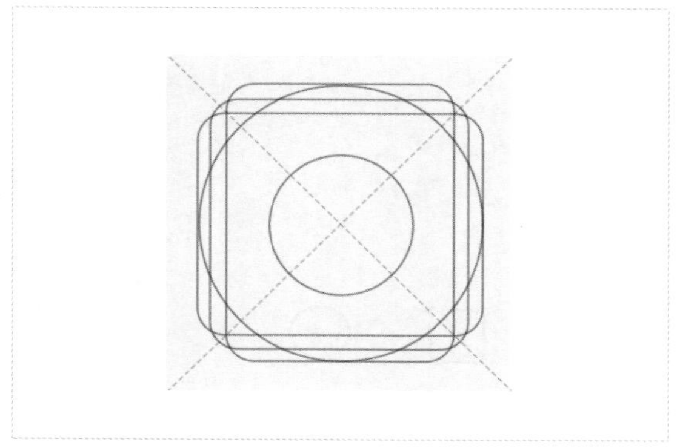

图 8-47 Google 图标的绘制规范

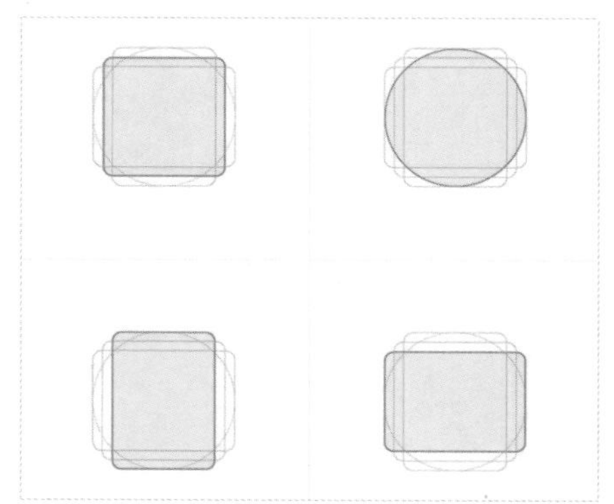

图 8-48 正方形、圆形和长方形的绘制规范

在 UI 设计中，通常会把图标统一为 3 种尺寸（48 像素 ×48 像素、32 像素 ×32 像素和 24 像素 ×24 像素）。由于 iOS 的基础尺寸设计规范是以 8 像素为单位进行设定的，所以图标的尺寸也需要设定成 8 像素 ×8 像素的倍数，如图 8-49 所示。

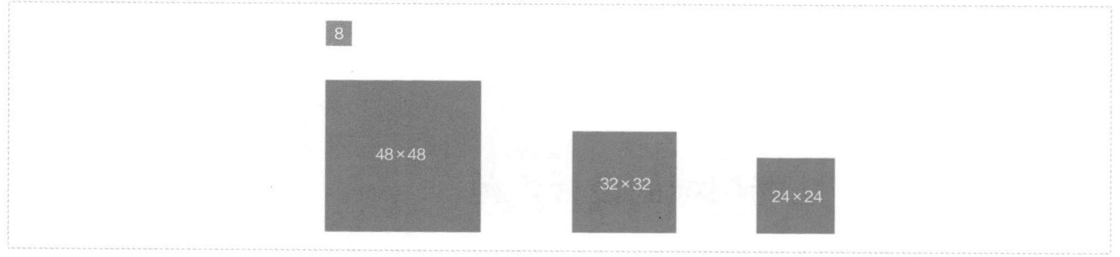

图 8-49 图标的尺寸设计规范

8.3.2 功能图标的绘制过程

下面按照上面所讲的设计规范绘制一套统一性很强的功能图标（以线性图标为例）。在讲绘制过程之前，先介绍几个常用于绘制或调整路径的工具，这几个工具的用法大家务必要完全掌握。

钢笔工具：用于绘制路径。

添加锚点工具：用于在路径上添加锚点。

转换点工具：用于调整路径的圆角和角度。

路径选择工具 ：用于选择单个或多个路径。

直接选择工具 ：用于调整路径上锚点的位置。

01 启动 Photoshop CC 2017，按【Ctrl+N】组合键新建一个 1920 像素 ×1080 像素的文档，如图 8-50 所示。

02 **制作图标的规范背景**。选择【矩形工具】，绘制一个 48 像素 ×48 像素的正方形，将填充颜色设置为灰色，同时关闭【描边】功能，如图 8-51 所示；继续绘制一个 44 像素 ×44 像素的正方形，将填充颜色设置为白色，同时关闭【描边】功能，如图 8-52 所示；再绘制一个 40 像素 ×40 像素的正方形，将填充颜色设置为红色，同时关闭【描边】功能，如图 8-53 所示。

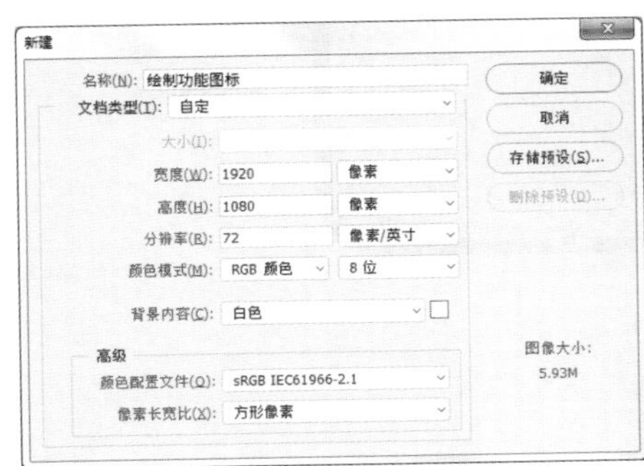

图 8-50 新建文档

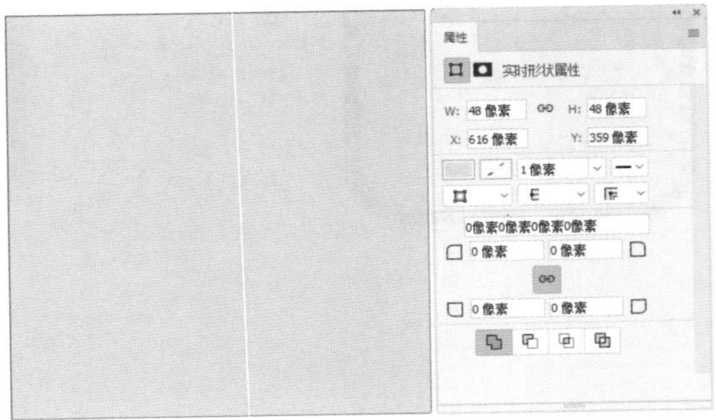

图 8-51 绘制正方形 1

图 8-52 绘制正方形 2

图 8-53 绘制正方形 3

03 将上面绘制的 3 个正方形复制 3 份作为背景，在 4 个规范背景上分别绘制出圆形、圆角正方形（圆角为 8 像素）、圆角长方形（圆角为 8 像素）和圆角三角形，如图 8-54 所示。请仔细看清楚这 4 个图形在规范背景中的位置与对齐模式，下面将在这个模式下绘制整套功能图标，以实现相对精确的统一效果。选择 4 个具有代表性的图标（审核图标、邮箱图标、主页图标和夜间模式图标）来讲解绘制过程，如图 8-55 所示。

   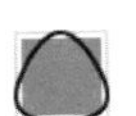

图 8-54 绘制基础图形

图 8-55 要绘制的图标

04 绘制审核图标。选择【圆角矩形工具】，在规范背景上绘制一个 44 像素 ×44 像素的圆角矩形，然后在【属性】面板中关闭【填充】功能，同时将【描边】的颜色设置为黑色，将【描边】的宽度设置为【2 像素】，将圆角大小设置为【8 像素】，如图 8-56 所示。

05 使用【圆角矩形工具】在上一步绘制的圆角矩形的上方绘制一个 17 像素 ×17 像素的圆角矩形，然后在【属性】面板中设置圆角大小为【4 像素】，如图 8-57 所示。

图 8-56 绘制圆角矩形 1

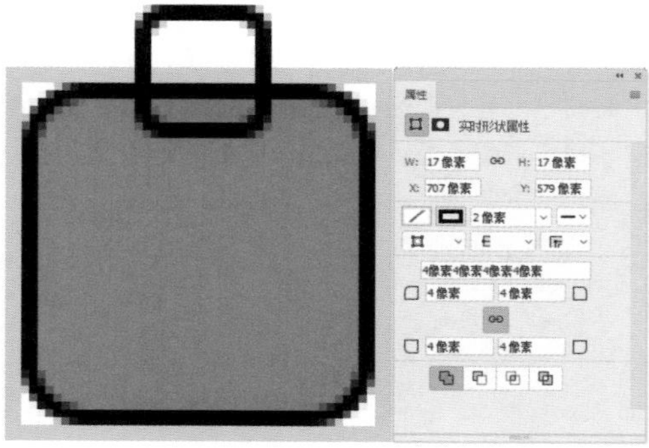

图 8-57 绘制圆角矩形 2

06 选择【添加锚点工具】，在需要删减的位置（左右两边）添加两个锚点，如图 8-58 所示。选择【直接选择工具】，框选图形上部的锚点，如图 8-59 所示。按【Delete】键删除锚点，得到图 8-60 所示的效果。

07 选择【钢笔工具】，在图标内部绘制审核符号（√），如图 8-61 所示。注意，在选择钢笔的绘制模式时要选择【形状】模式。

图 8-58 添加锚点

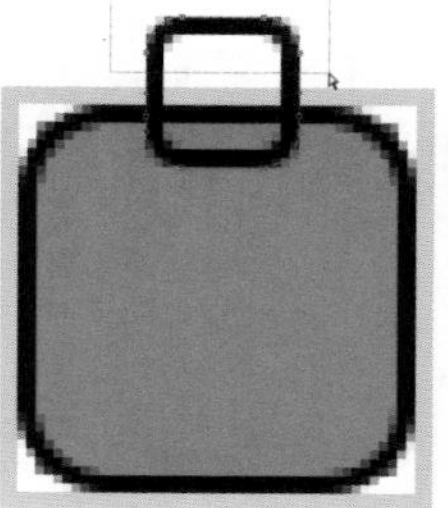

图 8-59 选择锚点

图 8-60 删除锚点

图 8-61 绘制符号

08 绘制完图标的大概形状后，开始对局部进行调整。为了加强图标线条的层次感，统一将内部线条的【描边】宽度设置为【1 像素】，并将【描边选项】中的【端点】设置为【圆形】，如图 8-62 所示，绘制好的审核图标如图 8-63 所示。

09 制作邮箱图标。为了保证图标的统一性，可以直接将审核图标复制一份，然后删除其内部图形，将圆角矩形的大小设置为 48 像素 ×40 像素，如图 8-64 所示。

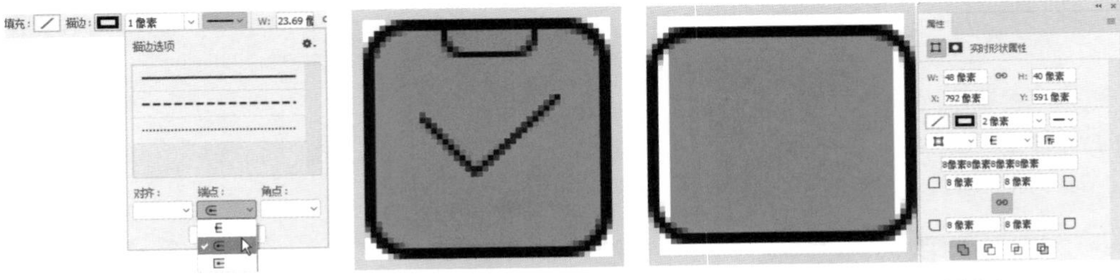

图 8-62 设置描边选项　　图 8-63 审核图标完成后的效果　　图 8-64 修改圆角矩形的大小

10 按【Ctrl+J】组合键复制一个圆角矩形，将其大小修改为 48 像素 ×48 像素，如图 8-65 所示。按【Ctrl+T】组合键进入自由变换模式，按住【Shift】键将圆角矩形顺时针旋转 45°，如图 8-66 所示。

11 选择【添加锚点工具】，在需要删减的位置（左右两边）添加两个锚点，如图 8-67 所示。选择【直接选择工具】，框选图形上部的锚点，按【Delete】键删除锚点，得到图 8-68 所示的效果。将内部线框的【描边】宽度设置为【1 像素】，邮箱图标就制作完成了，效果如图 8-69 所示。

12 **制作主页图标**。同样将审核图标复制一份，然后删除其内部图形，选择【多边形工具】，在画布中单击，在弹出的【创建多边形】对话框中设置【边数】为【3】，单击【确定】按钮，如图 8-70 所示，创建的三角形如图 8-71 所示。

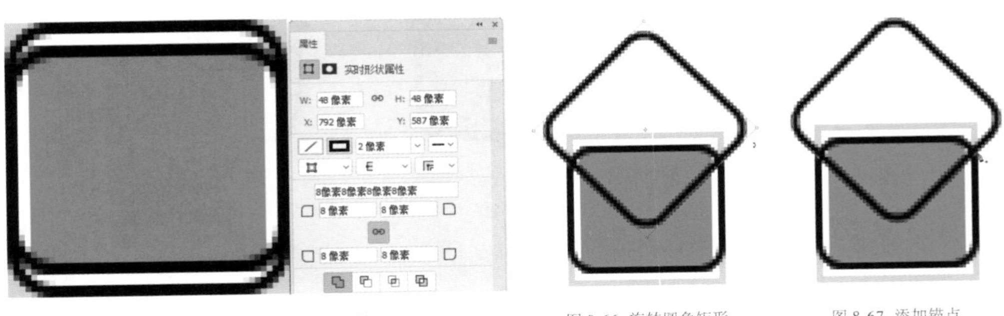

图 8-65 复制并修改圆角矩形　　图 8-66 旋转圆角矩形　　图 8-67 添加锚点

图 8-68 删除锚点

图 8-69 邮箱图标完成后的效果

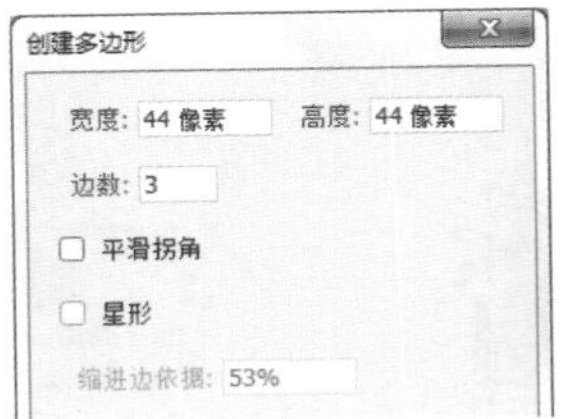

图 8-70 设置边数

图 8-71 创建的三角形

13 按【Ctrl+T】组合键进入自由变换模式，先将三角形逆时针旋转 90°，然后对其进行缩放，将其调整成图 8-72 所示的效果。注意，三角形的 3 个角要紧挨着灰色背景的边缘。另外，在 Photoshop CC 2017 中缩放形状是不会改变描边宽度的。

14 将圆角矩形复制一个，然后在【属性】面板中将其大小修改为 10 像素 ×22 像素，同时将圆角大小修改为【5 像素】，如图 8-73 所示。

图 8-72 变换三角形

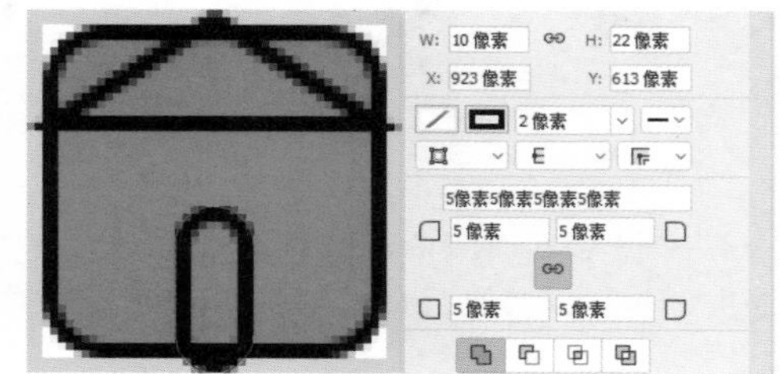

图 8-73 复制并修改圆角矩形

15 **删减路径**。三角形和两个圆角矩形的路径都要进行删减处理。由于删减方法相同，这里直接给出删减过程图供大家参考，删减三角形如图 8-74 所示，删减大的圆角矩形如图 8-75 所示，删减小的圆角矩形如图 8-76 所示。

图 8-74 删减三角形

图 8-75 删减大的圆角矩形

图 8-76 删减小的圆角矩形

16 将内部路径的【描边】宽度设置为【1 像素】，然后将所有路径的【端点】都设置为【圆形】，主页图标制作完成，效果如图 8-77 所示。

17 **制作夜间模式图标**。将圆形规范背景复制一份，然后选择图形，选择【椭圆工具】，在选项栏中将路径运算模式设置为【合并形状】，这样就可以在圆形图层中进行绘制，如图 8-78 所示。按住【Shift】键在圆形的右上方绘制一个大小合适的圆形，如图 8-79 所示。

图 8-77 主页图标完成后的效果

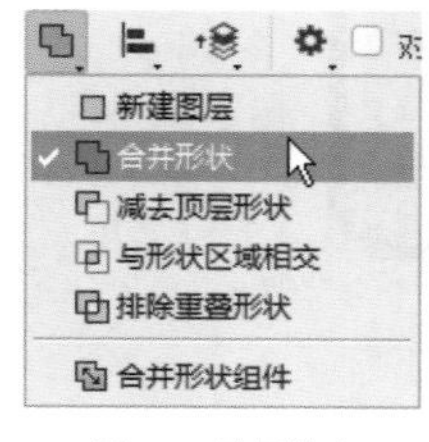

图 8-78 选择模式

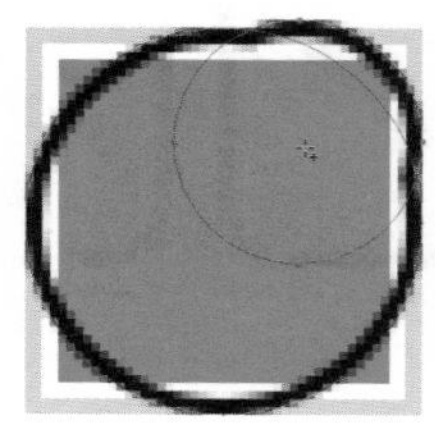

图 8-79 绘制圆形

18 将路径运算模式修改为【减去顶层形状】，如图 8-80 所示。这样就得到了月亮的形状，如图 8-81 所示。

19 在路径运算模式下拉列表中选择【合并形状组件】选项，将两个形状合并为一个形状，如图 8-82 所示。这样就得到了最终的月亮形状，如图 8-83 所示。

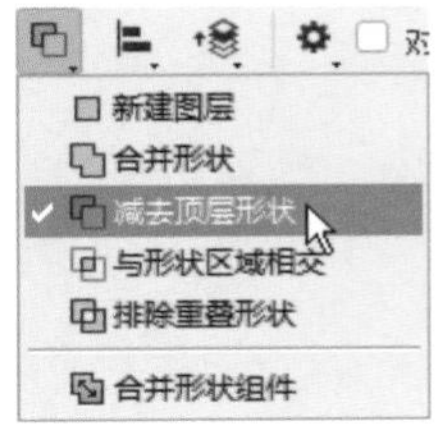

图 8-80 修改模式

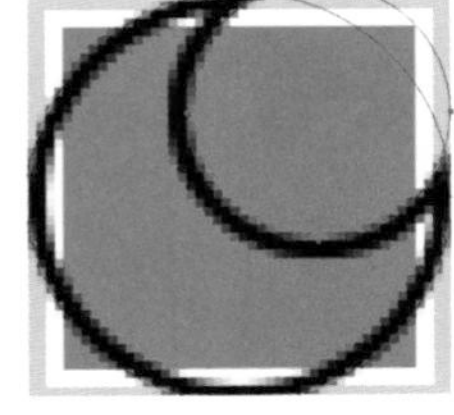
图 8-81 月亮形状

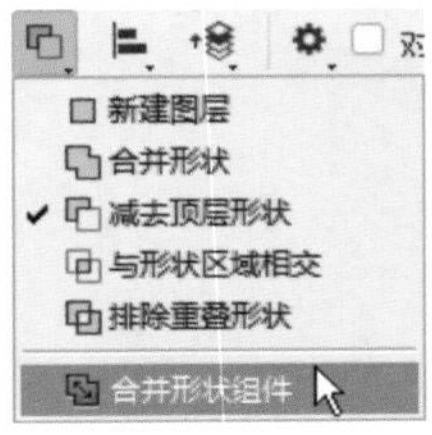

图 8-82 合并形状组件

图 8-83 最终的月亮形状

20 选择【多边形工具】，在画布中单击，在弹出的【创建多边形】对话框中设置【边数】为【4】，并勾选【星形】和【平滑缩进】复选框，同时设置【缩进边依据】为【75%】，单击【确定】按钮，如图 8-84 所示，创建的星形如图 8-85 所示。

21 为了让图形的视觉效果更舒服，可以选择所有形状，将路径描边的【对齐】设置为【居中】，同时将【角点】设置为【圆形】，如图 8-86 所示，效果如图 8-87 所示。

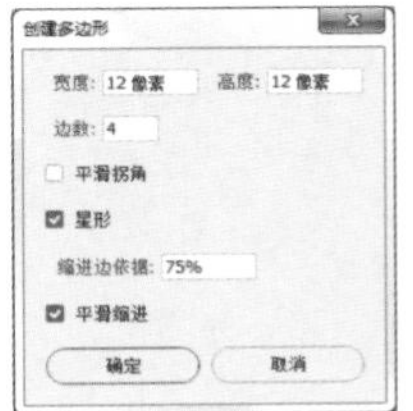

图 8-84 设置多边形选项

图 8-85 星形效果

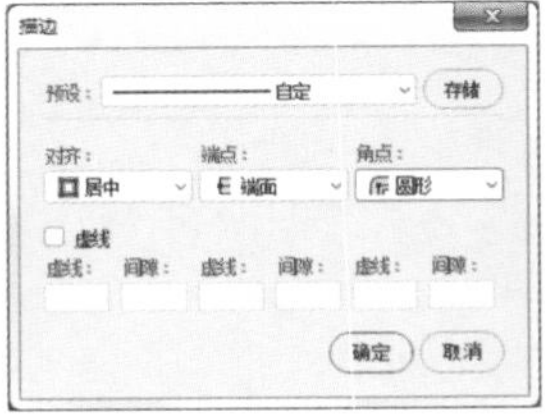

图 8-86 设置描边选项

图 8-87 描边效果

22 选择【钢笔工具】，绘制两个线条形状作为星星的光线，如图 8-88 所示。注意，在选择钢笔的绘制模式时要选择【形状】模式。

23 选择【添加锚点工具】和【直接选择工具】，删除多余的路径，完成后的效果如图 8-89 所示。

24 为了保证图标的统一性，同样将内部图形的路径描边宽度都设置为【1 像素】，夜间模式图标的最终效果如图 8-90 所示。

图 8-88 绘制光线

图 8-89 删除多余路径

图 8-90 夜间模式图标的最终效果

25 制作完成的 4 个图标如图 8-91 所示。从图中可以发现，使用本例的绘制方法可以很好地保证图标的统一性，大家以后可以直接采用这种方法绘制图标。其他图标的绘制方法就不进行介绍了，基本都大同小异，最终效果如图 8-92 所示。

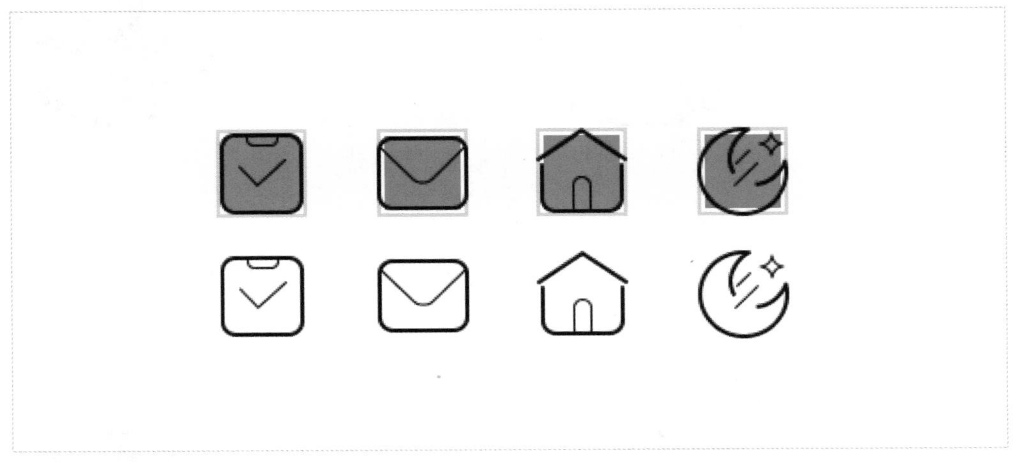

图 8-91 图标的整体效果

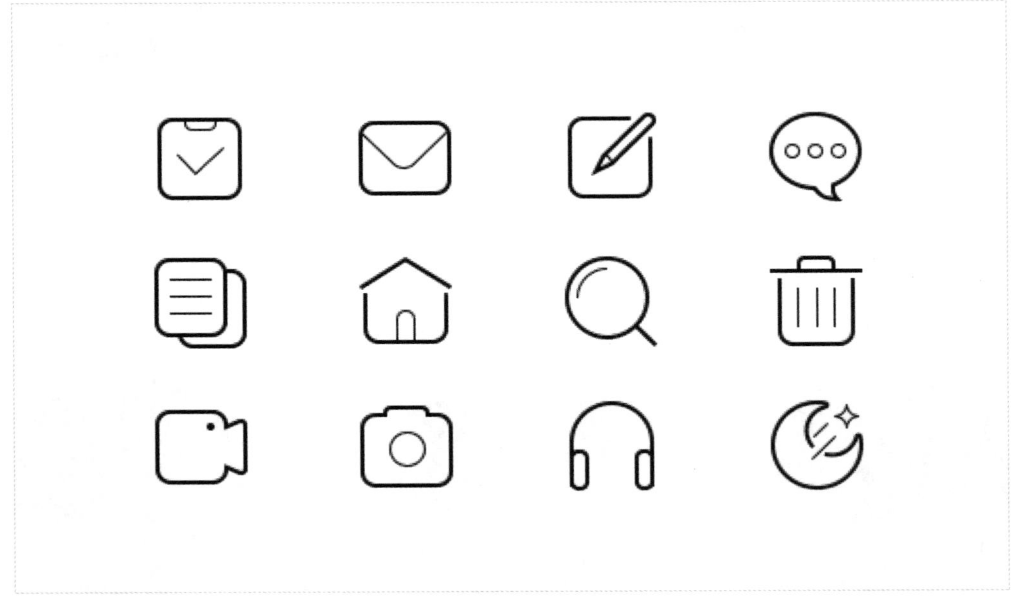

图 8-92 图标的最终效果

8.4 实战：制作立体图标

制作立体图标是一件精益求精的事情，需要静下心慢慢绘制每一个细节和每一个透视元素。由于立体图标的制作思路与方法基本都一样，因此本例只选取 MICU 图标中 M 的立体效果进行讲解。

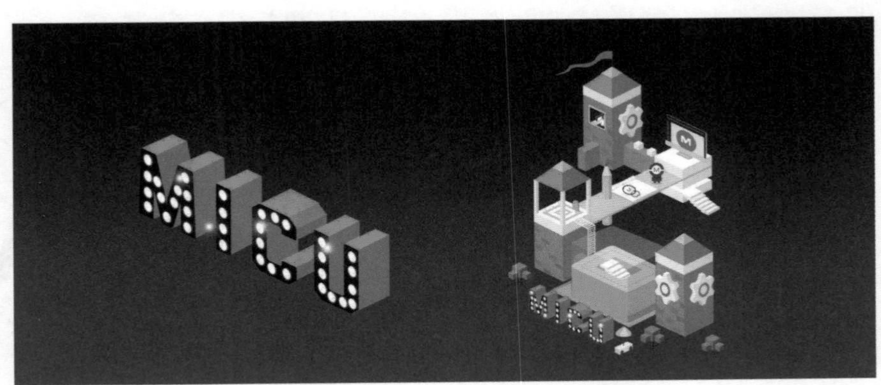

8.4.1 制作透视网格

参考 8.2.5 小节中的内容，制作出图 8-93 所示的透视网格。

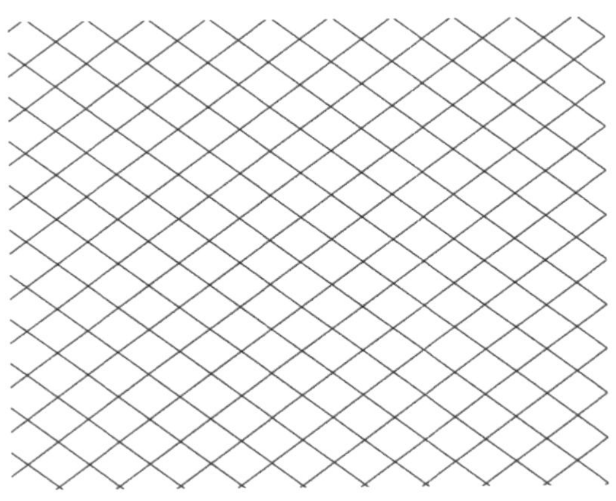

图 8-93 制作透视网格

8.4.2 制作立体字

01 选择【横排文字工具】T.，在画布中输入大写字母M，将其字体设置为【Bitsumishi】，如图8-94所示。

02 在【M】图层的名称上单击鼠标右键，然后在弹出的菜单中选择【转换为形状】命令，如图8-95所示，这样可以直接将文字转换为形状。如果对字形不满意，可以选择【直接选择工具】▶.和【添加锚点工具】✎.，对字形进行调整，如图8-96所示。

03 按【Ctrl+T】组合键进入自由变换模式，然后按住【Ctrl】键根据透视网格对字母进行斜切操作，如图8-97所示。

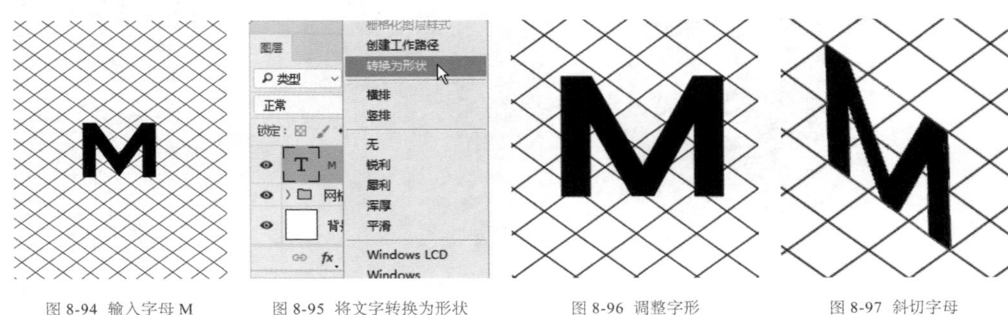

图8-94 输入字母M　图8-95 将文字转换为形状　图8-96 调整字形　图8-97 斜切字母

04 使用自由变换功能将M调大一些，以方便后面的操作，如图8-98所示。由于M是形状，所以就算将其放大，也不会损失像素。

05 按【Ctrl+J】组合键复制一个【M拷贝】图层，将复制的图层重命名为【背面】并放在【M】图层的下一层，同时调整好其位置，然后修改其填充颜色，如图8-99所示。

06 选择【钢笔工具】✎.，根据透视网格和字母的边缘绘制出字母右侧面的形状，然后将填充颜色修改为比背面形状的颜色浅一些的颜色，如图8-100所示。绘制完成后将形状图层重命名为【右侧面】。

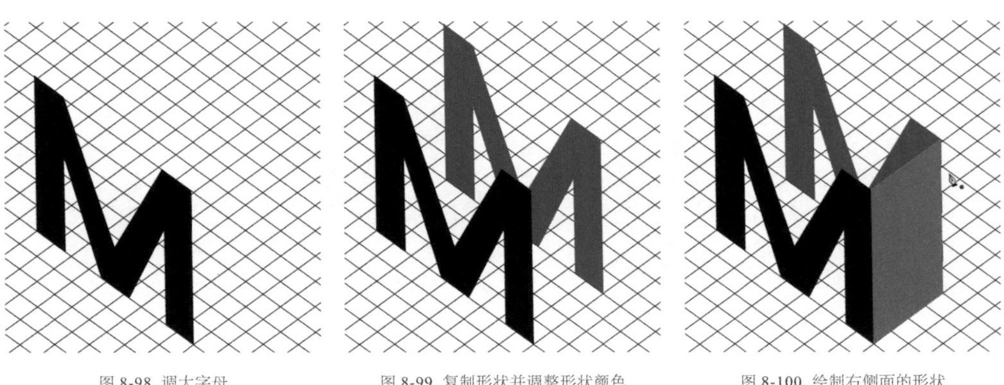

图8-98 调大字母　图8-99 复制形状并调整形状颜色　图8-100 绘制右侧面的形状

07 使用【钢笔工具】 根据字母的边缘绘制出字母的两个顶面，分别将它们命名为【顶面 1】和【顶面 2】，然后将填充颜色修改为比右侧面的颜色浅一些的颜色，如图 8-101 和图 8-102 所示。

08 使用【钢笔工具】 根据字母的边缘绘制出内面，将其命名为【内面】，放在【背面】图层的上一层，同时将填充颜色修改为与右侧面相同的颜色，如图 8-103 所示。到此，立体字母绘制完成。如果需要调整细节，可以选择【直接选择工具】，对形状路径的锚点进行调整。为了方便后面的操作，可以将立体字母的所有形状图层编为一组，并将图层组命名为【LOGO】。

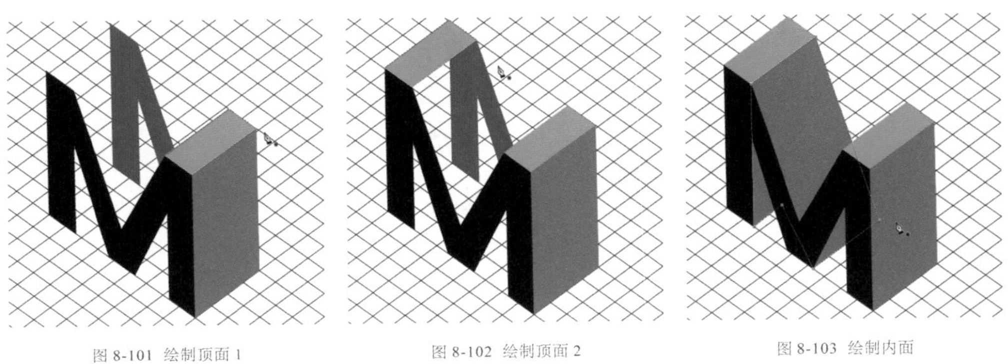

图 8-101 绘制顶面 1　　图 8-102 绘制顶面 2　　图 8-103 绘制内面

8.4.3 制作灯泡

01 选择【椭圆工具】，绘制一个圆形，将其命名为【灯泡】，如图 8-104 所示。按【Ctrl+T】组合键进入自由变换模式，按住【Ctrl】键根据透视网格对圆形进行斜切操作，如图 8-105 所示。将圆形的填充颜色修改为白色，并将其放在字母正面的合适位置作为灯泡，如图 8-106 所示。

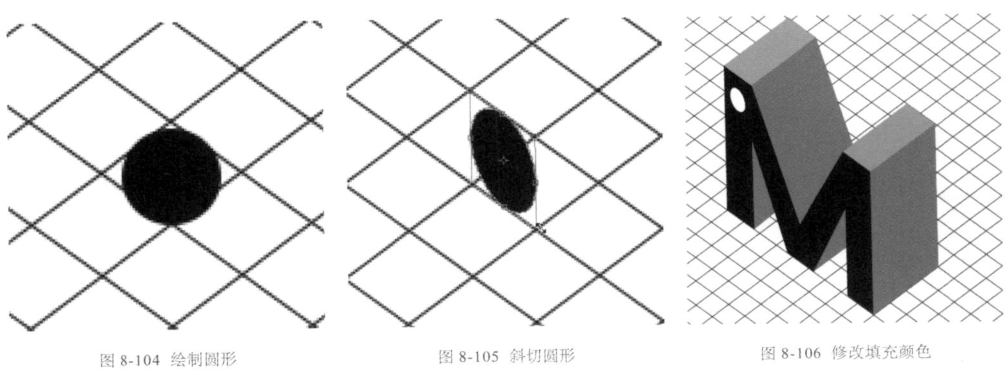

图 8-104 绘制圆形　　图 8-105 斜切圆形　　图 8-106 修改填充颜色

02 执行【图层 > 图层样式 > 外发光】菜单命令，为【灯泡】图层添加【外发光】样式，设置【发光颜色】为黄色，然后设置【混合模式】为【滤色】、【不透明度】为【60%】、【大小】为【7 像素】，如图 8-107 所示，效果如图 8-108 所示。

03 在字母正面按规律复制一些灯泡，然后仔细调整好这些灯泡的位置，完成后的效果如图 8-109 所示。

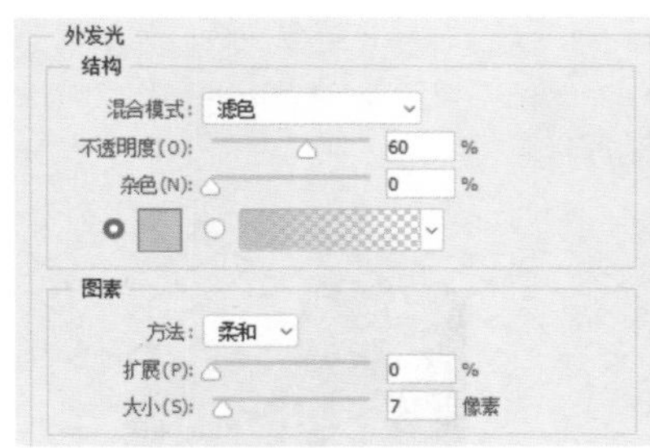

图 8-107 设置外发光样式

图 8-108 外发光效果

图 8-109 完成后的效果

8.4.4 制作光晕

01 新建【光晕】图层，用黑色填充该图层，然后执行【滤镜 > 渲染 > 镜头光晕】菜单命令，设置【镜头类型】为【电影镜头】，最后将光晕调整到画面的中心位置，如图 8-110 所示，效果如图 8-111 所示。

02 将【网格】图层组隐藏起来，然后用黑色填充【背景】图层，选择黑色的【画笔工具】，涂掉多余的光线，如图 8-112 所示。最后设置【光晕】图层的【混合模式】为【变亮】，效果如图 8-113 所示。

03 利用自由变换功能调整好光晕的大小，然后复制一个光晕，调整好这两个光晕的位置，最终效果如图 8-114 所示。

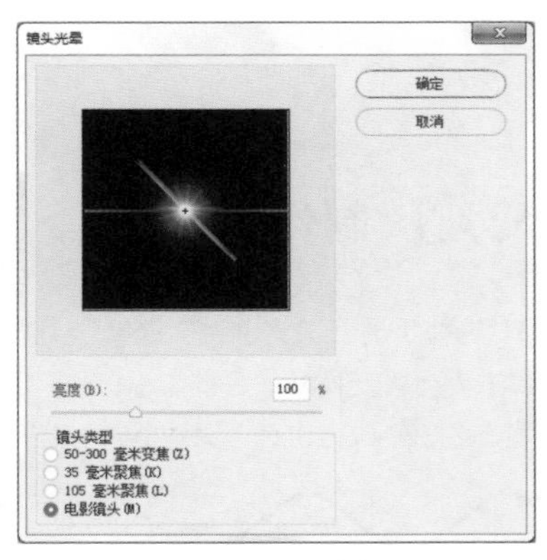

图 8-110 设置镜头类型

图 8-111 镜头光晕效果

图 8-112 涂掉多余的光线

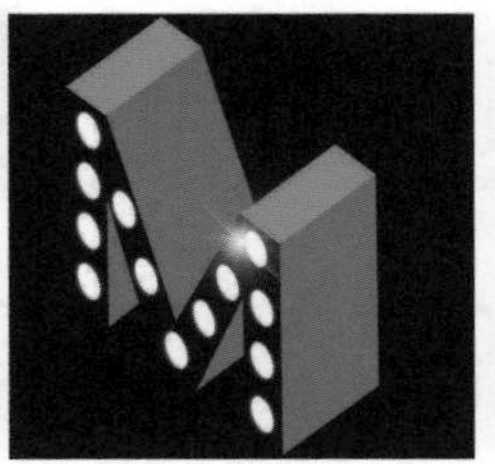

图 8-113 变亮后的效果

图 8-114 最终效果

8.5 实战：快速制作线条流畅的 Logo

对于设计师而言，如果设计的 Logo 的线条不够流畅，就会让整个 Logo 显得粗糙又廉价。很多高水平的设计师在设计 Logo 时，他们的设计稿上会有很多辅助线，让整个 Logo 显得非常精细，同时提升了 Logo 的档次。本例介绍如何利用辅助线设计出线条流畅的 Logo。

8.5.1 制作Logo形状的辅助线

01 启动 Illustrator，按【Ctrl+N】组合键新建一个横向的文件，然后将本例的"草图 .png"文件拖入画布中，如图 8-115 所示。本例的草图是先用钢笔手绘出来，然后用相机拍摄或用扫描仪扫描出来的图片。

02 选择【椭圆工具】（需要关闭【填充】功能，只开启【描边】功能，描边宽度可以设置为 1pt 或 2pt），根据 Logo 草图的边缘形状绘制圆形辅助线，如图 8-116 所示。为了区分辅助线和草图中的线条，可以将辅助线的颜色修改为红色，如图 8-117 所示。

图 8-115 导入草图

图 8-116 绘制圆形辅助线

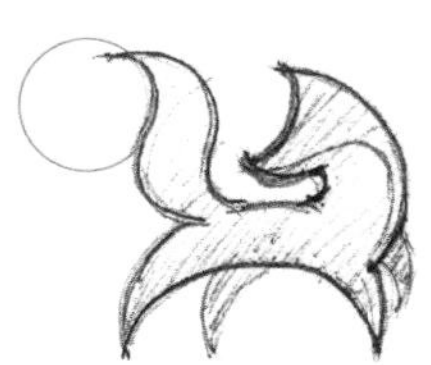

图 8-117 修改辅助线的颜色

03 选择【选择工具】，选择圆形，按住【Alt】键移动复制圆形，并将其放在对应的边缘处，如图 8-118 所示。如果圆形的大小不合适，可以将其适当缩放。

04 复制圆形辅助线，将Logo草图上部的形状和下部的形状确定出来，如图 8-119 和图 8-120 所示。注意，在制作圆形辅助线时，一定要保证圆形之间的连接性（如果连接得不够紧密，后续将无法连接成形状）。

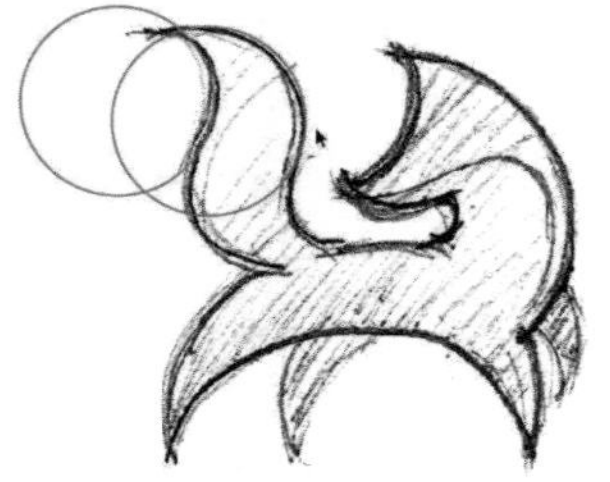

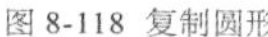

图 8-118 复制圆形

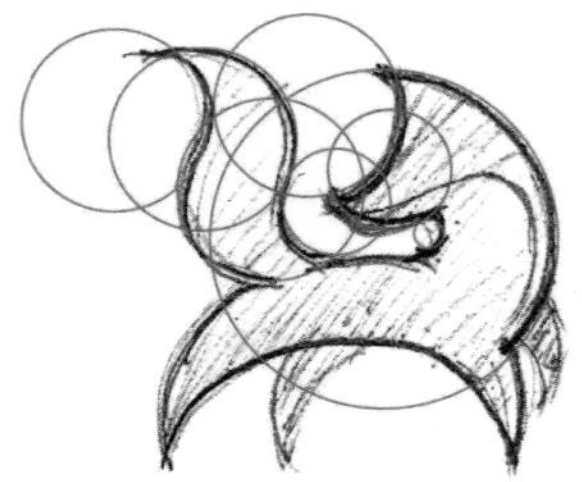

图 8-119 制作上部辅助线

图 8-120 制作下部辅助线

05 对辅助线进行检查，特别要注意辅助线的连接性，以及连接出来的形状是否与草图中的形状相符，如图 8-121 所示。

06 执行【窗口 > 图层】菜单命令，打开【图层】面板，然后选择草图，按【Ctrl+X】组合键将其剪切出来，新建一个【图层 2】，按【Ctrl+F】组合键将草图原位粘贴到该图层中，同时锁定该图层，最后将其调整到【图层 1】的下一层，如图 8-122 所示。

07 将【图层 1】拖曳到【创建新图层】按钮上，将其复制一份（后面将用来制作 Logo 的标准辅助线），然后单击【切换可视性】按钮，将图层内容隐藏起来，如图 8-123 所示。

图 8-121 对辅助线进行最终检查

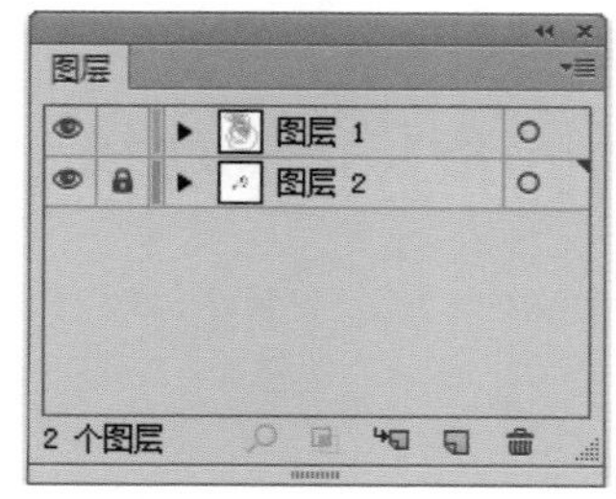

图 8-122 整理草图图层

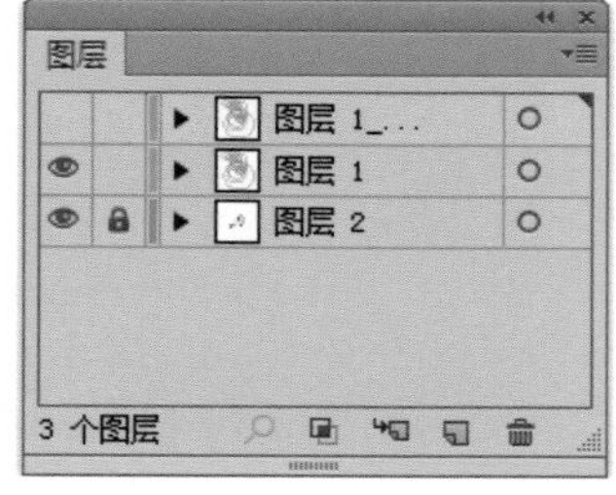

图 8-123 复制辅助线图层

8.5.2 生成Logo路径形状

01 选择【选择工具】，选择所有圆形辅助线，如图 8-124 所示。选择【形状生成器工具】，按住鼠标左键从一个形状区域拖曳到另外一个形状区域，如图 8-125 所示，这样就可以自动生成一个完整的形状，如图 8-126 所示。

图 8-124 选择所有辅助线

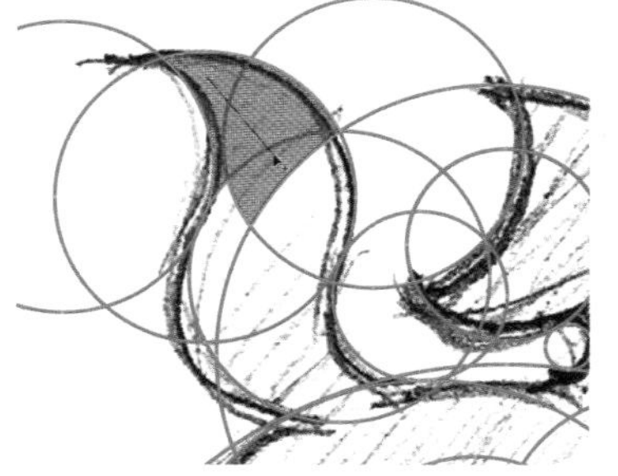

图 8-125 选择形状区域

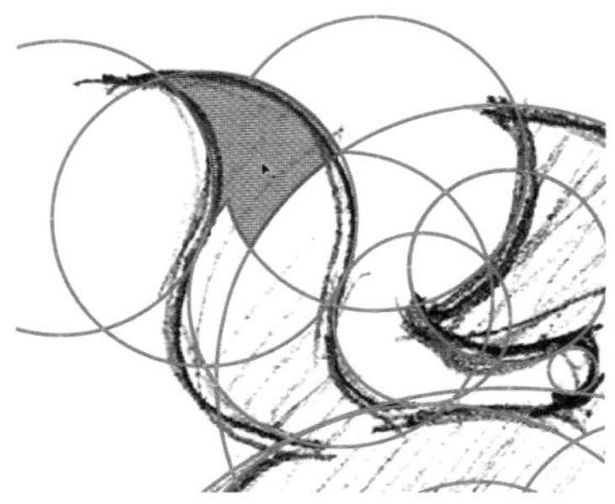

图 8-126 生成的形状

02 使用【形状生成器工具】将 Logo 的大致形状连接出来，完成后的效果如图 8-127 所示。

03 仔细检查 Logo 的细节部位，如图 8-128 所示，然后对其进行微调，最终连接出来的形状如图 8-129 所示。

图 8-127 Logo 的大致形状

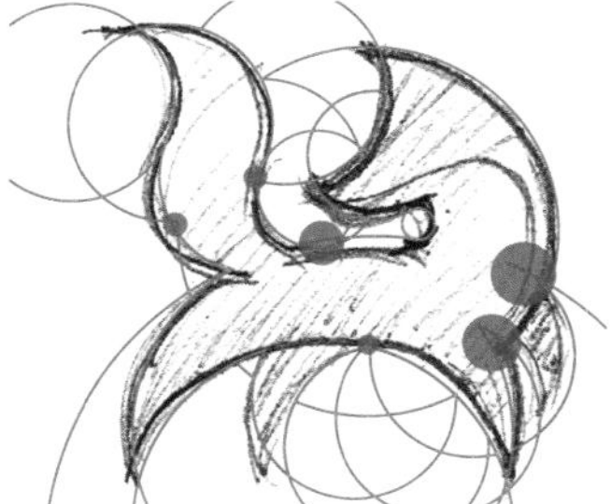

图 8-128 检查细节部位

图 8-129 最终连接出来的形状

04 选择【选择工具】，选择 Logo 的路径，如图 8-130 所示。按【Ctrl+C】组合键复制路径，同时锁定并隐藏【图层 1】，然后新建一个【图层 3】，按【Ctrl+F】组合键将路径原位粘贴到【图层 3】中，如图 8-131 所示。

图 8-130 选择路径

图 8-131 粘贴路径

05 关闭路径的【描边】功能，然后为其填充深灰色，效果如图 8-132 所示。选择【钢笔工具】，在 Logo 的下部和右下部各制作一条描边宽度为 3pt 的白色线条，如图 8-133 所示。

图 8-132 填充路径

图 8-133 制作白色线条

8.5.3 将辅助线设置为虚线

显示出前面隐藏的辅助线图层，然后全选辅助线，将描边颜色修改为浅灰色，执行【窗口 > 描边】菜单命令，打开【描边】面板，将【粗细】设置为【0.5pt】，同时勾选【虚线】复选框，并调整好间距，如图 8-134 所示，最终效果如图 8-135 所示。

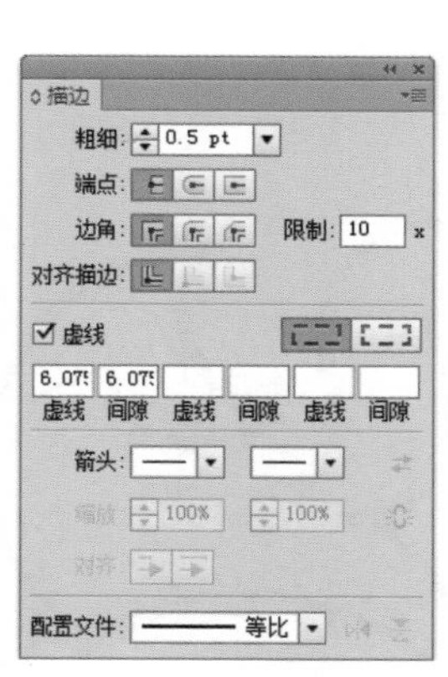

图 8-134 设置描边选项

图 8-135 最终效果

第9章

艺术二维码设计

9.1 二维码的原理与结构

一个看起来具有艺术感的二维码能吸引用户进行扫描，如图 9-1 所示。入口的引导效果和转换率是所有运营商和产品经理最关心的事情，使用二维码作为入口可以有效提高转化率，具有品牌特色的优秀艺术二维码价值不菲。要想设计出艺术二维码，就要先了解二维码的原理与结构。

图 9-1 艺术二维码

在介绍二维码之前，先介绍一下条形码。早在 1949 年，二维码的“鼻祖”——条形码就已经被研究出来了。条形码也可以称为“一维码”，因为条形码只能在一个维度，也就是只能在 x 轴上存储数据，如图 9-2 所示。条形码由黑白相间的线条组成，黑色线条表示二进制数 1，白色线条表示二进制数 0。根据条形码的基本原理可以进行很多创意设计，从而让枯燥的条形码变有趣，如图 9-3 所示。

图 9-2 条形码只能在 x 轴上存储数据

图 9-3 创意条形码

由于一维的条形码只能存储阿拉伯数字（0~9），所以它逐渐变得不够用了。要想在存储数字的同时存储符号或字母等，就需要增加一个维度，让 y 轴也存储数据。在这种情况下，二维码诞生了，如图 9-4 所示。

图 9-4 二维码在 x 轴和 y 轴上存储数据

与条形码一样，二维码也是黑白相间的（黑色表示二进制数 1，白色表示二进制数 0），但现在常见的二维码都是以 QR 码作为编码的码制的。QR 码是矩阵式二维码，它是在一个矩形空间内，通过黑、白像素在矩阵中的分布来进行编码的。计算机使用二进制数（0 和 1）来存储和处理数据，而二维码使用黑白矩形表示二进制数据，肉眼能看到的黑色矩形表示二进制数 1，白色矩形表示二进制数 0，黑白矩形的排列组合确定了矩阵式二维码的内容，以便计算机对二维码进行编码和解析，如图 9-5 所示。

图 9-5 QR 码

二维码有 3 个非常重要的区域，如图 9-6 所示。

红色区域：二维码的码眼，用于确定二维码的面积，是二维码最核心的部分。

蓝色区域：二维码的定位点，作用是校正二维码图形，对二维码进行定位。

绿色区域：二维码的定位轴，由黑色与白色的小方格组成，用于校正二维码的 x 轴和 y 轴。

图 9-6 二维码的 3 个重要区域

在设计过程中，可以将二维码理解成“点阵”，代表 1 的点可以被填充，其中被填充的点可以是圆形，也可以是方形，如图 9-7 所示。

图 9-7 二维码的点阵填充

见图 9-8 中的红色区域（码眼及定位点），这些区域对形状的重合度要求最高，形状的大小最好保持一致。二维码不能被识别的大部分原因都出现在这 4 个位置，在制作二维码时一定要注意这 4 个位置。

图 9-8 高度重合码眼和定位点

二维码的容错率分为 4 个级别，分别是 L 级、M 级、Q 级和 H 级，对应的容错率为 7%、15%、25% 和 30%，如图 9-9 所示。简单来说，容错率越高，能遮挡的面积就越大，虽然可以遮挡的面积比较大，但是其内容比较复杂，设计出来的二维码看起来比较拥挤和烦琐；而容错率越低，图形越简单，越容易制作，制作出来的二维码的整体感越强，但是在制作时对元素与二维码小格之间的匹配度要求很高。

图 9-9 二维码的容错率

9.2 动态二维码的表现

在制作二维码时，绝对不要使用拼凑元素的方法，要注意色彩的搭配和整体的关联性，如图 9-10 所示。在表现方法上可以先运用颜色确定二维码的风格和节奏，然后在此基础上添加其他元素。

图 9-10 色彩的搭配和整体的关联性

下面列举一些动态二维码，以介绍动态二维码的表现方法。

9.2.1 MICU二维码——航行

由于二维码的点阵比较密集，所以最好统一二维码中各元素的色系，这样的艺术二维码更具整体性。图 9-11 所示的动态二维码的主题风格为“航行”，选择了蓝色作为主色，二维码的填充元素选用了较暗的蓝色，而留白区域则选用了较亮的蓝色。

这个二维码为元素做了动画效果，巧妙地运用了二维码的基本形状，将深蓝色的点阵设计成了公路，其中 3 个码眼中的小车和船的旋转动画使整个二维码看起来生动活泼，如图 9-12 所示。另外，这个二维码在场景的塑造上也别有新意，为周围的场景制作了轮船在水上漂移的动画，加强了元素之间的连贯性。

图 9-11 “航行”动态二维码

图 9-12 二维码的动画思路

扫码看动态效果

在场景的上部制作了云朵与飞机的位移动画，利用位移差让这个区域丰富了起来；品牌字母MICU也很好地融合在了整个二维码中；大风车的旋转动画和缆车的位移动画大大提升了整个二维码的精细度，如图9-13所示。

图9-13 二维码上部的设计

9.2.2 MICU二维码——音乐节

元素的风格决定了二维码的动效细节。图9-14所示的二维码采用的是音乐节风格，其中的动画也以这个风格为主，将3个码眼设定为“碟片”，并为它们添加了旋转效果，其中的线条会随着碟片的旋转而闪动。

图9-14 “音乐节”动态二维码

扫码看动态效果

这个二维码中有几个非常有意思的细节，如跳街舞的舞者和弹吉他的吉他手，这些人物角色也都具有动画效果，不仅活跃了整个二维码的气氛，也使二维码更有趣。

9.2.3 MICU二维码——清凉夏日

设定的场景需要很好地突出二维码的气氛，图 9-15 所示的二维码中用了大面积的场景来营造清凉和欢乐的氛围，并为海浪和汽车制作了位移动画，以丰富整个画面。

图 9-15 “清凉夏日”动态二维码

扫码看动态效果

9.2.4 MICU二维码——UI疫苗站

图 9-16 所示的二维码采用了比较独特的医疗元素，突显了疫苗站的特点。在一些细微的地方制作了动画，如药液的流动动画和救护灯的闪烁动画，这些动画都运用了比较显眼的红色进行点缀。这种动画精细而不烦琐，既不会让人产生视觉疲劳，也能体现二维码的主题风格。

图 9-16 “UI 疫苗站”动态二维码

扫码看动态效果

9.2.5 MICU二维码——设计乐园

图 9-17 所示的二维码采用了铅笔、尺子和手机等设计师在日常工作中经常用到的物品，在动画设计方面则用到了旋转动画和位移动画来加强二维码的趣味性，如齿轮的旋转动画、小灯的闪烁动画和风车的旋转动画都有效地加强了二维码的趣味性，丰富了二维码的细节。

图 9-17 “设计乐园”动态二维码

扫码看动态效果

案例分析

制作艺术二维码不只是为了好看，更是为了强化品牌特点，从而加深大众对品牌的印象并提高品牌的传播率。在下面的宝马 100 周年的二维码设计中，为了加强品牌的独特性，在二维码中融入了宝马四缸大厦和宝马 Logo 元素。将公路、汽车和建筑作为场景元素，以体现宝马汽车的高速性能。在色彩方面，选择了宝马的品牌色——蓝色作为主色，以体现宝马的气质，如图 9-18 所示。

在设计过程中，需要选择二维码的容错率，常用的容错率包括 7% 和 15% 两种。宝马 100 周年二维码的容错率为 7%，这个容错率决定了二维码表现的范围，也就是需要保证 93% 的码眼匹配度，如图 9-19 所示。在设计宝马 100 周年二维码时，为了让二维码较为简洁，同时保证每个码眼足够大（让用户能看到小车元素），所以选择了一个容错率为 7% 的二维码作为原型。由于 7% 的容错率比较低，其要求的匹配度很高，因此该二维码中的公路、草地和水流几乎全部与二维码原型图中的形状重合，这样才能完全保证二维码的可识别性。

图 9-18 宝马 100 周年二维码

图 9-19 容错率为 7% 的二维码

在设计过程中，常会选用容错率为 15% 的二维码作为原型。因为在容错率为 15% 的情况下，除了定位点外，其他的码点可以有较大的变化，每个码点元素的填充率在 50% 以上，中心点重合即可。例如，在图 9-20 所示的电路板二维码中，码点可以选用较小的圆点或其他多边形。

由于码眼和定位点是整个二维码中非常重要的部分，因此它们的填充面积和形状需要尽可能地保持一致。这里直接采用了原码中码眼和定位点的形状，并没有进行任何修改，如图 9-21 所示。

图 9-20 容错率为 15% 的二维码

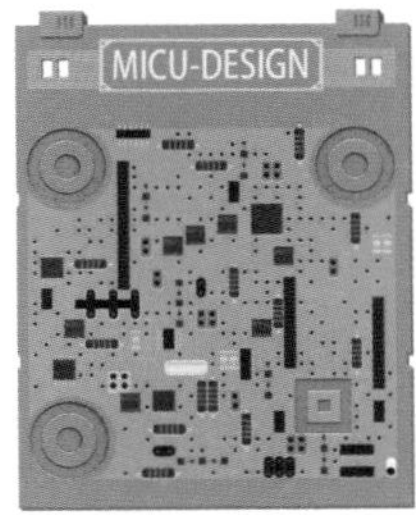

图 9-21 填充码眼和定位点

在二维码的制作过程中，需要注意 3 个关键点：二维码的明暗对比、二维码点阵的填充面积和透视标准。

保证二维码的明暗对比足够强烈是关键，因为只有让填充与未填充区域的黑白对比足够强烈，才能保证二维码的可识别性，如图 9-22 所示。所以在设计时需要考虑所有元素颜色的明暗，如果本来需要被填充的小方块用了比较亮的颜色，那么就可能导致二维码无法识别。另外要特别注意的是，在容错率为 7% 的情况下，需要非常清晰地表现出二维码的轮廓。当然也可以用亮色来表现未被填充的区域。例如，在图 9-23 中，为了让建筑更好看，将没有被填充的区域设计成了亮色的气球。

图 9-22 黑白对比要强烈

图 9-23 用亮色表现未被填充的区域

在容错率为 7% 的情况下，码眼的填充匹配度需要达到 93%。其他位置的填充面积也不能小于 85%，每个黑色的矩阵点中心一定要被覆盖，这是判断是否有信息的关键，如图 9-24 所示。

图 9-24 容错率为 7% 时的码眼

在设计二维码时，还会用到立体的表现手法，如将二维码设计成立体建筑的形式。在使用这种表现手法时，需要注意透视度，透视是有标准的，如在正菱形的表现方式中，边角最小不能小于 70°，如果再小就可能会使二维码无法识别，如图 9-25 所示。这种透视二维码比较考验设计师对立体效果的掌控能力。

图 9-25 透视二维码

这里提供两个网站，可以解析和生成二维码，分别是“草料二维码”（用于解析二维码）和“微微二维码”（用于生成二维码），如图 9-26 和图 9-27 所示。

图 9-26 二维码解析网站

图 9-27 二维码生成网站

9.3 实战：制作宝马春节艺术二维码

本例将设计宝马春节艺术二维码，要求使用能营造新年气氛的元素及宝马四缸大厦元素。客户会发来一个常用的二维码，这个二维码通常是微信自动生成的。在设计之前，要先将客户发来的二维码处理成原码，然后再进行设计。

9.3.1 制作原码

01 打开二维码解析网站“草料二维码”，将客户发来的二维码（本例的“客户二维码.jpg”文件）上传到网站中，上传完毕后就可以快速将二维码解析成一个链接，如图 9-28 所示。

图 9-28 上传二维码

02 将解析出来的链接直接粘贴到二维码生成器网站（微微二维码）中，然后单击【生成保存二维码】按钮，生成新的二维码，如图 9-29 所示。

03 对二维码的样式进行调整。在本例中，将生成的二维码的【液化】调整为 1.0、【二维码容错率】调整为 7%，将 3 个【码眼样式】均设置为同心圆样式，然后单击【生成保存二维码】按钮，如图 9-30 所示。

图 9-29 生成二维码

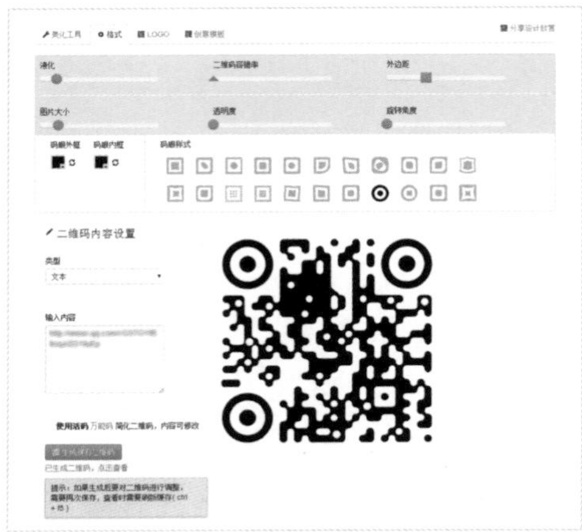

图 9-30 设置二维码的样式

9.3.2 设计二维码

01 启动 Illustrator，将二维码图片复制并粘贴到 Illustrator 中，如图 9-31 所示。

02 在 Illustrator 中选择二维码图片，然后在选项栏中单击【图像描摹】按钮，将其转换为描摹对象，单击【扩展】按钮，将描摹对象转换为路径，这样就将二维码图片转换成了矢量图形，如图 9-32 所示。

03 选择【魔棒工具】，然后选择不需要的白色路径，按【Delete】键将其删除，如图 9-33 所示。提取出二维码的基本形状路径。

图 9-31 将二维码图片复制并粘贴到 Illustrator 中

图 9-32 将二维码图片转换为矢量图形

图 9-33 删除白色路径

04 **绘制元素**。这些元素主要以小方格为单位，一共设定了 3 种元素块规格，分别是一个方格、两个方格和 4 个方格，所有春节元素的设计都是以这 3 种规格为标准的，如图 9-34 所示。例如，图 9-35 中的钱币、爆炸效果、龙爪和龙尾等都使用一个方格进行设计，中式红楼、鞭炮和条幅等则使用两个方格进行设计，而龙头和红包等则使用 4 个方格进行设计。

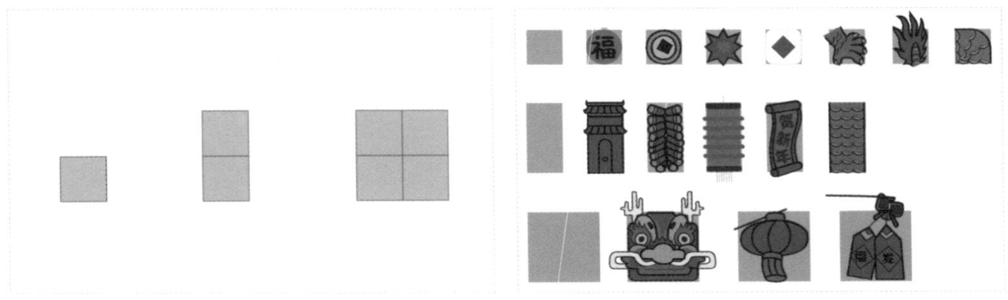

图 9-34 元素块规格　　图 9-35 元素的设计规格分类

05 整个二维码以“九龙闹新春”为主题，所以龙元素的设定非常重要，龙被拆分成了龙头、条形的龙身、有转角的龙身、龙爪和龙尾，如图 9-36 所示。

06 元素绘制完成以后，要先绘制二维码最关键的 3 个码眼。为了保证二维码的可识别性，需要高度重合码眼形状（一定要注意这点），码眼里面的灯笼与背景都使用了非常暗的红色，如图 9-37 所示。

07 为了保证二维码的可识别性，在绘制完码眼以后，需要对其进行测试。这个测试不是“扫描”测试二维码，而是“长按”测试二维码，因为扫描测试是具有校正性的，而长按测试才是高精度的测试。在测试前，需要在计算机中安装微信来完成测试操作。

图 9-36 龙元素的设定　　图 9-37 绘制码眼

08 使用【文件传输助手】功能将刚才绘制的二维码发送到手机微信上，如图 9-38 和图 9-39 所示。

09 单击以展开二维码图片，然后长按大图进行识别，当看到浮窗中出现【识别图中二维码】选项时，如图 9-40 所示，说明该二维码是可以识别的，如果没有出现这个选项，说明二维码不可识别。在后面的绘制过程中注意进行实时测试，这样才能及时发现问题。

图 9-38 文件传输助手

图 9-39 发送二维码

图 9-40 测试二维码

10 测试好码眼的可识别性以后，将二维码的主色调整成暗红色，然后在二维码原型的基础上开始加入元素，从较大的元素开始加入（9 个龙头图形等），如图 9-41 所示。

11 依次将两个方格的红楼、灯笼和鞭炮等元素加入二维码中，如图 9-42 所示。

12 将单个方格的灯笼和钱币等元素添加到零散的点阵中，然后配上相对比较明亮的米黄色背景，以加强二维码的氛围感，如图 9-43 所示。

图 9-41 加入龙头等元素

图 9-42 加入红楼、灯笼和鞭炮等元素

图 9-43 加入元素并调整背景

13 为了突出二维码的主题，还需要将数字 2016 置入二维码中。在数字方格的填充中，运用了白色圆角矩形和中间有菱形块的圆角矩形来区分点阵的填充和未填充状态，白色圆角矩形表示未填充状态，中间有菱形块的圆角矩形表示填充状态，这样就可以很清晰地看出 2016 字样了，如图 9-44 所示，细节展示如图 9-45 所示。

14 绘制完二维码以后，在二维码的四周加上品牌 Logo 及活跃场景气氛的元素等，如图 9-46 所示。在设定场景时，要保证二维码四周的留白及二维码在整个场景中的占比适当，如果占比太小，会出现二维码无法识别的情况，如图 9-47 所示。

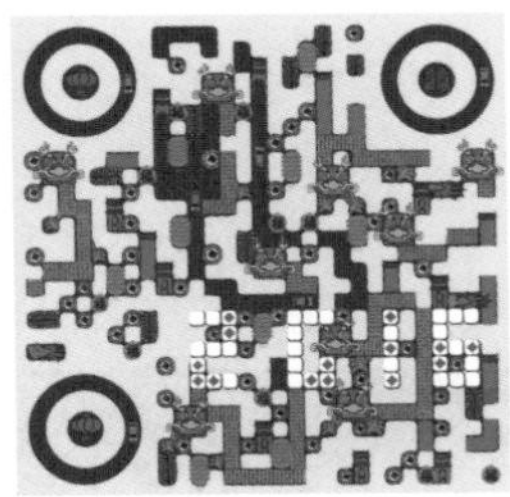

图 9-44 制作年份数字

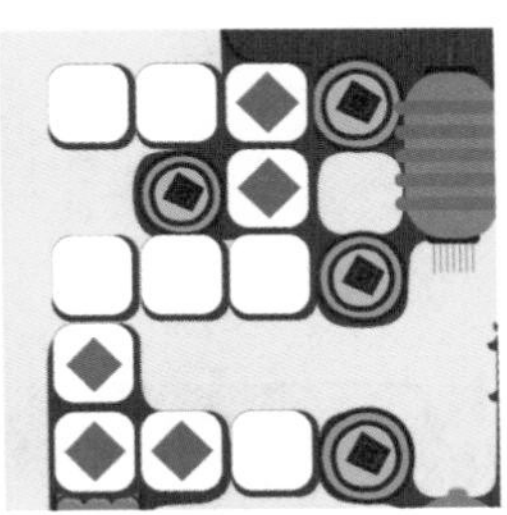

图 9-45 细节展示

图 9-46 加入 Logo 等元素

图 9-47 调整二维码

9.3.3 制作动效

01 二维码制作完成以后，可以在 After Effects 中制作二维码中的动画。在制作动画前要先将图片背景与需要制作动画的元素都分好图层并导入 After Effects 中，背景图层为静止图层，将需要制作动画的云、车、爆竹和灯笼等元素分到不同的图层中，如图 9-48 所示。

02 **制作码眼动画**。码眼中的小车（车 1）的动画可以通过同心圆的中心旋转来实现，如图 9-49 和图 9-50 所示。

图 9-48 图层列表

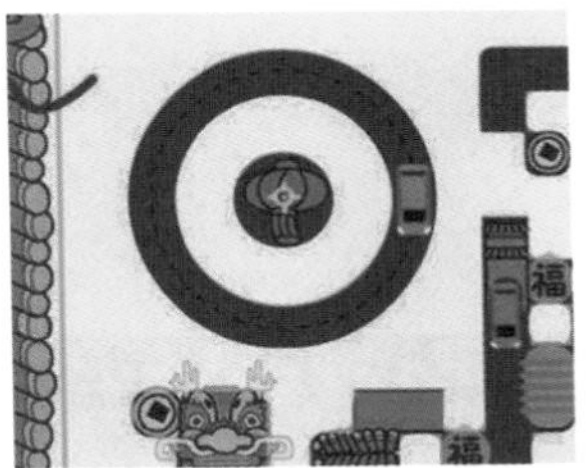

图 9-49 码眼动画

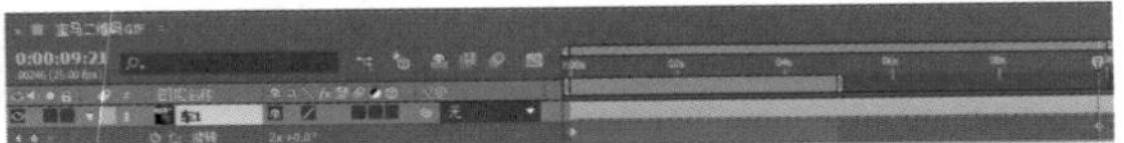

图 9-50 制作码眼动画

03 公路上行驶的小车的动画需要用位置路径来制作。为【车 2】图层添加多个位置关键帧，就可以让小车沿着公路行驶了，如图 9-51 和图 9-52 所示。

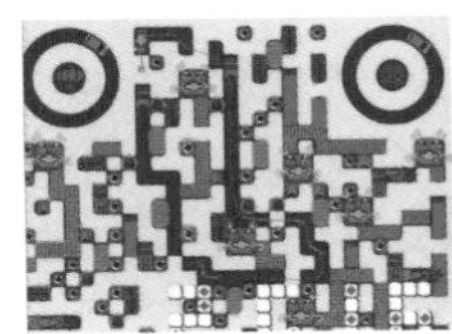

图 9-51 小车行驶动画

图 9-52 制作小车行驶动画

04 制作好行驶路径后，还要注意车的拐向，因为根据公路的形状，小车需要进行拐弯，所以还要为它加上旋转效果，每拐弯一次小车需要旋转 90°，如图 9-53 和图 9-54 所示。

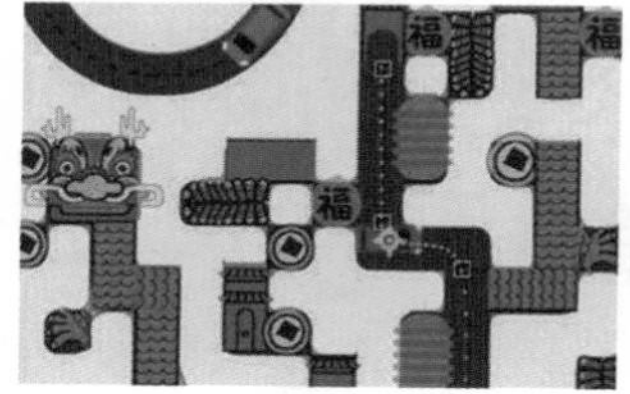

图 9-53 小车拐弯动画

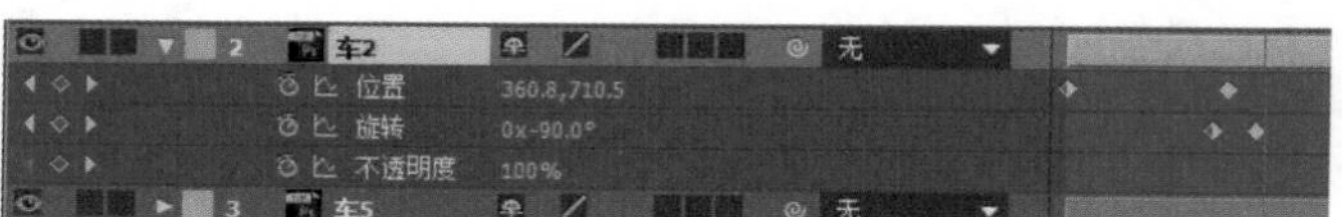

图 9-54 制作小车拐弯动画

05 在制作二维码中的云朵动画时，需要用到位置关键帧的变化，由于每朵云飘动的速度是不同的，所以关键帧的添加时间也不同，如图 9-55 和图 9-56 所示。

图 9-55 云朵动画

图 9-56 制作云朵动画

06 烟花的爆炸效果是单独用一个【火花】影片合成制作的，可以通过【蒙版路径】动画来实现，如图 9-57 和图 9-58 所示。

图 9-57 烟花爆炸动画

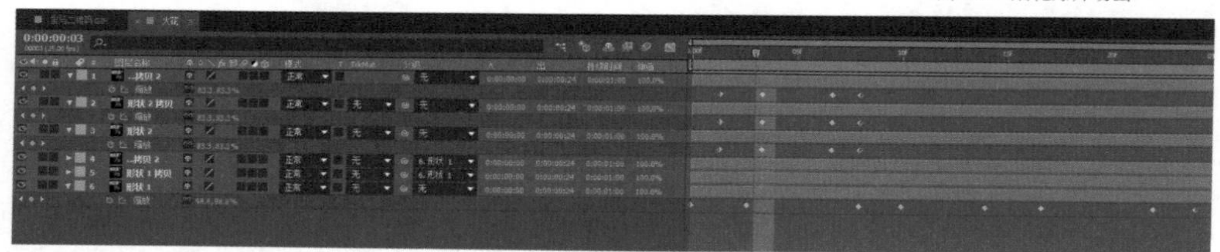

图 9-58 制作烟花爆炸动画

07 将【火花】影片合成拖到宝马二维码的影片合成中，然后通过复制来制作不同位置的烟花爆炸效果，影片的播放顺序需要调整，这样烟花动画才能具有一闪一闪的效果，如图 9-59 所示。

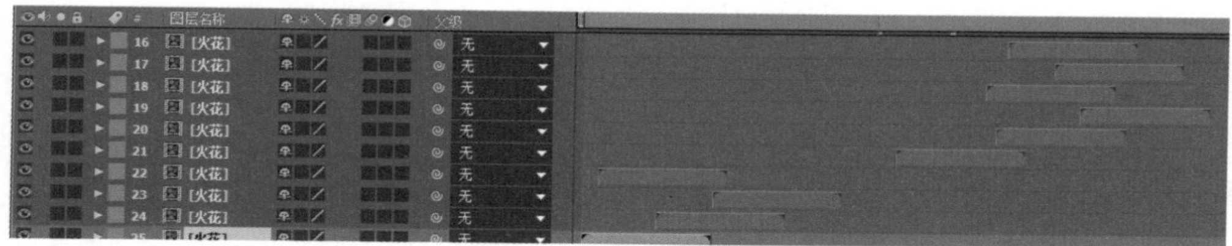

图 9-59 制作不同位置的烟花动画

08 灯笼的动画是用旋转效果来制作的，将中心点定位在整个灯笼的最末端，通过末端的中心点旋转来实现灯笼的摇摆动画，如图 9-60 和图 9-61 所示。

图 9-60 灯笼摇摆动画

图 9-61 制作灯笼摇摆动画

09 制作完动画并调整好动画的细节以后，需要对动画进行导出。执行【合成 > 添加到渲染队列】菜单命令，如图 9-62 所示。单击【渲染】按钮 渲染 进行渲染输出，采用默认的 .avi 格式保存动画，如图 9-63 所示。

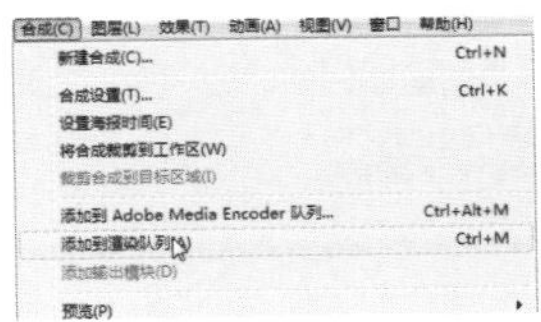

图 9-62 将合成添加到渲染队列

图 9-63 渲染输出

10 启动 Photoshop，执行【文件 > 导入 > 视频帧到图层】菜单命令，如图 9-64 所示。选择前面导出的 .avi 文件，在弹出的【将视频导入图层】对话框中选择【从开始到结束】选项，这样就可以将 .avi 文件导入 Photoshop 中了，如图 9-65 所示。

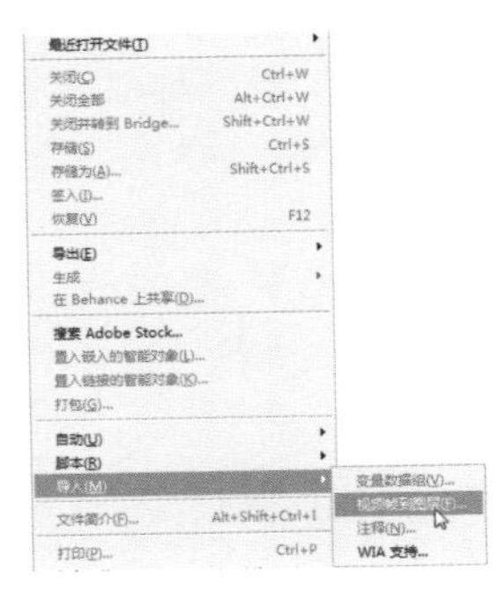

图 9-64 导入视频帧到图层

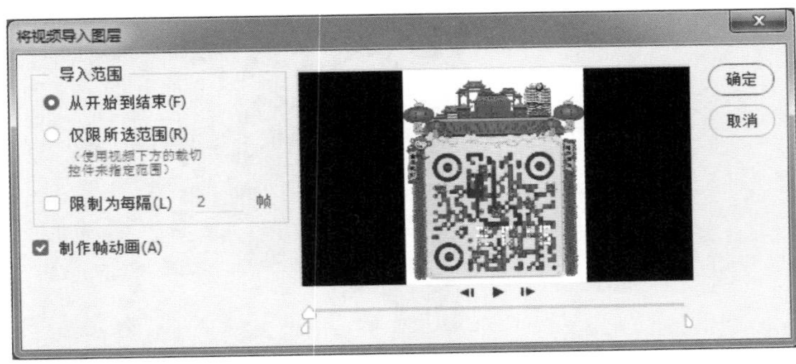

图 9-65 【将视频导入图层】对话框

11 执行【文件 > 导出 > 存储为 Web 所用格式（旧版）】菜单命令，如图 9-66 所示，然后在弹出的对话框中选择 GIF 格式，如图 9-67 所示，最终效果如图 9-68 所示。

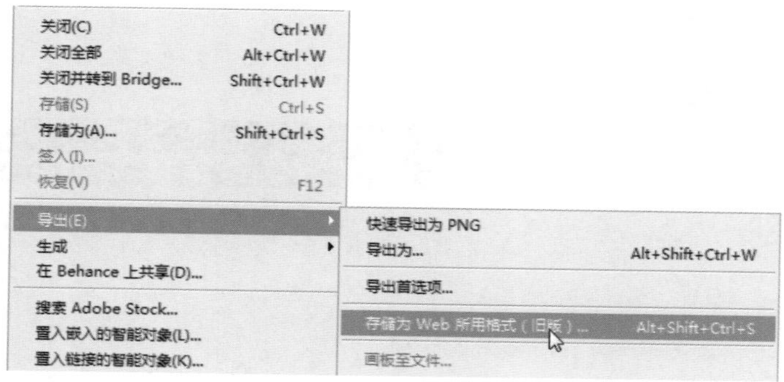

图 9-66 存储为 Web 所用格式（旧版）

图 9-67 选择 GIF 格式

图 9-68 最终效果

9.4 实战：快速制作动态界面

在很多设计类的网站中，经常可以看到一些很炫酷的动态界面。这些动态界面不仅以立体方式进行展示，还可以让界面内容跟随动画一起变化。下面介绍如何制作这种动态界面。

9.4.1 导入GIF图片并转换为智能对象

01 启动 Photoshop CC 2017，将本例的“平面动态展示 .gif”文件拖入 Photoshop 中，然后执行【窗口 > 时间轴】菜单命令，打开【时间轴】面板，将动画的循环方式修改为【永远】，如图 9-69 所示。

02 在【时间轴】面板左下角单击【转换为视频时间轴】按钮，将面板的显示方式切换为视频时间轴，如图 9-70 所示。

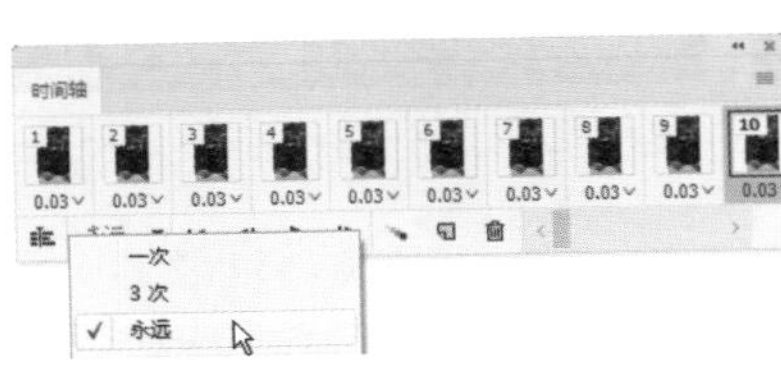

图 9-69 修改循环方式

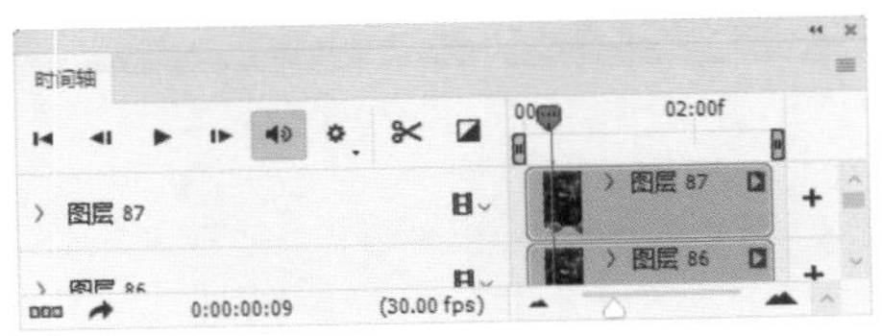

图 9-70 切换为视频时间轴

03 在【图层】面板中选择所有图层，然后在任意一个图层名称上单击鼠标右键，在弹出的菜单中选择【转换为智能对象】命令，将所有图层转换为一个智能对象图层，如图 9-71 和图 9-72 所示。

图 9-71 转换为智能对象

图 9-72 智能对象图层

9.4.2 制作透视展示图

01 按【Ctrl+N】组合键新建一个 800 像素 ×600 像素、分辨率为 72 像素 / 英寸的文件，然后将前景色设置为深灰色【R:44，G:44，B:44】，按【Alt+Delete】组合键用前景色填充【背景】图层，选择【矩形工具】，绘制一个与智能对象尺寸完全相同的白色矩形（关闭【描边】功能），即 296 像素 ×524 像素，如图 9-73 所示。

02 将矩形转换为智能对象，按【Ctrl+T】组合键进入自由变换模式，然后按住【Ctrl】键对矩形 4 个角处的控制点进行调整，将矩形调整成图 9-74 所示的透视效果。

图 9-73 绘制矩形

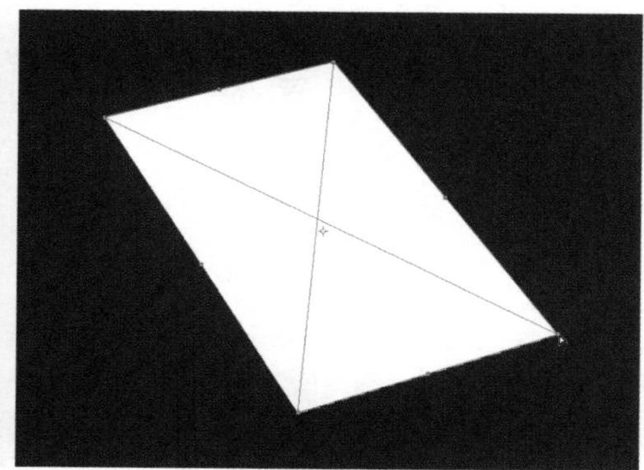

图 9-74 调整矩形的透视效果

03 按【Ctrl+J】组合键复制一个图形，按【↑】键将图形向上移动 1 像素，然后为其添加【斜面和浮雕】样式，设置【大小】为【1 像素】，阴影的【角度】为【45 度】、【高度】为【21 度】，并取消勾选【使用全局光】复选框，设置【阴影模式】的【不透明度】为【10%】，如图 9-75 所示，效果如图 9-76 所示。

04 将有【斜面和浮雕】样式的透视图形复制一个并移动 1 像素，反复操作，直到制作出合适的厚度为止，如图 9-77 所示。

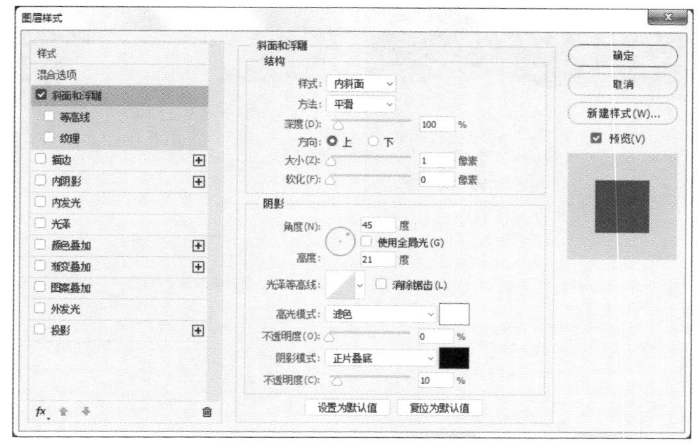

图 9-75 设置斜面和浮雕样式

图 9-76 斜面和浮雕效果

图 9-77 制作厚度

05 双击其中一个透视图形的图层缩览图，将其在一个新的文档窗口中打开。然后按住【Shift】键将前面合并的智能对象图层拖入刚打开的文档窗口中，如图 9-78 所示。在【时间轴】面板中单击【创建视频时间轴】按钮 创建视频时间轴 ，此时拖动时间滑块可以预览动画效果，如图 9-79 所示。最后按【Ctrl+S】组合键保存对透视智能对象的修改并将文档窗口关闭。切换回可展示透视图的窗口中，可以发现所有的透视智能对象图层都变成了 GIF 动画图层，如图 9-80 所示。

图 9-78 将智能对象图层拖入文档中

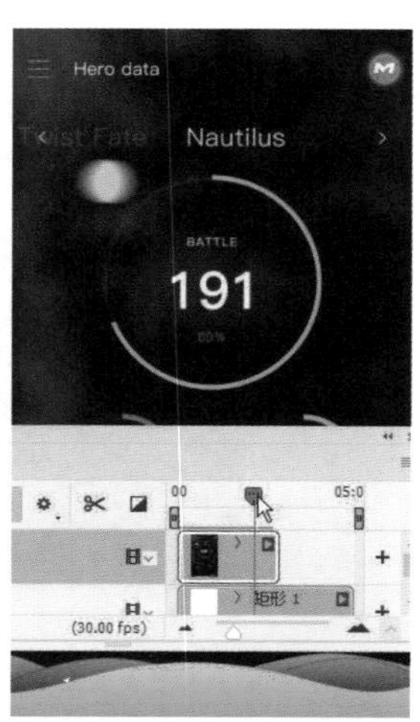

图 9-79 预览动画

图 9-80 智能对象图层修改后的效果

06 在【时间轴】面板中单击【创建视频时间轴】按钮 创建视频时间轴 ，拖动时间滑块或单击【播放】按钮 ▸ 预览动画效果，可以发现所有动画效果都已经同步了，但是在拖到 0:00:02:27 这个时间节点时会出现空白效果，这是因为后面没有动画了，如图 9-81~ 图 9-83 所示。

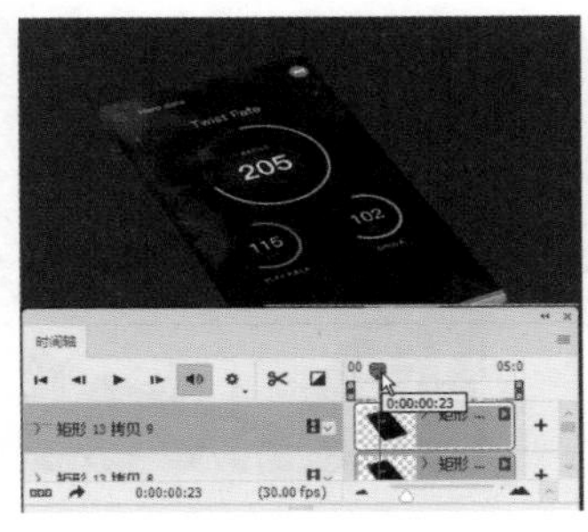

图 9-81 预览动画 1

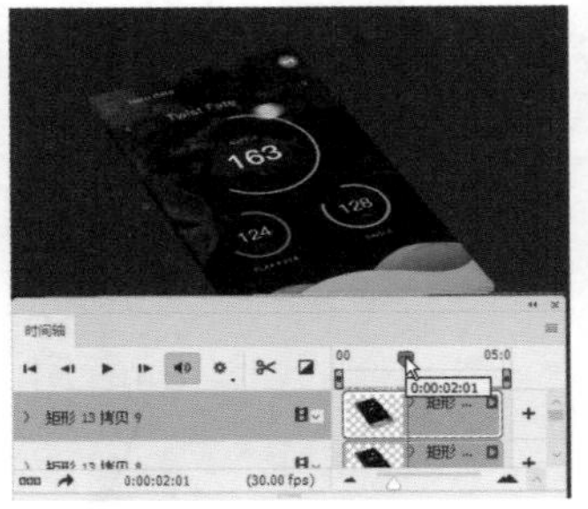

图 9-82 预览动画 2

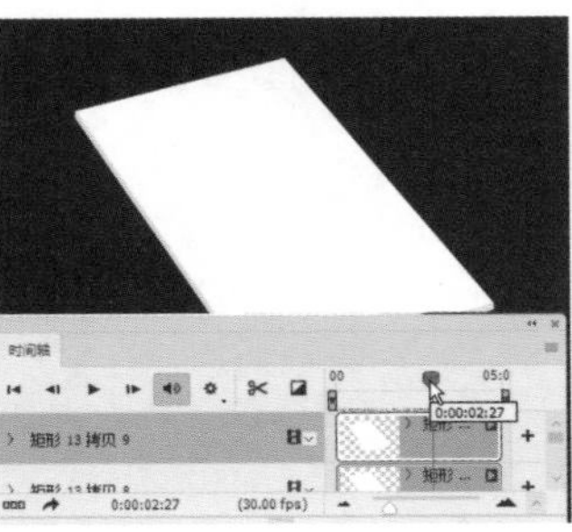

图 9-83 空白效果

07 将【设置工作区域的结尾】滑块向左拖到出现空白效果的时间节点处，如图 9-84 所示，这样就不会再出现空白的动画效果了。如果要让动画循环播放，可以单击【设置回放选项】按钮，在弹出的下拉列表中选择【循环播放】选项。

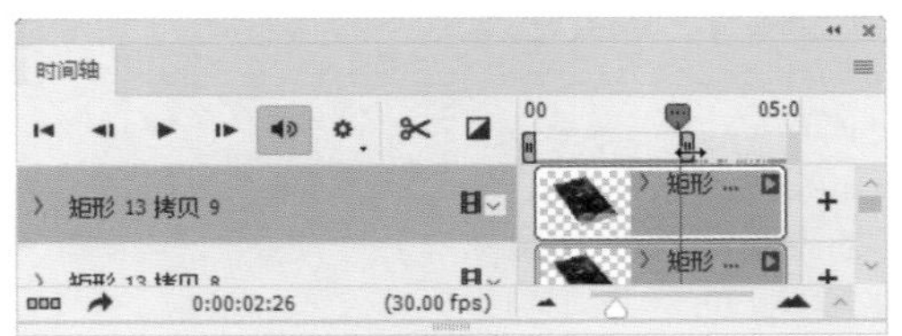

图 9-84 设置动画结尾时间点

08 为了让透视展示图更真实，可以选择所有透视展示图所在的图层，按【Ctrl+G】组合键将它们编为一组，然后为图层组添加【投影】样式，设置【不透明度】为【26%】、【角度】为【94 度】、【距离】为【81 像素】、【大小】为【18 像素】，如图 9-85 所示，效果如图 9-86 所示。

09 如果想让展示效果更加好看，还可以用一张虚化的绚丽图像作为展示图的背景，如图 9-87 所示。到此，动态界面制作完成。

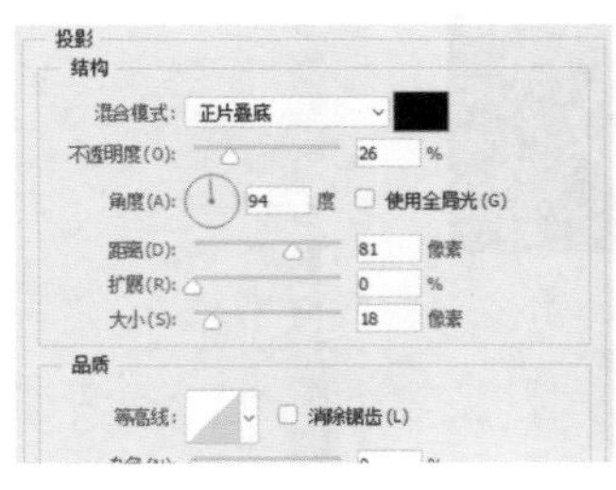

图 9-85 设置投影样式

图 9-86 投影效果

图 9-87 制作绚丽背景

10 执行【文件 > 导出 > 存储为 Web 所用格式（旧版）】菜单命令或按【Alt+Shift+Ctrl+S】组合键，打开【存储为 Web 所用格式（旧版）】对话框，将图像格式设置为 GIF，然后将【颜色】设置为【256】、【循环选项】设置为【永远】。将动画存储为 GIF 格式以后，就可以用图像浏览软件（如 ACDSee）直接浏览界面的动画效果了。